超簡單賽局論

賭雞排背後的博弈

U0082278

蛋糕共享×以弱制強×定錨效應×鷹鴿競爭，
搞懂「賭徒」心態，輕鬆控場交易談判！

崔英勝，才永發 著

龜兔賽跑的故事告訴你，
烏龜贏了是因為兔子太偷懶；
你知道嗎？──兔子就算沒睡著也可能贏不了！

弱者依附最強者，敵人都遭殃後自己也逃不了魔爪；
如果聯手共同擊潰強者，反而生存機率更高。

**商業競爭的背後是一場場賽局，
下一步錯棋都能令你滿盤皆輸！**

目錄

目錄

第五章　資訊賽局 —— 資訊就是商業命脈

第六章　困境賽局 —— 兩敗俱傷不如合作雙贏

第七章　槍手賽局 —— 策略就是商場的指南針

目錄

第八章　酒吧賽局 —— 尋找自己的生意路線

第九章　鷹鴿賽局 —— 動作快才能吃上熱豆腐

第十章　誠信賽局 —— 掌握賽局的主動權

第十一章　鬥雞賽局 —— 衝突中應進退自如

目錄

第十二章　思維賽局 —— 創新是企業的靈魂

第十三章　談判賽局 —— 討價還價的藝術

前言

人常說商場如戰場，的確如此。在現在日新月異的經濟時代，許多人紛紛下海，想大撈一把，結果滿載而過的人是極少數，許多人空手而過，更有甚者葬身商海……為什麼有的人收穫頗豐，有的人卻一無所獲呢？這與經商者們與市場、與同行、與顧客等之間的賽局是分不開的。懂得賽局的就是那些大獲全勝的人，不懂得賽局得就是那些些一敗塗地的人。可見，能否在商場上取得勝利與賽局有著舉足輕重的作用。

那麼什麼是賽局呢？

賽局又稱為博弈，「弈」在中國就是下棋的意思，可以說下棋本身就是一種很典型的賽局。當然，把賽局擴展開來說，國家之間的角力、企業之間的競爭、生活中的瑣事等都可能是一種「賽局遊戲」，其實，只不過是內容和規則不一樣而已。比如兩個國家之間關於某個問題的磋商屬於賽局；在一場球賽中，參賽者都想在努力鞏固防衛的同時，再向對方發起進攻，讓對方輸得一敗塗地，最終他們之間必定一勝一敗，從賽局的角度來看，這是屬於零和賽局；兩個企業之間有競爭走向合作的過程也是一種賽局；甚至去菜市場買菜，當我們對某種菜的口味和品質等有疑問的時候，賣菜的大嬸也常會這樣說：「放心吧，我一直在這裡賣東西的，不會有問題。」這句話看似純樸的話裡其實也包含了「賽局論」中的思想：這次交易是一種次數無限的重複賽局，假如我今天騙了你，下次甚至你的朋友都不會在來我這裡買菜了，所以我是不可能騙你的，而且我的菜品質和口感好，所以我才得以長期在這裡賣菜，也就是說我的菜沒有問題，你買回去吃不了虧。而我們往往在聽了大嬸的這句話之後，

也會頓時消除疑慮，把菜買回家。由此可見，賽局並不是遙不可及，它就存在於我們的生活中。

在商場競爭中，有的人原價將某產品買進，又低價賣出，看似虧本的買賣，可是他卻獲得了廉價的聲譽，許多人紛至沓來，他看似沒有賺錢的生意卻賺了大錢；有的人在激烈的競爭中，看似馬上要取得勝利了，他卻放棄了，將最大的利益讓給了自己的對手，結果和對手反而成為了最好的朋友。後來，共同合作獲得了更加多的經濟利益；有的人在談判「一口價」到底，看似不能成交的生意最後卻成功了……

這一切的一切都是商場賽局從中發揮了相當程度的推動作用。

本書中選取了商場上經典的以及結合普通的商場事例，深入淺出，娓娓道來，不乏趣味性、幽默性。使得讀者朋友能夠在歡笑中讀完本書，而且從中獲得賽局論的精髓。並且能夠很好的應用在生活中，幫助自己解決困境。

當然，由於資料收集有限，書中難免有不足之處，歡迎讀者朋友批評指正。謝謝！

第一章

商場賽局 —— 智者的金錢遊戲

賽局從古至今

　　古語有云：人生如棋。生活中，人們就如同棋手一樣，在一張張看不見的棋盤上布設棋子，努力爭勝。為了能夠取勝，人們步步為營，相互揣摩、相互牽制，下出眾多精采紛呈、變化無窮的「棋局」。賽局論就是研究人們在面對問題進行策略選擇時理性化、邏輯化的部分，並將其系統化的一門科學。換言之，賽局論就是研究個體如何在錯綜複雜的局勢中面對對手作出最合理的策略選擇。事實上，賽局論也正是衍生於古老的遊戲，如象棋、圍棋、撲克牌等。人們將這些具體的問題進行抽象化理解，建立一個完備的邏輯框架和理論體系。

　　賽局論最早起源於英文「Game Theory」，在這譯為「賽局」，這個詞帶有很濃厚的學術意味，因此給人以強烈的理論色彩，甚至有高深莫測的感覺。而事實上，賽局論是開拓思考模式，提高決策理論水準並啟迪人生的思想寶庫。

　　賽局論主要研究的是人們之間透過策略產生的相互依賴行為。賽局論認為，人類是理性的動物，都會透過一些手段希望實現自身利益最大化，同時人們在交往以及合作的過程中會有利益衝突，行為互相影響，而且資訊常常是不對稱的。同時賽局論也研究人們行為在直接進行相互作用時的決策，以及決策過程中的均衡問題。

　　《說苑》記載了這樣一個故事：晉靈公為人驕奢，一次他決定建造一

個九層高臺，並且對這件事提出異議的，殺無赦。大夫孫息聽說了這件事之後，就去求見晉靈公。晉靈公問他：「你有什麼才能？」孫息回答說：「臣能夠將十二個棋子堆在一起，然後還能在上面加九顆雞蛋。」晉靈公不相信，於是讓孫息示範一遍。孫息露出凝重嚴肅的表情，他先將一個棋子放在下面，然後一個一個地向上加，等到十二個棋子都堆在一起的時候，就開始往上面放雞蛋。這時候旁邊的人都屏住呼吸全神貫注地看著孫息，彷彿輕輕的呼吸也會把雞蛋吹掉下來一樣。雞蛋越加越多，孫息的動作也越來越緩慢，越來越小心翼翼。晉靈公緊張地趴在地上觀看。等到孫息把十二個棋子和九顆雞蛋都堆在一起的時候，晉靈公長嘆了一口氣，說：「危哉！」孫息笑著說：「您建造九層高塔，三年都還沒有建造完成，它的危險比這件事大多了！」

這就是成語「危如累卵」的由來。孫息無疑是個聰明人，他沒有用大道理去跟晉靈公說教，而是用這種很巧妙的方式向晉靈公進諫，不僅生動形象，而且避免了和晉靈公產生正面衝突。

賽局論是人們深刻理解經濟行為和社會問題的基礎。

在現實生活中，人們不停進行選擇，並根據這些選擇做出決定，你的選擇和決定將對別人的決策結果產生影響，同樣別人的選擇和決定也直接影響著你決策的最終結果。你的對手和你同樣聰明且關心自己的利益，一方面他們的目標常常與你發生衝突；另一方面，你們之間存在潛在的合作可能。在你做決策的時候，必須將這些衝突因素加入到你的考慮範圍之內，同時還要考慮到如何發揮合作因素的作用。

人類已經進入到了利益賽局的時代。甲和乙兩個人下棋，甲在走每一步的時候，必然要仔細考慮到乙的想法，並根據乙的想法做出相應的對策。同樣，乙在下棋的時候，也要揣摩甲的心思，並根據這種揣摩做

對策。所以甲還得想到乙在想他的想法，乙當然也知道甲想到了他的想法。把這種「棋局賽局」換到社會生活中，每個人都是持子的棋手，為了自己的利益去揣摩需要打交道的人的心思，只有這樣人們才能夠在紛繁複雜的社會中謀得需求，同時在衝突和合作之間選擇最為有利於自己的方式，在利益賽局中搶占先機。

沃爾瑪成功的例子就很能說明賽局的重要性。1969 年沃爾瑪正式創立，在短短幾十年時間中已經發展成為全球連鎖百貨業的巨無霸。沃爾瑪成功的關鍵就在於它採取了正確的市場進入策略。大多數經營者的想法是，大型折扣商店依靠低價格、低成本經營，必須要有足夠的市場容量，因此認為這類商店根本沒有可能在小城鎮獲得利潤。但當時沃爾瑪的經營者華爾頓則持相反看法，他的實踐也證明了他的看法是正確的。到 1970 年代沃爾瑪已經開出了幾十家「小鎮上的折扣店」，並獲得了巨大的成功。過了幾年，等到其他連鎖店經營者意識到其中的巨大商機時，沃爾瑪已經大量占領了市場。對小鎮來說，開一家可以盈利，因為這家折扣店可以成為市場上的壟斷者；但如果開出兩家，市場容量就不夠大，就必然要虧損。

當廠商面對這樣一種賽局時，先行者的優勢是不可動搖的。一旦一家廠商已經開闢了市場，第二家廠商最好選擇不進入策略，否則就可能導致兩敗俱傷的局面。

沃爾瑪的例子充分說明了商業社會前提下賽局的重要性。為了尋求自身的利益，人類之間的賽局不可避免。因此，了解賽局的內容，已經成為當今人們的必然選擇。

賽局是生存的管道

　　在現實生活中，人們之所以會參與賽局往往便是受到某種利益的吸引，所爭利益的性質直接影響到賽局的吸引力和參與者的關注程度。一般來說，所競爭的東西越重要則吸引的人越多，參與的人越投入，於是競爭也越激烈。比如，小孩子遊戲，贏者獎一塊糖，或者根本沒有獎勵，只是贏了個勝利而已，這對一般人是沒有多大吸引力的，只是個遊戲不會認真參與，但也有些對勝利看得很重的人會執著的參與進來。

　　在各種爭奪中，生存權對大多數人來說是最重的，生存權受到威脅時，大部分人都會起而參與，如角力士間的決鬥；比個人的生存權更重的是多數人的生存權，如缺水地區對水資源的爭奪，國家之間對領土的爭奪，背後都關係到國民生存權的問題，即便是能對個人生死不看重的人，至此也是不得不爭了。所以，賽局所競爭的利益越重要賽局就會越激烈，參與者對所爭看得越重，則賽局越激烈。涉及多數人生存權的利益爭奪引發戰爭，這種競爭最為激烈參與的人也最多。

　　由於各種賽局都是各賽局方在競爭某種資源，並以得到多少來判斷勝負，所以，根據所競爭的資源性質可以把賽局分為幾類。

　　第一種情況是正和賽局。在正和賽局中，由於有大量的資源可供爭奪，所以競爭主要圍繞著對資源的爭奪，而攻擊性較弱，資源越豐富攻擊性越弱，極端情況是資源無限，不會和任何人發生爭奪，只看你自身

的占有能力。比如掌握知識的競爭，這時每個人都在激發自己的全部潛力去占有更多的知識，而不用管別人怎麼樣，這種競爭僅僅指向自身內在潛力的開發而不指向別人，可稱之為競爭意識。

在資源不太豐富的正和賽局中，既存在對無主資源的搶占，也存在對別人所占有資源的攻擊和面對別人的攻擊採取的防守，只有在別人的攻擊下不會被奪走的占有才是穩定的。如圍棋盤上占目，只有盤活才是占住了，沒活以前都有失去的危險，這把自身的潛力向這種帶有占有、防守和攻擊意識的方向發揮可稱之為對抗意識。

第二種情況是零和賽局，各賽局方所得的總和是零。所以，一個人所贏的就是另一個人所輸的，這時最容易引發激烈的競爭。在零和賽局中，沒有無主的資源可爭，占有的唯一方法是剝奪他人的所有，發掘自身的潛力主要向攻擊他人的方向發揮，這時可稱之為攻擊意識。

在零和賽局中，一個人的勝利必然建立在其他人的失敗之上，自己的贏就等價於別人的輸，自己想贏就等價於想讓別人輸。自己對對手要有攻擊意識，對手對自己也具有攻擊意識。對手必然也在時時地尋找你的漏洞，以便透過擊垮你而獲利，稍有漏洞就可能被人有機可乘。所以，穩健是零和賽局的要務。

世界首富華倫‧巴菲特曾經做了一個比喻，他說：「好比玩撲克牌，如果你在玩了一陣子後還看不出這場牌局裡的輸家是誰，那麼，這個輸家肯定就是你。」贏的前提是不要輸，不要輸的辦法就是自己不要有弱點被人抓住：想贏別人就要抓住別人的弱點，所謂制人而不制於人。出手攻擊別人的時候往往也是最容易暴露自己弱點的時候，所以，一定要先把攻擊的每一個環節都考慮周到，不能有任何的疏忽，否則，沒有必勝的把握就倉促出手，別人就可能趁機抓住自己的弱點，自己可能反倒

要被別人贏走了。一個天衣無縫的攻擊計畫是寓守於攻的。

第三種情況是正和常量賽局，各方所得是恆定的正直，隨著這個值的增大，競爭的激烈程度將逐漸減少，當資源豐富到足以滿足競爭各方的需求時，則接近無限資源，不會引發競爭，當資源總量遠遠少於各方的總需求量的時候則接近零和賽局，會引發激烈競爭，土地資源和水資源都是恆定資源，在水資源缺乏的地區人們會為了爭奪水源發生戰爭，而在水資源豐富的地區則不會發生。

第四種情況是負和常量賽局，即競爭的結果，各方所有的總和將比競爭開始時少，如角力鬥士的決鬥，剛開始時有兩個活人，結束時只剩下一個活人了，負值越大，則賽局越不容易發生除非是被強迫（如角力鬥士）或者為了爭奪某種有特別意義的東西（如騎士為爭奪榮譽），因為各方都明白，參與這種賽局總體上已經先受損了。人能想像出的最殘酷的賽局是幾個賽局方爭奪一個生存權。

傳說古代有毒蠱之術，將多種毒蟲放在一個罐子裡互相鬥，一直鬥到只留下一隻的時候，這一隻就是最毒的。以符咒法術祭煉這隻毒蟲，百日之後即能飛能隱，去來無形，蠱人於不覺之中。且不說毒蟲是否真的能以符咒煉成能飛能隱的神物，單就把多個毒蟲放在一起鬥出最後的一隻的這種賽局設計和實施已經是用心太毒了，所以煉成毒蠱之術的關鍵不在於鬥出的毒蟲是否真是最毒的，而在於能實施這種事的人肯定是已經具備了一顆陰毒的心，是這種陰毒之心招來了邪惡的蠱神，這才是煉成毒蠱之術所真正需要的條件。

第五種情況是非零和賽局，這時賽局的總體效果將決定於各參與方所採取的行動，這種賽局中可以產生合作行為，即各賽局方為了爭取獲得更大的總利益而採取合作行為，必要時可犧牲暫時的利益以獲得長遠上的更大利益。

負和、零和與正和

在拉封丹寓言中有這樣一則，講的是狐狸與狼之間的賽局。

一天晚上，狐狸躞步來到了水井旁，低頭俯身看到井底水面上月亮的影子，牠認為那是一塊大乳酪。這隻餓得發昏的狐狸跨進一隻吊桶下到了井底，把與之相連的另一隻吊桶升到了井面。下到井來，牠才明白這「乳酪」是吃不得的，自己已鑄成大錯，處境十分不利，長期下去就只有等死了。如果沒有另一個飢餓的替死鬼來打這月亮的主意，以同樣的方式，落得同樣悲慘的下場，而把牠從眼下窘迫的境地換出來，牠怎能指望再活著回到地面上去呢？

兩天兩夜過去了，沒有一隻動物光顧水井，時間一分一秒地不斷流逝，銀色的上弦月出現了。沮喪的狐狸正無計可施時，剛好一隻口渴的狼途經此地，狐狸不禁喜上眉梢，牠對狼打招呼道：「嗨，朋友，我免費招待你一頓美餐你看怎麼樣？」看到狼被吸引住了，狐狸於是指著井底的月亮對狼說：「你看到這個了嗎？這可是塊十分好吃的乾酪，這是家畜森林之神福納用乳牛伊娥的奶做出來的。假如神王朱比特病了，只要嘗到這美味可口的食物都會胃口頓開。我已吃掉了這乳酪的那一半，剩下這一半也夠你吃一頓的了。就請委屈你鑽到我特意為你準備好的桶裡下到井裡來吧。」狐狸把故事編得天衣無縫，這隻狼果然中了牠的奸計。狼下到井裡，牠的重量使狐狸升到了井口，這隻被困兩天的狐狸終於得救了。

　　這個故事中狐狸和狼所進行的賽局，我們稱為零和賽局。零和賽局是一種完全對抗、強烈競爭的對局。在零和賽局的結局中，參與者的收益總和是零（或某個常數），一個參與者的所得恰是另一參與者的所失。狐狸和狼一隻在上面，一隻在下面，下面的這一隻想上去，就得想辦法讓上面的一隻下來。但是透過賽局調換位置以後，仍然是一隻在上面，一隻在下面。

　　著名經濟學家茅于軾曾經說：「在市場經濟以前，人類自利是妨礙別人的，是損人利己的。」他舉了個例子說，過去的帝王與將相就是這樣一種賽局，他可以剝削你，抄你的家；你可以造他的反，奪他的天下。一方得利，一方受損，那是零和賽局。事實上也正是因為這種零和賽局反覆上演，才使中國歷史的每一頁都充滿了陰謀與血腥，並且使「無毒不狠非丈夫」的文化觀念深入到每一個中國人的意識中。

　　然而到了今天，除了權力爭鬥和軍事衝突之外，現實生活中一般很少出現類似寓言中的狐狸與狼這種「有你沒我」的局面。因為在市場經濟下，你要想得到好處，就要跟別人合作，這樣才可以得到雙贏的結果，不但你得到好處，你的對手也得到好處。所以市場經濟安排最奧妙的地方，就在於它是雙方同意的，任何一個買賣都要經過雙方同意，買方也賺錢，賣方也賺錢，財富就創造出來了。這就是與零和賽局相對應的非零和賽局。

　　所謂非零和賽局，是既有對抗又有合作的賽局，各參與者的目標不完全對立，對局表現為各式各樣的情況。有時候參與者只按本身的利害關係單方面做出決策，有時為了共同利益而合作。其結局收益總和是可變的，參與者可以同時有所得或有所失。

　　比如在拉封丹的寓言中，如果狐狸看到狼在井口，心想我在井裡受

罪，你也別想舒服，他不是欺騙狼坐在桶裡下來，而是讓狼跳下來，那麼最終結局將是狼和狐狸都身陷井中不能自拔。這種兩敗俱傷的非零和賽局，我們稱之為負和賽局。

反之，如果狼明白狐狸掉到了井裡，動了惻隱之心，搬來一塊石頭放到上面的桶中，完全可以利用石頭的重量把狐狸拉上來。或者，如果狐狸擔心狼沒有這種樂於助人的精神，透過欺騙到達井口以後，再用石頭把狼再拉上來。這兩種方式的結局是兩個參與者都到了井上面，那麼雙方進行的就是一種正和賽局。

實際上，這種正和賽局的思維不僅是一種經濟上的智慧，而且可以運用到生活中的各方面，用來解決很多看似無法調和的矛盾和你死我活的僵局。那些看似零和或者是負和的問題，如果轉換一下視角，從更廣闊的角度來看，也不是沒有解決辦法，而且往往也並不一定要犧牲某一方的利益。

一個冬天的上午，幾位讀者正在一個社區的圖書室看書。這時，一位讀者站起來說：「這屋子裡空氣實在是太悶了，最好打開窗戶透透氣。」說著，他就走到窗戶旁邊，準備推開窗戶。但是他的舉動遭到了正好坐在窗戶旁邊的一位讀者的反對。那位讀者說：「大冬天的，外面的風太大了，一開窗戶凍著感冒了。」於是，一位堅持要開，一位堅決不讓開，兩個人發生了爭執。圖書室的管理員聞聲走了過來，問明原因，笑著勸這兩位臉紅脖子粗的讀者各自坐下，然後快步走到走廊，把走廊裡的窗戶打開了一扇。一個看似無法通融解決的糾紛迎刃而解。

如果我們每個人都透過賽局智慧的學習和運用，在生活中實現更多的正和賽局，這個世界也就多了很多和諧，少了很多不必要的爭鬥。

有博弈的地方就有賽局

　　賽局論的研究對象是理性人的互動。在馮紐曼、納什等大師的努力下，賽局論形成了較為完善的理論體系，已經成為各門社會科學力圖使用的工具。人生處處皆賽局，在生活中，人們的賽局思維時刻在起作用。在戰爭、政治、商業等競爭性的領域裡，人們的策略選擇與人的生存狀態密切相關，賽局思維幾乎發揮到極致。在這種賽局的對決中，我們每個人都是策略使用者。我們時刻都面臨著不同的行動選擇，時刻都在計算著應當採取何種行動。這種選擇不僅展現在選擇上哪所大學、學哪門專業、從事何種工作等等這樣的大事上，而且展現在買什麼菜、穿什麼衣服這樣的小事上。所以，我們自然可以說，人生處處皆賽局。

　　眾所周知，賽局的最終目的便是利益的爭奪，這裡的利益是個廣泛的概念，它可以是金錢、名利、榮譽等所有你想要得到的東西。當你所想得到的東西出現競爭的局面之時這便形成了賽局。競爭需要有一個具體形式把大家拉在一起，競爭各方之間就會走到一起開始一場賽局。所以形成賽局有三個要素：（1）賽局的參與者，（2）所爭的資源，（3）競爭的具體形式。賽局起源於利益的爭奪，有利益的爭奪是形成賽局的基礎，參與賽局的各方形成相互競爭相互對抗的關係，以爭得利益的多少決定勝負，一定的外部條件又決定了競爭和對抗的具體形式，這就形成了賽局。如圍棋對局的雙方是在競爭棋盤上的空，戰爭的目的經常是為

了爭奪領土，古羅馬競技場中角力鬥士在爭奪兩人中僅有的一個生存權，武林中人的決鬥常常是為了爭奪名譽……

換句話說，賽局，就是雙方或多方在賽局中爭奪利益所採取的策略。比如，田忌賽馬就是一個典型的賽局，當賽局中的各方存在多種可選擇的策略時，選擇什麼策略往往成了對賽局勝負產生決定作用的因素，賽局就是指賽局方之間在策略選擇方面的對抗，它是賽局綜合對抗的一個組成部分。賽局是賽局綜合對抗的一個方面，不可能脫離賽局而獨立存在，在某些賽局中它顯得並不重要甚至不存在，但當賽局中的外在力量變得不太重要時，賽局就會上升為主要因素，對勝負產生決定作用。這類以賽局對抗為主要特點，其他方面的對抗處於次要地位的賽局可稱為博弈賽局。

一般來說，每種賽局都不是單一能力的較量，而是多方面綜合實力的對抗。比如，軍事對抗是一種武器裝備、士兵素質、指揮水準和後勤保障能力等多方面能力的較量；再如武術技擊是一種力量、速度、耐力、身體靈活性等多方面的綜合對抗。有時，甚至一種經過人工設計的專門進行某一方面對抗的賽局都可以轉變成綜合對抗。比如中長跑比賽本來是一種相當單純的賽局，比賽規則的設計就是為了讓運動員單純比賽奔跑速度，但在著名長跑教練馬俊仁的「導演」下，中長跑也被加入了策略對抗的因素，何時領跑何時衝刺都是經過精心計畫的，本來被人為限定的單純對抗也成了綜合對抗；再比如歷史上著名的田忌賽馬的故事，本來是簡單的比賽速度，但經孫臏出謀劃策一番就可以使弱者反敗為勝，實力對抗之外被加入了策略對抗，並且對勝負發揮了關鍵作用。

從賽局的形態來看，它可以分為兩種形式：第一種是自然賽局，是直接的利益爭奪，以爭得利益多寡直接決定勝負，不存在計算勝負的特

別規則，如生物界的生存競爭、國家間的戰爭等等；第二類是人工賽局，人為的設定一套賽局規則和計算勝負的辦法，有時是只分勝負而和利益無關，如果和利益有關則先分出勝負再根據結果決定利益分配，如各種體育比賽和棋牌比賽。

首先講人工賽局，它的規則如果設計得好，可以把賽局的勝負和參與者的利益分配統一起來，競爭可以激烈而有秩序的進行。如果設計不好，則賽局本身的勝負可能和參與者利益的得失不一致，這時在賽局中就可能出現異常情況，人們站在利益最大的立場上，不再競爭賽局本身所要求的東西。最典型的例子就是球場上打假球，當全面權衡的結果認為輸掉一場球比贏這場球更有利時，人們就會選擇輸球。

人工賽局由於有嚴格的規則限制參與者的行為，使得參與者可選擇的行為方式是封閉的，所以賽局可以比較有秩序。當賽局向高水準發展時也只能在規則範圍內向縱深發展，一般是挑戰人的單一方面的能力，如某一類體能或智慧。自然賽局由於沒有規則限制，賽局採用的手段是開放的，而發現新手段往往比發展舊手段更有效，所以在賽局發展中自然首先向競爭手段的多樣化發展，挑戰的可能是人的任何方面的能力，只有在廣度的擴展受到限制時才會向深度發展。

人工賽局比如拳擊，有比賽規則和記分辦法，並有裁判監督比賽；自然賽局如武林決鬥，沒有規則沒有監督，只以打敗或消滅對手為目的，什麼陰毒的招數、兵器、暗器都可能使出來，令人防不勝防。概括地說，人工賽局的出招範圍是受到限制的封閉的，而自然賽局的出招範圍是沒有限制的開放的。

在參與自然賽局時，首先要意識到對手的行為是不受規則制約的，什麼事都可以做，什麼事都可能做得出來，所以要思路開闊。只有先在

廣度上考慮到對手可能採取的各種招數，然後才可以向深度上計算未來的變化；否則，在橫向的廣度上沒有考慮周全，其深度計算可能是完全沒有意義的。

　　在自然賽局中，由於對手出招的範圍是開放的，所以，不管經過多麼周密的計算，漏算總是難免的。指望不出現錯誤是不可能的，甚至不能指望少出錯誤，因為有時為了少出錯誤必須增加太多的計算，使人難以接受。所以，參與這種賽局還要確立錯誤意識，即意識到錯誤是不可避免的，所以犯錯誤並不可怕，關鍵是要及時改正錯誤。有錯誤意識的人認為自己隨時可能犯錯誤，時刻準備著接受和改正錯誤；而習慣於穩定環境的人一般缺乏這種意識，以為凡事只要經過周密的計畫就可以避免錯誤，以至在錯誤出現時不能接受和改正。

賽局的結果衝突或者和諧

　　兩千多年前，雄才大略的秦始皇統一了中國，並創建了當時歷史上最強大的帝國。從當時的歷史條件來看，秦國雖然在商鞅變法之後實力大增，但其綜合實力還是遠遠不能與六國相比。在這種情況下，六國與秦國的關係可能出現兩種局面：其一，六國採用「合縱」政策對抗秦國，也就是各國締結軍事盟約，共同抵禦秦國的侵略，秦國若對任何一個國家發動侵略，其他國家必須無條件出兵營救；其二，六國採用「連橫」政策與秦國妥協，就是各國都與秦國簽訂友好條約，保持雙邊和平關係。

　　當時七國之中，齊國實力可以與秦國相抗衡，故而成為六國軍事同盟的核心。這也就意味著，一旦齊國放棄「合縱」政策，六國的軍事同盟就將瓦解。秦王嬴政不可能看不到這一點，因此秦國要消滅六國，首先就要對付齊國。

　　在這種情況下，秦國與齊國均有兩種策略政策可以選擇，即「合縱」與「連橫」。第一，如果秦國默許齊國採用「合縱」政策，結果自然是秦國統一六國的夢想將被遏制，而齊國成為六國領袖，勢力將會擴張；第二，如果秦國採取「連橫」政策，齊國仍然採取「合縱」政策，結果自然是秦國與六國處於對峙狀態；第三，如果秦國沒有吞併六國的野心，默許六國「合縱」，齊國卻採用「連橫」政策與秦國示好，秦國自然也

無法一統天下，齊國的勢力會得以擴張。而最終的結果是，為了明哲保身，齊國默許秦國的「連橫」政策並與秦國建立友好外交關係，結果最終被滅，而千古一帝秦始皇得以名揚千秋。

從這個的故事中，可以看到賽局中包含了競爭與合作兩種截然不同的策略。所謂競爭合作，就是指一個賽局中，並不僅僅存在競爭，同時還包含著潛在的合作因素；同樣，合作中也包含著潛在的競爭因素。

值得注意的是，正和賽局指的並不是合作各方具有合作的意向或態度，而是指在賽局中有一些對賽局各方都有一定約束力的協議或契約。

石油輸出國組織 OPEC 統一油價對抗西方石油公司便是正和賽局最典型的例子。1960 年 9 月，伊拉克、伊朗、沙烏地阿拉伯、科威特和委內瑞拉的代表在巴格達開會，決定聯合起來共同對付西方石油公司，維護成員國的石油收入。OPEC 組織在這個時候應運而生。OPEC 現在已發展成為擁有亞洲、非洲和拉丁美洲一些主要石油生產國的國際性石油組織，它統一協調各成員國的石油政策，並以石油生產配額制的手段來維護它們各自以及共同的利益，把國際石油價格穩定在公平合理的水準上。

從賽局論的角度來看，當一個人在事業上裹足不前的時候，首要的問題是尋找一個合理的策略，而這個合理的策略，勢必要建立在一個牢固的基點之上，這樣才能切實可行。如果在困境之中，有人與你因為同樣的原因無法抽身，那麼你就可以考慮和這個人一起合作以擺脫不利的處境，在合作的基礎上創造雙贏的局面。

《紅樓夢》在描寫四大家族關係的時候，之所以評價其「一榮俱榮，一損皆損」，就是因為這四個家族相互之間不僅有血緣關係，而且也存在著利益合作，所以它們結成了一個牢固的聯盟。

　　如果兩個或者更多同時處在相同境遇中的人，也有這種親緣加利益的雙重關係，他們的合作就會更加容易，而且形成的合力也會更大。正所謂「二人同心，其力斷金」，而要做到共進，利益上的合作只是表面，除此之外，還需要一種親緣關係。顯然，這在現實生活中是可遇而不可求的。古代的「政治婚姻」，其目的就是為了在利益的基礎上，加上親緣關係的砝碼。

　　當然，這也並不是絕對的。當賽局進入利益時代，「動之以理，曉之以情」的和諧同盟也同樣可以存在。因為在賽局世界中，利益永遠是第一位的，OPEC 的存在就是一個很好的例子。

　　但如果寄希望於這個同盟能夠長久存在是不現實的。利益的結合是脆弱的，經不起過多的考驗。因此，當你和同你遭遇相同困境的人因為利益的驅動而成為「盟友」時，你應該想到的是，有一天你們也會因為利益的關係而出現分歧，甚至決裂。

　　和諧中存在衝突，衝突中包含和諧，需要了解的是：在利益時代，一切和諧都可能演變為衝突，而一切衝突都可能轉化為和諧。

懂得賽局才有更多成功機會

在利益賽局時代，人們在日常生活中的一切行為，均可以透過賽局論來解釋，因為賽局的本質，就是在進行一場生存的遊戲。

人們在社會上生存，必然要與他人交往。而賽局，恰恰就是透過理性思維來對你在人際交往中的現象進行分析和總結，並幫助你完成優化效果的過程。因此，賽局是適合所有人的科學。

在生活中，人們經常會碰到雙人或是多人賽局的局面，比如商場談判、夫妻吵架、戀愛結婚……都屬於賽局的範圍。透過學習賽局，你可以在這些對局當中找到最有利於自己的處理方式和技巧，從而達到利益最大化的目的。

夫妻吵架是一場賽局。夫妻雙方都有兩種策略，強硬或軟弱。賽局的可能結果有四種：夫妻都選擇強硬、夫強硬妻軟弱、夫軟弱妻強硬、夫妻都選擇軟弱。根據相關的研究證明，夫妻都選擇軟弱最有利於婚姻穩定。而夫妻都選擇強硬最不利於婚姻穩定，導致的大多數結局是負氣離婚。夫強硬妻軟弱和妻強硬夫軟弱是最常見的一種，許多夫妻吵架都是這樣，最後終歸是一方讓步，不是丈夫撤退到陽臺抽菸解悶，就是妻子避讓到臥室裡號啕大哭。

把賽局延伸到社會範圍，犯罪和防止犯罪則是罪犯和警察之間進行的一場賽局遊戲。警察可以有兩種選擇：加強巡邏，或者休息。罪犯同樣可以採取作案和不作案兩種策略。如果罪犯知道警察休息，他的最佳

選擇就是作案；如果警察加強巡邏，他最佳的選擇是不作案。對於警察來說，如果他知道犯罪者想作案，他的最佳選擇是加強巡邏，如果犯罪者採取不作案，那他最好選擇去休息。

由此可以看到賽局論在生活中的廣泛應用。作為一門關係學，它是人與人之間的行動如何相互影響的科學，是伴隨你一生的科學。

從現在開始學習賽局論，你會知道如何走出談判的「囚徒困境」；如何改變自己的觀點，從別人的角度來觀察世界；如何「向前展望、向後推理」；如何獲得合作之中的「雙贏之道」。

學習賽局論，你會了解到，談判並非總是「你輸多少，我就贏多少」的「零和賽局」，還有大量的對雙方都更有利的協議存在。學習賽局論，不僅僅限於戰勝對方，同時也教你如何建立合作機制，學習賽局論，就是在「戰爭與和平」中學習交際的藝術。

賽局論究竟有什麼樣的作用？又應該如何應用？在現代社會，賽局已經成為了一種應用極為廣泛的科學，融入了人們的日常生活之中。

在生活中，人們會不自覺地進行賽局思維。當你要去買東西的時候，你會比較鄰近的兩個店鋪，誰的東西更為便宜，去哪一家更為方便。如果你知道某個商品的廣告不實，你當然不會去買該商品。你知道你的朋友喜歡跟你一起喝酒，你應邀請他在星期天到你家聚一聚，但同時你要考慮到他是否有空，要考慮到他是否會拒絕等等。當你十分肯定地預測到：如果你向警察報案說你的腳踏車被偷了，而警察認為這只是一個小得不能再小的案件而無動於衷。你又何必跑去報案呢？……人們時刻都在分析並預測他人的行為以做出相應的行動選擇，這就是賽局。

簡單來說，賽局就是運用你的智慧和理性思維，在紛繁的事件中選擇能夠使你的利益達到最大化的科學。

　　假設在一個雨夜裡，你駕駛一輛車，經過一個你熟悉的小鎮。你看到有三個人在焦急地等車，他們是：醫生、美女和老人。對你而言，醫生曾對你有過救命之恩；而這位美女，你對她心儀已久，她也對你有好感，你希望與她結識；而那位老人則重病在身，需要去醫院治療。此時已經沒有公車了，漆黑的夜裡也不可能有其他車經過，而你的車只能帶一人上路。你應帶上他們其中的哪一位呢？

　　如果你考慮到報恩，你應當捎帶上這位醫生；而如果你考慮到自己的「私心」，你應當帶上這位美女，因為這是一次難得與你喜歡的美女結識的機會；如果你考慮到人應當有憐憫之心，你應當帶上老人去醫院，當然，你做出這三種選擇中的任何一種都會有損失，而且不能兼顧。

　　你會如何作選擇呢？標準答案令人吃驚：你應當將車鑰匙給醫生，讓他帶著老人去醫院，而你陪著美女在雨中散步。這是一個完美的選擇：老人在醫生的陪同下去了醫院，你的憐憫之心得到了滿足；醫生也離開了雨中的小鎮，這樣你也報了恩；而你也得到了和心儀的美女在雨夜漫步的機會，私心也得到了滿足。這樣就實現了利益的最大化，你也達到了目的。

　　人在社會上生存，必然要和周圍的人交際，這就會發生賽局。如果你想讓自己的生存狀態向好的方向發展，就需要懂得相關的賽局知識。

　　賽局在現實生活中可謂無處不在。中國古老的賽局遊戲 —— 象棋，就是人生賽局的濃縮。在和對手進行對局時，你需要考慮的往往不是一兩步的行動，同時你還要根據你的思考來預測對手的反應，並做出相應的決策。棋局的勝敗，很大程度上就在於你對整個局面形勢的判斷和對對手應對技巧的提前反應。

　　這種來自於古老遊戲的賽局，可以適用於人生的任何階段，在人際交往的過程中，賽局論能夠發揮重要的作用。

夫妻倆看電視，一個要看足球，一個要聽音樂，會出現怎樣的情況呢？一是兩人爭執不下，你想看足球，我偏不讓，我想聽音樂，你偏不同意，於是，乾脆關掉電視，誰都別看；二是你看足球，我到其他地方聽音樂，或你聽音樂，我到其他地方看足球；三是其中一方說服對方，兩人一起看足球或一起聽音樂。

日常生活中，人們經常會選擇第一種解決方法。在交往時，由於相互的衝突和矛盾而不能達成一致，交際雙方都不讓步，最後使交際活動不能展開，結果是交際的雙方都從中受損，兩敗俱傷。「賽局論」把這種情況叫「負和賽局」。「負和賽局」的結果，往往是雙方都沒有從中得到任何利益，你的心理不能得到滿足，我的感情也有疙瘩，雙方的願望都沒有實現。

而第二種情況你看足球，我到其他地方聽音樂，或你聽音樂，我到其他地方看足球，雙方互不干涉的做法，誰都沒有在賽局中得到任何好處，也都沒有遭受任何損失。這樣的賽局結果，稱之為「零和賽局」。

第三種情況其中一方說服對方，兩人一起看足球或一起聽音樂的選擇，是互利互惠的「正和賽局」。「正和賽局」是指賽局雙方的利益都有所增加，或者至少是一方的利益增加，而另一方的利益不受損害，因而整體的利益有所增加。

由此可以看出，「負和賽局」和「零和賽局」是一種對抗性賽局，或者稱之為不合作賽局；而「正和賽局」則是一種非對抗性賽局，或者可以稱為合作性賽局。而人際交往中要取得良好的效果，就應當掌握的是如何運用非對抗性賽局，從而透過賽局取得人際關係交往的勝利。

當然，賽局的用途，並不僅僅只在人際交往一項上有所展現。學會合理運用賽局的技巧，對於當今的人們來說，是在人生的舞臺上獲得更多成功的前提。

第二章

困境賽局 —— 突破競爭帶來的傷害

粗暴的通用食品公司

1970 年代，美國通用食品公司和寶鹼競爭十分激烈。當時兩家公司都生產非即溶性咖啡。通用食品公司的麥斯威爾咖啡占據東部 43％的市場，寶鹼的福爵咖啡則在西部市場領先。

1971 年，寶鹼首先打破平靜，它在俄亥俄州大幅度增加廣告試圖誇大寶潔在東部的市場。面對競爭對手的侵略，通用食品馬上作出反應，也立即增加了在俄亥俄州的廣告預算並且大幅度降價銷售。一段時間，麥斯威爾咖啡甚至低於成本價銷售。通用食品公司在俄亥俄州地區的利潤率從降價前的 30％降到降價後的負 30％。寶鹼在通用食品的打擊下利潤也下降了許多。最終，寶鹼承受不住打擊，放棄了在該地區擴大市場的努力，首先退出了這場戰爭。

在寶鹼退出市場後，通用食品公司也就降低了在俄亥俄州的廣告投入並提升價格，利潤也慢慢恢復到降價前的水準。

後來寶鹼在兩家公司共同占領市場的中西部城市休士頓增加廣告並降價，以其人之道，還治其人之身，試圖將通用食品公司擠出該市場。哪知道通用根本不懼怕寶鹼的威脅挑戰，而是在堪薩斯州降價。幾個回合後，通用食品公司向寶鹼以及其他企業傳遞了這樣的資訊：誰要跟我爭奪市場，我就和誰同歸於盡。於是在以後的歲月裡，幾乎沒有公司試圖與粗暴的通用食品公司爭奪市場。

　　寶鹼與通用食品公司的這場競爭是一種懦夫賽局。在這種賽局中，寶鹼扮演的是理性的一方，通用食品公司扮演的是魯莽的一方，不計後果的一方。

　　在這場咖啡大戰中，魯莽的人勝出了，牢牢地樹立起粗暴者的形象，並在未來的多次賽局中獲得好處。它透過冒險採取這種自殺式報復的策略最終成功地利用了對手，使對手感到害怕而退避三舍。

給別人路就是給自己路

春秋時期，楚莊王非常注重對人才的培養。他經常宴請各方名士，以籠絡人才為己所用。一天，楚莊王又大宴賓客，君臣喝得極其痛快。天色漸晚，莊王命人點上蠟燭繼續喝酒，又讓自己的寵姬出來向眾將勸酒。突然間，一陣狂風吹過，廳堂裡的燈燭全部被吹滅，四周一片漆黑。猛然間，莊王聽得勸酒的寵姬尖叫一聲，莊王忙問何事。寵姬在黑暗中摸過來，附在莊王耳邊哭訴：「燈一滅，有位將軍無禮，偷偷摟抱臣妾，已被我偷偷拔取了他的盔纓，請大王查找無盔纓之人，重重治罪，為妾出氣。」

楚莊王聽了寵姬的哭訴，表現出很不以為然的樣子。他想，怎麼能為了愛妃的貞節而失去一員能為自己征戰四方的大將呢？於是，莊王趁燭光還未點明，便在黑暗中高聲說道：「今天宴會，盛況空前，請各位開懷暢飲，不必拘禮，大家都把自己的帽纓扯斷，誰的帽纓不斷誰就是沒有喝好！」在座的群雄哪知莊王的用意，為了討得莊王歡心，紛紛把自己的帽纓扯斷。等蠟燭重新點燃，所有赴宴人的帽纓都斷了，根本就找不出那位調戲寵姬的人。就這樣，調戲莊王寵姬的人，不僅沒有受到懲罰，就連尷尬的場面也沒有發生。

時隔不久，楚莊王藉口鄭國與晉國在鄢陵會盟，於第二年春天，傾全國之兵圍攻鄭國。戰況十分激烈，歷時 3 個多月，發動了數次戰爭。

在這場戰鬥中有一名軍官奮勇當先，與鄭軍交戰斬殺敵人甚多。最後，楚國取得勝利，在論功行賞之際，楚莊王才得知奮勇殺敵的那名軍官，名叫唐狡，就是在酒宴上被寵姬扯斷帽纓的人，他有此舉正是為了報莊王的恩！

美國密西根大學的學者羅伯特‧阿克塞爾羅曾提出了一報還一報的賽局策略，並用下面這個小故事予以解釋：

一天深夜，某教授正在熟睡之際，電話鈴突然響了起來。他睡眼惺忪地拿起電話，聽筒裡傳來女鄰居怒氣衝衝的聲音：「麻煩你管一下你的狗，不要再讓牠叫了。」說完，就掛了電話。這位教授十分生氣。第二天他定好鬧鐘，半夜兩點鐘準時起床，撥通了女鄰居家的電話，過了半天，對方才拿起聽筒，帶著睡意惱怒地問：「哪一位？」這位教授彬彬有禮地告訴她：「夫人，昨天我忘記告訴妳了，我們家沒有養狗。」

從這個小故事中我們得出這樣一個結論：在沒有外部力量對雙方進行強制時，一報還一報是對自己最有利的策略。

但事實並非總是如此。在楚莊王與唐狡的賽局中，楚莊王沒有用一般的報復手段去懲罰唐狡，而是寬容了他的過失，最終卻得到了更好的效果。

這就告訴我們，一報還一報並非在任何時候都是良策，寬容地對待你的敵人、仇家、對手，在非原則的問題上，以大局為重，你收穫的是另一片海闊天空。

有句俗語叫「有仇不報非君子」，於是，有人講究「睚眥必報」，有人堅信「君子報仇，十年不晚」，仇恨就這樣輕而易舉地毀滅了人們的一生，沒有希望，沒有快樂，沒有理解。滿懷仇恨的人即使不寂寞，也會孤獨一生，他們的心靈始終處於報復的煎熬之中，他們的精神處於崩潰

的邊緣，儘管他們自以為有著不達目的不甘休的堅強意志。

在一本外文雜誌上有這樣一個故事：在美國一家市場裡，有位華裔女子的攤位生意特別好，引起了其他攤販的嫉妒，大家常有意無意把垃圾倒到她的店門口。這個華裔女子只是寬厚地笑笑，不予計較。旁邊賣菜的墨西哥婦人觀察了她好幾天，終於忍不住問道：「大家都把垃圾掃到妳這裡來，妳為什麼不生氣？」這個華裔女子平靜地回答道：「在我們國家，過年的時候，都會把垃圾往家裡掃，垃圾越多就代表會賺越多的錢。現在每天都有人送錢到我這裡，我怎麼捨得拒絕呢？妳看我的生意不是越來越好嗎？」她的寬容、大度讓那些捉弄過她的攤販慚愧不已，從此，別人再也不把垃圾倒到她的店門口了，她也漸漸成了市場裡最受歡迎的人。

這個華裔女子用她的寬容，不僅贏得了大家的尊重，同時，也為自己留了條能更進一步的退路。如果當時她帶著怒氣選擇「報仇」，和所謂的「敵人」「針鋒相對」，又會怎樣呢？結果可想而知。

有人曾經這樣說過，消滅敵人最好的辦法是把他們變成自己的朋友。在現實生活中，人與人之間的矛盾、摩擦是不可避免的，但你大可不必將它們看得過於嚴重，動輒便上升到仇恨的地步。有仇不報才是真君子。寬恕別人的過錯，寬容別人的無意冒犯，寬容別人的缺點與不足，就等於寬容了自己。

當然，寬容絕不是無原則地寬大無邊，必須遵循法制和道德規範。對於絕大多數可以教育好的人，宜採取寬恕和約束相結合的方法；對那些蠻橫無理和屢教不改的人，則不應手軟。從此種意義上說，「大事講原則，小事講風格」才是正確的賽局之道。

貝爾公司隕落的祕密

　　1876 年 2 月 14 日，亞歷山大・格拉漢姆・貝爾發明了電話，獲發明專利權，並成立了貝爾電話公司。自此以後，貝爾公司一路征戰，在一百年的時間裡先是壟斷了電話市場，之後涉足通訊衛星一直到飛彈等系統零件的生產，成為美國五角大樓最大軍事承包商之一。可以說，貝爾公司規模之龐大，資本之雄厚，足以讓它傲視群雄，獨步天下。

　　但是一百年後，即 1970 ～ 1980 年代，有人竟敢拔起了貝爾這隻老虎的鬍鬚。這就是微波通訊股份有限公司的董事長、總經理兼大股東比爾・麥高恩。微波公司是成立於 1963 年 12 月的小公司，和其他小公司一樣，一直處在貝爾公司的高壓之下，艱難生存。但是比爾預見到微波通信在長途通話中的重大作用及其龐大的市場潛力，一直尋找機會取得發展。他首先建立覆蓋範圍極廣的中繼塔，然後針對貝爾公司收費高的情況，麥高恩大力宣傳微波公司走向大眾，許諾長話收費只相當於貝爾公司的 80%、70%，甚至一半！同時，麥高恩還充分利用廣告攻勢，圍繞貝爾公司的行業壟斷大做文章，對貝爾公司冷嘲熱諷。這些果然惹來貝爾的怨恨，貝爾開始利用壟斷優勢極力地打壓微波公司。這其中當然有不正當競爭的手段。

　　比爾認為機會來了，在全國範圍內反壟斷呼聲日益高漲的時候，微波公司一紙訴狀將貝爾公司告上法庭。這場訴訟歷經幾年時間，到 1982

年初，這個美國歷史上最大、時間最長的反壟斷訴訟案終於最後裁決。最高法庭以強硬手段，限定貝爾公司於 1984 年 1 月解體。

比爾終於達到了他的目的。

儘管貝爾公司的解體與美國上層政治人物的態度有著密切關係。但是，從客觀上說，還是法律戰勝了一切，貝爾公司利用某些特權肆意踐踏法律，以大欺小，以強凌弱，最終得來的不是勝利，而是世人的譴責和唾罵！

同時，作為微波公司的董事長比爾審時度勢看準全國反壟斷浪潮，勇敢的以螞蟻之軀撼動貝爾公司這棵參天大樹。但是，這期間光有勇氣是不夠的，還必須有完整的策略以及清晰的思路。比爾終究一步步將貝爾公司這隻老虎逼入死胡同，使之成為美國反壟斷競爭下最大的祭品。

雙贏才是解決爭端的祕訣

在生活中，我們經常會聽到這樣的話：「我得不到的東西，誰都別想得到」或是「我辦不成的事情，誰也別想辦成」。在人際交往中，一旦進入交際情境，如果人們抱有這樣的心態，必然會出現交往的僵局，導致「負和賽局」的結果。而如果雙方能夠理智地思考一下，採取互利互惠的合作態度，不僅人際關係可以向好的方向發展，同時也能夠出現雙贏的結果。

企業的「價格大戰」是賽局中的一個很好的例子，它充分說明了如何利用雙贏的分配方式來解決企業間的爭端局面。

兩個企業合起來壟斷或幾乎壟斷了某種商品的市場，經濟學上把這種情形稱為雙寡頭經濟。兩個企業都想打垮對手，爭取更大的商業利潤。於是，他們之間必然會因為對市場占有率的爭奪而引起爭鬥。

爭鬥的最終目的，當然是希望搶占對手的市場占有率，增加自己企業的利潤。企業要增加利潤最簡單的方法是提高商品的價格。東西賣得越貴，錢不就賺得越多了嗎？

的確，如果只有一家企業壟斷了整個市場，提高價格可能會增加你的利潤。但問題在於，存在兩家相互競爭的企業，消費者可以在兩家之間選擇。這時候，你漲價的結果不僅不能增加利潤，反而可能導致自己企業的銷售額和利潤下降。

在這裡，最重要的因素是市場占有率。如果你漲價，對方沒有漲價，你的東西貴了，消費者當然不會買你的東西而去買你對手的東西。這樣，你的市場占有率會下降很多，利潤也會隨之下降。

這是人們都明白的一個極為簡單的道理。因此對兩個企業來說，最好的方式是合作拉抬價格。如果兩個企業聯合起來商定一個雙方都同意的市場價格，同時都採取這個比較高的價格，消費者在購買商品時沒有別的選擇餘地，貴也只好買，兩個企業的利潤都會增加。

假定兩個企業都採取同一個低價格，可以各自獲得 5 萬元利潤；都採取比較高的價格，每個企業可以分得 8 萬元；如果一家採取較高的價格而另一家採取較低的價格，那麼價格高的企業利潤為 2 萬元，而價格低的企業則因為市場占有率的擴大利潤上升為 6 萬元。

很明顯，對於這兩個企業來說，他們雙方或單方面提高價格都得不到任何好處，都是劣勢策略。因此他們價格大戰的結果：雙方都固守低價各賺 5 萬元的情況。

但如果現在甲企業希望整垮乙企業，而在原來的低價基礎上再度降低價格，那麼為了保證自身的利益，乙企業也只能跟隨甲企業降低價格，這樣的最終結果，會導致兩個企業兩敗俱傷。

為什麼會出現這樣的情況呢？道理很簡單，因為每個企業都將同類企業作為對手，只關心自己一方的利益。在價格賽局中，只有你將對方作為對手，不管對方如何決策，你都總是會採取低價策略來占得便宜，這就促使雙方都採取低價的策略。如果對局雙方都清楚這種前景並加以合作，同時實行較高的價格，那麼雙方都可以因為避免價格大戰而獲得較高的利潤。賽局學把這種合作稱之為「雙贏對局」。因為在這個價格大戰中，如果雙方聯手都不採取降價的方式，則將出現雙贏的局面，雙方

都會成為對局中的贏家。

我們往往沒有意識到，雙贏的結果，實際上就是雙方利益最大化的結合。因為局限於個人的利益，我們會錯過很多獲利的機會。

以下是哈佛大學考希克‧巴蘇教授提出的「旅行者困境」：

有兩個旅行者從一個專門生產細瓷花瓶的地方買了兩個花瓶，並搭乘同一班飛機回來。可是在提取行李的時候，卻發現花瓶被航空公司的人打碎了。於是他們向航空公司索賠。航空公司知道該花瓶的價格大約在 300 到 1,000 美元之間，但是不知道兩個人購買的確切價格是多少。於是航空公司請兩個人在 300 ～ 1,000 元之間寫下自己花瓶的價格。如果兩個人寫的價格一樣，航空公司將認為他們說的是真話，並按照他們所寫的數額賠償，如果兩個人寫的不一樣，航空公司就認定寫得低的人說的是真話，並且照這個價格賠償損失，同時對講真話的人獎勵 10 元，對講假話的罰款 10 元。

如果甲乙兩人都寫 1,000 元，那麼他們都能夠得到 1,000 元的最大賠償，這是最好的策略。

但是甲很聰明，他想的是：如果我寫 999 元，而乙寫 1,000 元，這樣我能夠得到 1,009 元。因此他準備寫 999 元。但是乙更聰明，他猜到甲要寫 999 元，於是他準備寫 998 元。假如甲也想到了這一點，所以他準備寫 997 元⋯⋯

在這裡，甲和乙對對方心理的揣摩，目的就是為了使自身利益最大化。但是在這個例子中，收益最大的並不是甲和乙中的任何一個，而是航空公司。道理很簡單：因為規則規定，講真話獎勵 10 元，講假話罰款 10 元。注意，這是一個很明顯的圈套。因為甲和乙在事先沒有經過商量的情況下，都不知道對方會寫下怎樣的價格。而一旦兩人的價格出現

不統一，必然會有一方要遭受 10 元的損失，這樣甲和乙都想保證自身利益，並因此而揣度對方的心思，從而根據對對方的想法揣度而做出自己相應的對策。而他們揣度的結果，是價格越壓越低，使航空公司成為最大贏家。

因此，甲和乙最終的賽局結果是雙方都寫 0。我們由此可以看到，事實上，甲和乙的最佳策略是都寫 500，這樣他們都能夠得到最大賠償。而甲和乙最終之所以一分錢都拿不到，就在於他們沒有意識到在這個機制下，雙贏是利益的最大化。

甲和乙的例子，說明了雙贏策略是利益的最大化分配。這不僅是解決爭端的最佳策略，也是實現個人利益的絕妙方案。

趁早將對手處理在萌芽階段

　　潛在對手和現實對手不同，解決起來相對而言省事省力，但不容易及時發現。萬一貽誤時機，讓潛在對手變成現實對手，那會極大地增加賽局成本。

　　李林甫是唐玄宗時期的奸相，他擅長音律，會機變，善鑽營，更深諳把潛在對手解決在搖籃之中。他在擔任宰相期間，整日不研究事，專研究人。他既研究那些唐玄宗欣賞、器重的朝臣，更研究那些有可能得到玄宗重用的人，即他的潛在對手。對潛在對手，李林甫絕對不會坐視他們發展壯大，而是及時下手將其解決在搖籃裡。

　　李林甫解決的第一個潛在對手是玄宗時期的兵部侍郎盧絢。天寶元年（即西元 742 年）的一天，唐玄宗駕臨勤政樓，坐在高樓上俯看長安城的風景。這時，兵部侍郎盧絢騎著高頭大馬正好從樓下經過。玄宗看到騎馬的盧絢氣宇軒昂，雄姿英發，心生歡喜，隨口稱讚道：「真乃偉丈夫也！」這話很快就傳到李林甫的耳中。他擔心盧絢可能會被皇上重用，便設計阻撓。第二天，李林甫暗地裡召見盧絢的兒子，說：「令尊素有雅望，當今聖上準備讓他去交、廣（今廣東、廣西一帶）任職。」

　　盧絢的兒子一聽，到那麼偏遠的地方任職，可是一件苦差事，於是請李林甫指點對策。李林甫說：「可以年老為由，乞求皇上另行安排。」回到家，盧絢的兒子就把這事告訴了父親，盧絢也沒仔細分辨，就聽從

了李林甫的「指點」，上書奏言自己年老，不堪重用。結果盧絢兵部侍郎的職位沒保住，還被貶到華州（今陝西華縣）做刺史。盧絢到任華州不久，李林甫又唆使他人誹謗盧絢，說他經常假稱有疾而不理政事。玄宗對他的好印象一下子蕩然無存，不久，盧絢就被改授為太子員外詹事（是個閒職，無實權）。就這樣，盧絢的政治前途讓李林甫給毀了。

李林甫解決的第二個潛在對手是中書侍郎嚴挺之。嚴挺之為人清高任性，和李林甫的死對頭張九齡關係親近，而且他向來看不起李林甫，因此，李林甫一直懷恨在心。蔚州刺史王元琰獲罪，嚴挺之為王元琰說情。李林甫看準這個機會，在玄宗面前煽風點火，最後，嚴挺之被排擠出了京城。後來，唐玄宗又想起了他，就問李林甫：「嚴挺之現在在哪兒？此人可用。」

李林甫當晚就把嚴挺之的弟弟嚴損之召到府中「敘舊」，虛偽地以老朋友自居。李林甫說：「皇上對你哥哥很關心，準備啟用你哥哥，但礙於當年你哥哥曾被貶，不好回城……」嚴損之請求李林甫幫忙出個主意，李林甫就指點嚴損之為其兄寫一奏摺，以身體不好為名，請求皇上准許入京就醫。

嚴損之不知是計，反倒對李林甫感激涕零，自然一切都照李林甫說的做。李林甫拿著嚴損之寫的奏摺，面奏玄宗說：「嚴挺之年事已高，近患風疾，急需辭官就醫。」玄宗聽到這，嘆息良久，先前的打算只好作罷。

李適之也是李林甫排擠的對象。當時，李適之任刑部尚書，為人處事有口皆碑，加上是太宗李世民的曾孫的這一層關係，因此，被不少朝臣追捧。天寶元年，宰相牛仙客死，李適之代為左相，因此，被李林甫視為潛在的競爭對手。一次私底下閒聊，李林甫故意對李適之說：「華山有金礦，採之可以富國，上未知之。」李適之是個性格直率的人，想也沒想，就信以為真。

某日，就將此事進奏給玄宗。玄宗聞之大悅，認為這個建議不錯，就打算派人去開採。開採前玄宗就此事徵詢李林甫的意見，李林甫神色慌張地說：「臣知之久矣，然華山乃陛下本命，王氣所在，不可穿鑿，故臣不敢上言。」玄宗聽到這，覺得李林甫慮事周全，對自己一片「忠心」；而李適之考慮問題比較輕率。雖然玄宗並沒有過多責怪，也因此漸漸疏遠了李適之。

表面上看，李林甫甜言蜜語，好像很關心人，實際上卻是口蜜腹劍，常懷險惡用心。他不但自己在玄宗面前誹謗同僚，還常常挑撥他人之間的關係，以此製造矛盾，達到各個擊破、坐收漁翁之利的目的。當時的二裴（裴寬、裴敦復），素有矛盾，而二人又是李林甫認為的潛在對手。當時，裴寬任戶部尚書，玄宗平時頗為器重，李林甫擔心一旦此人入相，將會威脅自己，便想方設法謀害。刑部尚書裴敦復因「平賊有功」，得到了玄宗的表彰，李林甫很是嫉妒。李林甫一直想法子整治這二人，後來總算找到了機會。

李林甫慫恿裴敦復買通楊玉環的姐姐，在皇上面前說裴寬的壞話，致使裴寬被貶為睢陽太守。接著，李林甫又採取明升暗降的手法，藉口裴敦復有戰功，奏請玄宗讓他出任嶺南王府的經略使。裴敦復心裡老大不樂意，因此，沒有及時赴任。李林甫就到玄宗面前參了裴敦復一本，結果裴敦復因「逗留京師」，被貶為淄川太守。就這樣，李林甫在不到一年的時間裡相繼把二裴趕出了京城。

李林甫的賽局策略，就是及時遏止潛在對手的成長可能，在其不成熟的時候將其扼殺在搖籃裡；絕對不坐視其發展壯大，否則，就很難解決了，甚至有被強大起來的對手給解決掉的危險。李林甫之所以在一次又一次的賽局中取勝，關鍵在於他能夠及時發現未來的競爭對手，並在其羽翼未豐的時候就將其解決掉。

用好賽局術才可速戰速決

《孫子兵法》說：「兵貴勝，不貴久。」意思是打仗要速戰速決，避免拖入持久戰。在打擊對手的時候要牢記，不出手則已，出則必擊要害。因此，速戰速決是一種克敵制勝的賽局術。

清朝時，紅頂商人胡雪巖富可敵國，可是他家產崩潰的也極其迅速和突然。原因就在於，他的對手盛宣懷利用了胡雪巖的策略失誤，直擊其要害，使他在短時間內力不能支，最終一敗塗地。

胡雪巖每年都要囤積大量生絲，生意越做越大，最後不但壟斷了生絲市場，而且控制了生絲價格。雖然胡雪巖囤積的生絲越來越多，卻始終在觀望，希望能夠獲得更多的利益。盛宣懷抓住這一時機，掌握了胡雪巖生絲買賣的情況，一邊四處收購生絲向胡雪巖的客戶出售，一邊聯絡各地商戶和洋行買辦抵制胡雪巖的生絲。這致使胡雪巖的生絲庫存日多，資金日緊，胡雪巖苦不堪言。

此前胡雪巖向滙豐銀行借了六百五十萬兩銀子，並定下了七年的期限，每半年還一次，本息約五十萬兩，其後他又向滙豐銀行借了白銀四百萬兩，這兩筆款子都以各省協餉作擔保。這時，胡雪巖歷年為左宗棠所籌集的八十萬兩之巨的還款正趕上到期，這筆款雖然是清廷借的，經手人卻是胡雪巖，外國銀行只知向胡雪巖要錢。這筆借款每年由協餉來補償給胡雪巖，照理說每年的協餉一到，上海道臺府就會把錢送給胡

雪巖，以備他還款之用。然而盛宣懷卻在此動了手腳，他找到上海道臺邵友濂，直言李鴻章有意緩發這筆協餉。邵友濂想，緩發也不算什麼大事，自然照辦。盛宣懷同時串通好外國銀行，向胡雪巖催款。由於事出突然，胡雪巖只好從他阜康銀行各地錢莊調來八十萬兩銀子，先補上了這個窟窿。他想協餉反正要給的，不過是晚發一段時間而已。然而這時盛宣懷卻給了胡雪巖致命一擊。他暗中偵察胡雪巖一切調款活動，估計胡雪巖調動的銀子陸續出了阜康銀行，阜康銀行正處於空虛之際，就託人到銀行提款擠兌。

這些提款的人都是紳商大戶，提款數額少則數千，多則上萬。但盛宣懷知道，單靠這些人是擠不垮胡雪巖的，他便讓人四處放出風聲，說胡雪巖積囤生絲賠了血本，只好挪用阜康銀行存款，如今尚欠外國銀行貸款 80 萬兩銀子，阜康銀行倒閉在即。儘管人們認為胡雪巖財大氣粗，但他積壓生絲和欠外國銀行貸款卻是不爭的事實。很快，人們由不信轉為相信，引發了一輪提款的高潮。

盛宣懷在上海坐鎮，把聲勢搞得很大。上海擠兌發生之時，胡雪巖正在回杭州的船上。此時，德馨任浙江藩司。德馨與胡雪巖一向友好，聽說上海阜康即將倒閉，便料定杭州阜康一定要發生擠兌。他忙叫兩名心腹，到庫中提出二萬兩銀子，送到了阜康。杭州的局勢尚能支持，上海那邊卻早已失控了。胡雪巖到了杭州，還沒來得及休息，又星夜趕回上海，讓總管高達去催上海道臺邵友濂發協餉。然而邵友濂叫下人假稱自己不在。胡雪巖這時候才想起了左宗棠，又叫高達趕快去發電報。殊不知盛宣懷暗中叫人將電報扣下，左宗棠始終沒能收到這份電報。第二天胡雪巖見左宗棠那邊沒有回音，這才真的急了，親自去上海道臺府催討。但這時邵友濂早已溜之大吉了。

到了這個地步，胡雪巖只好把他的地契和房產押了出去，同時廉價賣掉積存的蠶絲，希望能夠扛過擠兌風潮。不想這次風潮竟愈演愈烈，各地阜康銀行門前擠兌的人人山人海。胡雪巖這才明白，有人做了手腳，打聽之下，才知道是盛宣懷在中做了手腳，胡雪巖不久即在憂憤中死去。

胡雪巖死後，盛宣懷少了一個有力的競爭者，從此事業蒸蒸日上。

盛宣懷面對胡雪巖這樣的強敵，如果採用慢戰的戰術，胡雪巖可以應付自如，絕不會落得破產的下場。所以他採取速戰速決的辦法，抓住了胡雪巖的命門所在，突然出手，使得胡雪巖絲毫沒有防備，在瞬息之間就被徹底擊垮。

可見，在賽局對決中，掌握對手的情報，並迅速出手制敵，才能取得有利於自己的局面。「先發制人，後發制於人」，把握機會，一擊制敵，是獲得賽局勝利的關鍵所在。

借敵方的雙手推動自己成功

　　一個牧場主和一個獵戶比鄰而居，牧場主養了許多羊，而他的鄰居卻在院子裡養了一群凶猛的獵狗。這些獵狗經常跳過柵欄，襲擊牧場裡的小羊羔。牧場主幾次請獵戶把狗關好，但獵戶不以為然，只是口頭上敷衍。沒過幾天，他家的獵狗又跳進牧場橫衝直撞，小羊羔身受其害。

　　牧場主再也忍不住了，於是到當地的法院控告獵戶，要求獵戶賠償其損失。聽了他的控訴，法官說：「我可以處罰那個獵戶，也可以發布法令讓他把狗鎖起來，但這樣一來你就失去了一個朋友，多了一個敵人。你是願意和敵人做鄰居呢，還是和朋友做鄰居？」牧場主說：「當然是願意和朋友做鄰居。」「那好，我給你出個主意。按我說的去做，不但可以保證你的羊群不再受騷擾，還會為你贏得一個友好的鄰居。」法官如此這般交代一番，牧場主暗暗叫好。

　　回到家，牧場主就按法官說的挑選了 3 隻最可愛的小羊羔，送給獵戶的 3 個兒子。看到潔白溫順的小羊，孩子們如獲至寶，每天放學都要在院子裡和小羊羔玩耍嬉戲。因為怕獵狗傷害到兒子們的小羊，獵戶做了個大鐵籠，把狗結結實實地鎖了起來。從此，牧場主的羊群再也沒有受到騷擾，兩家的關係也一直非常和睦。

　　智豬賽局中，如果小豬總是採取等待策略，大豬雖然無可奈何，但怨氣肯定是有的，自然也會視小豬為最大的敵人。久而久之，也不排除

大豬不再去按動按鈕的可能。那麼，小豬有沒有方法讓大豬心甘情願為自己覓食呢？故事中的法官不愧是一個精通此道的賽局高手，他懂得在智豬賽局中透過給予一定的利益將「敵人」變為朋友，並借助「敵人」之力成就自己。

同樣精通這種賽局智慧的還有比爾蓋茲，美國的 Real Networks 公司曾於 2003 年 12 月向美國聯邦法院提起訴訟，指控微軟濫用了在 Windows 上的壟斷地位，限制 PC 廠商預裝其他媒體播放軟體，並且無論 Windows 使用者是否願意，都強迫他們使用綁定的媒體播放機軟體。Real Networks 要求獲得 10 億美元的賠償。

然而，事情的發展總是出人意料，在官司還未結束時，Real Networks 公司的執行長葛拉瑟卻致電比爾蓋茲，希望得到微軟的技術支持，以使自己的音樂播放軟體能夠在網路和可攜式裝置上播放。所有的人都認為比爾蓋茲一定會拒絕他，但令人意外的是，比爾蓋茲接受了他的提議。

事後，微軟與 Real Networks 公司達成了一份價值 7.61 億美元的法律和解協定。根據協定，微軟同意把 Real Networks 公司的 Rhapsody 服務放進其 MSN 搜索、MSN 訊息以及 MSN 音樂服務中，並且使之成為 Windows Media Player 的一個可選服務。一場官司就在一片祥和中化解了。

人在社會上闖蕩，難免會樹立起敵人，如何處理好與這些「敵人」的關係？紅頂商人胡雪巖有這麼一句話：多一個朋友多條路，多一個敵人多堵牆，一和萬事興，在合適的時候，我們不妨站到敵人身邊去，化敵為友，借助對方的力量共同成功。

創造屬於自己獨特的競爭方式

現實生活中有很多公司企業像流星一樣，雖然有過瞬間的輝煌，但是在短暫的輝煌之後，便銷聲匿跡、無影無蹤。但還有一些公司企業始終保持著旺盛的生命力和競爭力，它們始終活躍在成功企業的行列，保持著它們特有的、強勁且持久的競爭力。是什麼使得有些公司企業在輝煌之後迅速沉淪？又是什麼使得那些獲得成功的企業歷久彌新？

寶鹼的歷史奠基人威廉·普克特是一名毫不起眼的美國俄亥俄州小商店售貨員。由於業務上的來往，普克特與一家雜貨店老闆蓋德混得很熟，很快成了好朋友。有一次他來到了蓋德的家裡，看到美麗的蓋德夫人在使用又黑又粗糙的肥皂，於是萌生出了製造潔白肥皂的想法。

在蓋德的幫助下，雙方各出資一半，聘請了專家專門研製肥皂，並為公司起名為寶鹼。一年後，潔白的肥皂研製成功。潔白的東西本身就會令人產生潔淨的遐想，這個時候的肥皂製造商並不刻意設計肥皂的外形，大多是一副呆板的正方形蛋糕狀，而普克特不僅幫自己的產品命名為「象牙肥皂」這個好聽的名字，還一改傳統，把肥皂設計成橢圓形，既便於把握又增添了美感。為了防止別人模仿，維護其獨一無二的相貌，寶鹼還專門申請了外形專利。果然，「象牙肥皂」一經上市，人們紛紛放棄了傳統的肥皂，搶購又白又漂亮的「象牙肥皂」，特別是愛美的婦女，更是喜愛至極。

　　在寶鹼和競爭對手的賽局中，寶鹼正是抓住了競爭對手容易忽略的因素，從而贏得了較大的市場占有率以及廣大用戶的青睞。當然，這還是很容易被競爭對手模仿的，申請專利便是保護產品的一個重要方法。

　　寶鹼的迅速崛起，同行既嫉妒又羨慕，紛紛效仿製造「象牙肥皂」。寶鹼明白「象牙肥皂」的確沒有什麼複雜的技術，必須靠宣傳鞏固自己的地位，擴大市場占有率和影響力。於是普克特從美國一流大學聘請了化學家為自己的肥皂做化學成分分析，做出權威報導，巧妙地安插在廣告中。普克特的這一獨創做法產生了很大的效果，不但牢牢鞏固了自己的地位，還把競爭對手一下子遠遠拋在了後面。

　　普克特在成年人身上打盡主意之後，又把眼光對向了孩子。有一段時間，幾乎全美國的兒童都在收集象牙肥皂或者精美的包裝紙。因為這些包裝紙不僅漂亮，而且只要集齊 15 張包裝紙就可以換到一本圖畫書和一個寫字板，這使得象牙肥皂成了非常暢銷的商品。

　　毫無疑問，寶鹼在林立的競爭對手面前，能夠快速崛起並超越這些對手，除了與他們正確的策略有關外，最重要的一點是，他們所創造的優勢很難被別人模仿，即便相對容易模仿，他們也能很快創造出更具競爭力的優勢。

　　工業時代的競爭優勢來源於巨大的規模生產、標準化的產品及更低的成本。對於寶潔而言，這一優勢的實現，依賴的是銷售規模的擴大。隨著產品同質化競爭的加強，進行差異化創新以形成競爭優勢的必要性也日趨突顯。針對這一形勢，寶鹼將肥皂的商品特徵進行細分，劃分為外觀、香味、特點及其他實質特性。這是消費者可感知的部分，而不可感知的部分，則分為含水量、不溶於水的特質等。這樣的細分，為產品的差異化創造了廣闊的空間。它可以以任何一個特徵與競爭對手的產品

形成差異。而這樣的細分，又可以將整體創新變為局部創新，對企業將更為有利，同時，還能提高競爭層次。如果顧客都習慣於企業現有產品特徵，則企業產品的特徵就成為行業標準，其他企業必然在客戶的壓力下，以很大的成本向行業標準轉化。

　　在商戰賽局中，一些企業獲得成功必定有某種或某些優勢。只有在某些方面具有超出對手的優勢，企業才可能實現成功。有些企業的競爭優勢雖然很容易被模仿，但是當這些企業利用這些優勢獲得成功、競爭對手相繼模仿之後，他們能在此基礎上進行改革創新；只有極少數企業的競爭優勢因為其特有的獨創性很難被競爭對手所模仿，當這些企業取得成功之後，雖然競爭對手爭相模仿，可是很難效仿成功，更難有人進行突破。因此，有些企業像流星一樣只擁有短暫的勝利，而那極少數的企業卻能夠實現持久的成功。

第三章

蛋糕賽局 —— 分享比獨享更顯力量

妥協是最好的策略

如果你對鬥雞賽局還不甚明瞭，下面請看這樣一個生活中的例子。

甲借給乙 100 塊錢，現在要討回來，而乙不想還錢，假設兩者實力相當，那麼他們之間的行為將類似於鬥雞賽局。

如果甲很強硬而乙妥協，則在討債行動中甲收穫 100 元，乙收穫 0 元；如乙很強硬而甲妥協，則甲收穫 0，乙收穫 100，如果雙方都妥協，達成協議，甲對乙的債務進行減免，則甲收穫 90，乙收穫 10；如果雙方都強硬，則發生暴力衝突，甲不但不能收回債務，反而要支付醫藥費 100 元，實際收益為負 200，而乙的收益則為負 100。

如此看來，雙方妥協是最好的策略，但是為什麼不能成為賽局的均衡點呢？原因在於做出嚴格最佳策略的前提是需要假定對方的策略已經給定，假如對方如此選擇，那麼我如此選擇將會獲得最大收益。在鬥雞賽局中如果一方妥協，那麼對另外一方來說強硬將能獲得更大的收益，反過來亦是如此。既然雙方都認為自己的實力不差，那麼雙方都為了追求各自利益的最大化，而選擇不合作，亦即從某種意義上來說陷入「囚徒困境」。

既然自己的策略是假定對方的策略已定的條件下產生的，那麼如何才能確保自己一定選擇了優勢策略呢？即如何知道對手的真正策略呢？實際的決策過程中充滿了反覆的試探。鬥雞場上的鬥雞並不是根據自己

的主觀願望來決定如何行動，而是根據對對手的實力預測來做決定，或者是透過不斷的試探來推測對手的實力。賽局論專家，有時候也將騎虎難下的賽局局面稱之為「協和謬誤」。我們來看看這樣一個例子：

1960 年代，英國和法國政府聯合投資開發大型超音速客機，即協和飛機。開發一種新型商用飛機簡直可以說是一場豪賭，單是設計一個新引擎的成本就可能高達數億美元。想開發更新更好的飛機，實際上等於把公司作為賭注押上去。難怪政府會被牽涉進去，竭力要為本國企業謀求更大的市場。

該種飛機機身大、設計豪華並且速度快。但是，英法政府發現：繼續投資開發這樣的機型，花費會急劇增加，但這樣的設計定位能否適應市場還不知道；而停止研製將使以前的投資付諸東流。隨著研製工作的深入，他們更是無法作出停止研製工作的決定。協和飛機最終研製成功，但因飛機的缺陷（如耗油大、噪音大、汙染嚴重等等），成本太高，不適合市場競爭，最終被市場淘汰，英法政府為此蒙受很大的損失。在這個研製過程中，如果英法政府能及早放棄飛機的開發工作，會使損失減少，但他們沒能做到。

直到英國和法國航空公司宣布協和飛機退出民航市場，才算是從這個無底洞中脫身。這也是「壯士斷腕」的無奈之舉。

這樣看似滑稽的失誤，在我們的生活之中也屢見不鮮。鬥雞賽局進一步衍生為動態賽局，會形成這樣一個拍賣模型。拍賣規則是：輪流出價，誰出的最高，誰就將得到該物品，但是出價少的人不僅得不到該物品，並且要按他所叫的價付給拍賣方。

假定有兩人競價爭奪價值 100 元的物品，只要雙方開始叫價，在這個賽局中雙方就進入了騎虎難下的狀態。因為，每個人都這樣想：如果

我退出，我將失去我出的錢，若不退出，我將有可能得到這價值 100 元的物品。但是，隨著出價的增加，他的損失也可能越大。每個人面臨著是繼續叫價還是退出的兩難困境。

這個賽局實際上有一個納許均衡：第一個出價人叫出 100 元的競標價，另外一個人不出價（因為在對方叫出 100 元的價格後，他繼續叫價將是不理性的），出價 100 元的參與人得到該物品。

一旦進入騎虎難下的賽局，儘早退出是明智之舉。然而當局者往往是做不到的，這就是所謂「當局者迷，旁觀者清」。

這種騎虎難下的賽局經常出現在企業或組織之間，也出現在個人之間。賭紅了眼的賭徒輸了錢還要繼續賭下去以希望返本，就是騎虎難下。其實，賭徒進入賭場開始賭博時，他已經進入了騎虎難下的狀態，因為，賭場從機率上講是必勝的。

從理論上講，賭徒與賭場之間的賽局如果是多次的，那麼賭徒肯定輸的，因為賭徒的「資源」與賭場的「資源」相比實在太小了。如果你的資源與賭場的資源相比很大，那麼賭場有可能輸；如果你的資源無限大，只要賭徒有非要贏的可能性，那麼賭徒肯定會贏。因此，像澳門葡京這樣的賭場要設定賭博數額的限制。

戰國思想家莊子講過一個「呆若木雞」的故事，說鬥雞的最高狀態，好像木雞一樣，面對對手毫無反應，可以嚇退對手，也可以麻痺對手。這個故事裡面就包含著鬥雞賽局的基本原則，就是讓對手錯誤估計雙方的力量對比，從而產生錯誤的期望，再以自己的實力戰勝對手。

然而，在實際生活中，兩隻鬥雞在鬥雞場上要作出嚴格優勢策略的選擇，有時並不是一開始就做出這樣的選擇的，而是要透過反覆的試探，甚至是激烈的爭鬥後才會作出嚴格優勢策略的選擇，一方前進，一

方後退，這也是符合鬥雞定律的。

因為哪一方前進，不是由兩隻鬥雞的主觀願望決定的，而是由雙方的實力預測所決定的，當兩方都無法完全預測雙方實力的強弱的話，那就只能透過試探才能知道了，當然有時這種試探是要付出相當大的代價的。

在現實社會中，以這種形式運用鬥雞定律，卻比直接選用嚴格優勢策略的形式要常見得多。這也許是因為人有複雜的思維、更多的欲望。

冷戰期間，美國與蘇聯間的軍備競賽就是「騎虎難下」賽局。這場「拍賣」以蘇聯的解體而告終，蘇聯是「輸」家。美國雖然表面上是贏家，但武器競賽過程中，耗費了美國大量的資源，從這一點來說，美國也是輸家。在人與人之間的關係中也經常見到這樣的賽局。比如在一個單位之中，因某種原因，兩人相互為敵，誰都想戰勝對方。爭鬥是要耗費精力和時間的，因而，爭鬥的雙方都是輸家。但誰都不想退讓，因為退下來沒有面子，然而進一步的爭鬥對雙方來說，都是既耗時又耗力。「騎虎難下」賽局對雙方來說均是難以忍受的。

實際中有可能發生的是這樣一個賽局：對一方來說是「騎虎難下」賽局。而對另一方來說則不是。比如，人們常常選擇以「貸款」方式來買房：房屋購買者與建商之間確定一個購買價，然後建商、購房者與銀行三者訂立一個協議，購房者先交少量購房款，銀行將餘額付給建商，購房者分期將本和息還給銀行。這是一個三方均得益的制度。但是，在這個過程中，購房者很有可能進入「騎虎難下」賽局。當房價跌破當初買的價格並且沒有升值的希望時，購房者面臨著繼續還貸款供樓還是停止還款賣樓的兩難選擇：繼續繳款供樓，就等於不斷將錢扔進水裡，而停止還款賣樓，以前的錢就等於白花了。還有一種情況，在售房過程

中，銷售人員往往透過多種手段使購買者訂立合約，並先交一部分定金。購買者一不小心便進入了「騎虎難下」賽局：若終止合約，訂金便收不回來，而如果不終止合約，將可能承受更大的損失。當然，銷售者的行為不一定是違法行為；購房者以貸款形式買房也不一定必定陷入騎虎難下的困境。當房價在升值時，買房者還可以大賺一筆；只有當房價不斷下跌時，買房者才會陷入騎虎難下的賽局。

在當今的商業社會，設下「騎虎難下」賽局來進行欺騙是常有的事情。作為策略家，最好的方法是避免進入這樣的賽局；如果因某種原因陷入了賽局，要以某種方式誘使對方先退出這個賽局，使對方成為出第二價格的人，使對方承擔退出的損失；如果無法使對方退出，自己及時抽身為上策。

重複賽局的道德底線

在賽局中，人們有著各自不同的道德底線，而人類的道德底線，很多時候是用數字來衡量的。

一個富翁的兒子與朋友做生意，結果被騙了，富翁的兒子很是懊惱，他一直對父親說沒有想到朋友是那種沒有信用的人。富翁安慰兒子，並告誡他說，人都有自己的道德底線，當外在的誘惑突破了這個人的道德底線時，對方就會顛覆傳統的道德標準，也就是說，當一個人面臨著更多誘惑的時候，他的道德底線會慢慢消失，一直到最後完全看不見。

兒子聽後不是很明白，於是富翁帶著兒子去做了一個試驗。這個富翁首先帶著兒子找到了商人 A。商人 A 的店不大，當時的 A 正在店裡喝茶，富翁在取得了 A 的初步信任後，告訴 A 自己有一批貨想賣給他，富翁對 A 說，你賣了貨再給我錢，反正跑得了和尚跑不了廟，並且露出一副很放心的樣子，結果生意談成，富翁放了一萬元的貨在 A 的店裡。

之後富翁帶著兒子又來到了店面稍大的商人 B 與店面更大的商人 C 家，同樣放了一萬元的貨物在他們各自的店裡。一個月之後，商人 C 先來找到富翁，C 因為店鋪大，周轉靈活，所以能夠比較快地還款，而且 C 還想進更多的貨。不久後，商人 A、B 也來找富翁還款，並且也都向富翁要求進更多的貨，於是，富翁分別給了他們三萬元的貨。富翁的兒

子見狀說他們三人都很講信用，為什麼不多發貨給他們呢？商人笑笑沒有回答。

又是一個月過去了，商人 C 還是最先過來還錢的，並要求進更多的貨，之後商人 B 也來了，也要求進更多的貨，商人 A 卻沒有來。於是富翁領著兒子到了 A 的店鋪，結果發現 A 的店鋪早已人去樓空。兒子說，這個人真是不講信用，富翁依舊沒有說什麼。

這次，富翁給了 B、C 每人五萬元的貨，兒子說這兩個人還算是有信用，應該多給，富翁笑笑沒有說話。之後再過了一個月，商人 C 又來還錢，跟之前一樣，商人 C 要求進更多的貨。但是這次，商人 B 卻沒有來。富翁與他的兒子來到了商人 B 的鋪子，結果發現 B 的鋪子也是人去樓空。兒子看到這樣的情景十分驚訝，直嘆 B 怎麼也這麼不講信用，並且對父親說，只有商人 C 是做大買賣的，可靠。於是富翁又給了商人 C 八萬元的貨物，一個月後，C 又來按時還錢。

之後富翁賒給商人 C 的貨物越來越多，而商人 C 每個月也都會來按時還錢，一直到富翁賒給了商人 C 三十萬元的貨物後，商人 C 再也沒有來還錢。這時候富翁的兒子說，C 一定是有什麼原因來不了，像 C 那麼有原則的人怎麼會不來呢？富翁沒有說什麼，只是領著兒子來到了 C 的店鋪，結果是人去樓空，富翁的兒子驚訝萬分。

富翁笑笑告訴他的兒子說，人都有自己的道德底線，可以將人的道德底線用數字來衡量，商人 A 的道德底線就是三萬元，而商人 B 的道德底線就是五萬元，至於商人 C 相對確實是誠信的，但他同樣擁有道德底線，那就是三十萬元，這就是人性。這時候富翁的兒子總算大悟。同時，富翁告訴兒子不用擔心，他早料到會這樣，現在那三位商人正準備受審呢，因為人性的齷齪自有法律和道德來約束。

　　這個故事告訴人們，道德在不同的人身上會產生不同的道德底線。當然，在重複賽局中，人的道德底線也會有不同的衡量標準。有時候當人們預測將與之多次發生重複賽局的時候，道德底線的枷鎖就在；而當人們決定以後不會再與之賽局的時候，便會完全喪失掉道德的底線，只為了讓自己得到利益。

　　在這樣的情況下，為了牽制約束人們的道德底線，法律的產生也成為了必然。

分著吃蛋糕才有滋有味

我們探討過了商界賽局中的優勢策略與劣勢策略。現在，再來看看具體的商界賽局在生活中的運用。比如，在商場討價還價時，經常會運用到著名的最後通牒賽局。

有一家外商招聘員工面試時出了這樣一道題：要求應聘者把一盒蛋糕切成八份，分給八個人，但蛋糕盒裡還必須留有一份。面對這樣的怪題，有些應聘者絞盡腦汁也無法完成；而有些應聘者卻感到此題很簡單，把切成的八份蛋糕先拿出七份分給七個人，剩下的一份連蛋糕盒一起分給第八個人。應聘者的創造性思維能力從這道題中就顯而易見了。

分蛋糕的故事在很多領域都有應用。無論在日常生活、商界還是在國際政壇，有關各方經常需要討價還價或者評判對總收益如何分配，這個總收益其實就是一塊大「蛋糕」。這塊大「蛋糕」如何分配呢？我們知道最可能實現一半對一半的公平分配的方案，是讓一方把蛋糕切成兩份，而讓另一方先挑選。在這種制度設置之下，如果切得不公平，得益的必定是先挑選的一方。所以負責切蛋糕的一方就得把蛋糕切得公平，這就是最後通牒賽局。

但是，這個方案極有可能是無法保證公平的，因為人們容易想像切蛋糕的一方可能技術不好到或不小心切得不一樣大，從而不切蛋糕的一方得到比較大的一半的機會增加。按照這樣的想像，誰都不願意做切蛋糕的一方。雖然雙方都希望對方切、自己先挑，但是真正僵持的時間不

會太長，因為僵持時間的損失很快就會比堅持不切而挑可能得到的好處大。也就是說，僵持的結果會得不償失，會出現收益縮水的現象。

在現實生活中，收益縮水的方式非常複雜，不同情況有不同的速度。很可能你討價還價如何分割的是一個冰淇淋蛋糕，在一邊爭吵怎麼分配時，蛋糕已經在那邊開始融化了。因此，我們在生活中經常會看到這樣的現象：桌子上放了一個冰淇淋蛋糕，小娟向小明提議應該如此這般分配。假如小明同意，他們就會按照成立的契約分享這個蛋糕；假如小明不同意雙方持續爭執，蛋糕將完全融化，誰也得不到。

現在，小娟處於一個有利的地位：她使小明面臨有所收穫和一無所獲的選擇。即便她提出自己獨吞整個蛋糕，只讓小明在她吃完之後舔一舔切蛋糕的餐刀，小明的選擇也只能是接受只舔一舔，否則他什麼也得不到。在這樣的遊戲規則之下，小明一定不滿足於只能分到九分之一的蛋糕，他一定要求再次分配。這種情況下，分蛋糕的賽局就不再是一次性賽局。

事實上，當分蛋糕賽局成為一個「動態賽局」時，就形成一個討價還價賽局的基本模型。在經濟生活中，不管是小到日常的商品買賣還是大到國際貿易乃至重大政治談判，都存在著討價還價的問題。

有一個這樣的故事：某個窮困的書生 A 為了維持生計，要把一幅字畫賣給一個財主 B。書生 A 認為這幅字畫至少值 200 兩銀子，而財主認為這幅字畫最多只值 300 兩銀子，但雙方都對此價格沒有公開。從這個角度看，如果能順利成交。那麼字畫的成交價格會在 200～300 兩銀子之間。如果把這個交易的過程簡化為這樣：由 B 開價，而 A 選擇成交或還價。這時，如果 B 同意 A 的還價，交易順利結束；如果 B 不接受，那麼交易就結束了。買賣也就沒有做成。

這是一個很簡單的兩階段動態賽局的問題，應該從動態賽局問題的倒推法原理來分析這個討價還價的過程。由於財主 B 認為這幅字畫最多

值 300 兩，因此，只要 A 的開價不超過 300 兩銀子，財主 B 就會選擇接受還價條件。但是，再從第一輪的賽局情況來看，很顯然，A 會拒絕由 B 開出的任何低於 300 兩銀子的價格。如果說 B 開價 290 兩銀子購買字畫，A 在這一輪同意的話，就只能得到 290 兩；如果 A 不接受這個價格，那麼就有可能在第二輪賽局中提高到 299 兩銀子，B 仍然會購買此幅字畫。從人類的不滿足心來看，顯然 A 會選擇還價。

在這個例子中，如果財主 B 先開價，書生 A 後還價，結果賣方 A 可以獲得最大收益，這正是一種後出價的「後發優勢」。這個優勢屬於分蛋糕動態賽局中最後提出條件的人 —— 幾乎霸占整塊蛋糕。

事實上，如果財主 B 懂得賽局論，他可以改變策略，要麼後出價，要麼是先出價但是不允許 A 討價還價，如果一次性出價 A 不答應，就堅決不會再繼續談判來購買 A 的字畫。這個時候，只要 B 的出價略高於 200 兩銀子 A 一定會將字畫賣給 B。因為 200 兩銀子已經超出了 A 的心理價位，一旦不成交，那一分錢也拿不到，只能繼續受凍挨餓。

這個賽局理論已經證明出，當談判的多階段賽局是單數階段時，先開價者具有「先發優勢」，而雙數階段時，後開價者具有「後發優勢」。這在商場競爭中是非常常見的現象：非常急切想買到物品的買方往往要以高一些的價格購得所需之物；急切於推銷的銷售人員往往是以較低的價格賣出自己所銷售的商品。正是這樣，富有購物經驗的人買東西、逛商場時總是不緊不慢，即使內心非常想買下某種物品都不會在商場店員面前表現出來：而具有豐富銷售經驗的店員們總是會勸說顧客，說「這件衣服賣得很好，這是最後一件」之類的推銷語。

商場中的討價還價，正如書生 A 與財主 B 之間的賣與買一樣，都是一個賽局的過程，如果能夠運用賽局的理論，定能夠成為勝出的一方。

有時候放棄是一種收穫

1980 年代，一直占領全球記憶體市場的英特爾遇到了前所未有的危機。當時，日本的記憶體以極低的價格和極優良的品質迅速占領了全球的市場，老牌英特爾品牌的市場迅速流失。

到 1985 年秋，英特爾已連續六季度出現虧損，產業界都普遍懷疑英特爾是否能繼續生存下去了。難道英特爾就要就此隕落？作為英特爾的領導者，安迪‧葛洛夫必須做出決斷。

總裁辦公室裡，葛洛夫和董事長摩爾沉默不語。這時候，外界對於英特爾已經是議論紛紛了。

葛洛夫突然問摩爾：「如果我們下了臺，你認為新當選的 CEO 會採取什麼行動？」

摩爾猶豫了一會兒說：「他應該會放棄記憶體的生產。」

「你我為什麼自己不走出這個惡性循環呢？」葛洛夫堅決的說道。

摩爾認為葛洛夫的建議簡直就是自殺，因為英特爾在當時就等於記憶體，放棄記憶體的英特爾就等於一片空白。因此，要摩爾做這個決定是非常艱難的。

最終，葛洛夫說服了摩爾，他力排眾議、頂著重重壓力，放棄生產記憶體，而把生產微處理器作為英特爾的新利潤成長點。到 1992 年，英特爾在微處理器上的巨大成功使它成為世界上最大的半導體企業。1987

年至 1997 年的 10 年間，英特爾的年投資報酬率平均高於 44%。葛洛夫也兩度被《商業周刊》評為全球最佳企業領導人。

葛洛夫的決斷拯救了英特爾。他認為：在一個企業感到自己即將被激流和漩渦吞沒時，往往也是企業面臨著一個新的策略轉型的時候。在這時，猶豫不決只會使威脅變得更大，這個時候最需要領導者當機立斷。

的確，當危機來臨，兵臨城下時，一味沉浸在過去的繁華夢中不願清醒，當然阻止不了敵人的攻陷。危難之間，斷尾的壁虎最終獲得保命的機會；年老後，老鷹艱難退去利喙以獲得重生。有時候果斷地放棄是為了更好的擁有。

分享你的優勢，優勢倍增

　　合作是人類不可或缺的生存方式，在社會分工越來越細的情況下尤其如此。只要你想生存，你就離不開合作 —— 各式各樣的合作。只是合作的形式與合作的效率不同，如此而已。

　　在合作中，如何獲取雙贏才是你要考慮的。這就要求你把自己的優勢變成團體的優勢，每個人都盡力為團隊作出更大的貢獻，團隊才能得到更好的發展。如果只惦記自己的利益，害怕別人和自己一樣進步，那麼不但你不能再進步，往往你自己原來的那點優勢也保不住。

　　一個偶然的機會，有一位農民從外地換回了一種小麥良種，種植後產量大增。面對豐收的糧食，這個農民喜出望外，但馬上又變得憂心忡忡。因為他害怕別人知道並且也種上這種良種，那麼他的那份驕傲和優勢就會蕩然無存。於是，他開始想方設法保密，哪怕是對自己的鄰居也是如此。

　　然而好景不長，到了第三年他就發現，他的良種不良了，到後來甚至連原來的種子也不如了，產量銳減、病蟲害增加，他因此蒙受了很大的損失。而他的鄰居也對這個現象莫名其妙，想不出什麼辦法來幫忙。這個農民捧著自己的良種百思不得其解。一氣之下，跑到大學去請教農業專家。專家聽他講完自己的經歷，告訴他：良種田的周圍都是普通的麥田，透過花粉的相互傳播，良種發生了變異，品質必然下降。

每個人都處在一個大的環境中，所以你不得不考慮你周圍的人。你要學會與他們分享，大家共同進步。相比上面那位農民，麻雀的做法要聰明多了：

在 1930 年代，英國送奶公司送到訂戶門口的牛奶，既不用蓋子也不封口，因此麻雀和紅襟鳥可以很容易地喝到凝固在奶瓶上層的奶油皮。

後來，牛奶公司把奶瓶口用錫箔紙封起來，想防止鳥兒偷食。沒想到 20 年後，英國的麻雀都學會了用嘴把奶瓶的錫箔紙啄開，繼續吃牠們喜愛的奶油皮。然而，同樣是 20 年，紅襟鳥卻一直沒學會這種方法。

原來，麻雀是群居的鳥類，常常一起行動，當某隻麻雀發現了啄破錫箔紙的方法。就可以教會別的麻雀。而紅襟鳥則喜歡獨居，他們圈地為主，溝通僅止於求偶和對侵犯者的驅逐，因此，就算有某隻紅襟鳥發現錫箔紙可以啄破，其他的鳥也無法知曉。

《禮記》早就說過「獨學而無友，則孤陋而寡聞」。分享工作中的失敗與成功的體驗，把個人獨立思考的成果轉化為大家共有的成果，在分享中，可以同時以群體智慧來解決個別的問題、以群體智慧來探討工作學習生活上遇到的困難和問題，這樣又培養了人與人之間相互合作的精神，促進了大家共同的學習和進步。

因此，學會與團隊夥伴分享自己的優勢，會為自己打開更廣闊的天地，這樣你才能不斷解除身上的枷鎖，不斷地充實自我，不斷地去取得更大的進步。

西元前 450 年，古希臘歷史學家希羅多德來到埃及。在奧博斯城的鱷魚神廟，他發現大理石水池中的鱷魚，在飽食後常張著大嘴，聽憑一種灰色的小鳥在那裡啄食剔牙。這位歷史學家感到非常驚訝，他在自己的著作中寫道：「所有的鳥獸都避開凶殘的鱷魚，只有這種小鳥卻能和鱷

魚友好相處，鱷魚從不傷害這種小鳥，因為牠需要小鳥的幫忙。鱷魚離水上岸後，張開大嘴，讓這種小鳥飛到牠的嘴裡去吃水蛭等小動物，這使鱷魚感到很舒服。」

這種灰色的小鳥叫「燕千鳥」，又稱「鱷魚鳥」或「牙籤鳥」。牠在鱷魚的「血盆大口」中尋覓水蛭、蒼蠅和食物殘屑；有時候，燕千鳥乾脆在鱷魚棲居地居住，好像在為鱷魚站崗放哨，一有風吹草動，他們便一哄而散，把鱷魚吵醒，做好準備。

在鱷魚身上，這種小鳥的價值得到了最大發揮。否則，牠只是一種到處覓食的小鳥而已，不可能得到人類的關注。而鱷魚，在為小鳥提供食物的同時，也使得自己的口腔得到了清潔。真是一種雙贏的局面。

人類有時候卻不懂得這個道理，有一個關於戰國時期兩個官員的故事：

越國人甲父史和公石師各有所長。甲父史善於計謀，但處事很不果斷；公石師處事果斷，卻缺少心計，常犯疏忽大意的錯誤。因為這兩個人交情很好，所以他們經常取長補短，合謀共事。他們雖然是兩個人，但好像有一條心。這兩個人無論一起去幹什麼，總是心想事成。

後來，他們在一些小事上發生了衝突，吵完架後就分道揚鑣。當他們各行其是的時候，都在自己的政務中屢獲敗績。

一個叫密須奮的人對此感到十分痛心。他哭著規勸兩人說：你們聽說過海裡的水母沒有？牠沒有眼睛，靠蝦來帶路，而蝦則分享著水母的食物。這兩者互相依存、缺一不可。我們再看一看瑣蛄吧！牠是一種帶有螺殼的共棲動物，寄居蟹把牠的腹部當作巢穴。瑣蛄餓了，靠螃蟹出去覓食。螃蟹回來以後，瑣蛄因吃到了食物而飽，螃蟹因有了巢穴而安。這是又一個誰也離不開誰的例子。

恐怕你們還沒有見過雙方不能分開的另一個典型例子，那就是西域的二頭鳥。這種鳥有兩個頭共長在一個身體上，但是彼此妒忌、互不相容。兩個鳥頭飢餓起來互相啄咬，其中的一個睡著了，另一個就往牠嘴裡塞毒草。如果睡夢中的鳥頭咽下了毒草，兩個鳥頭就會一起死去。他們誰也不能從分裂中得到好處。

下面我再舉一個人類的例子。北方有一種肩並肩長在一起的「比肩人」。他們輪流著吃喝、交替著看東西，死一個則全死，同樣是兩者不可分離。現在你們兩人與這種「比肩人」非常相似。你們和「比肩人」的區別僅僅在於，「比肩人」是透過形體，而你們是透過事業連繫在一起的。既然你們獨自處事時連連失敗，為什麼還不和好呢？

甲父史和公石師聽了密須奮的勸解，對視著會意地說：「要不是密須奮這番道理講得好，我們還會單槍匹馬受更多的挫折！」於是，兩人言歸於好，重新在一起合作共事。

這則寓言透過密須奮講的故事以及甲父史和公石師的經驗、教訓告訴大家，生物界中各種個體的能力是非常有限的。在爭生存、求發展的鬥爭中，只有堅持團結合作、取長補短，才能贏得一個又一個勝利。

在與別人的合作中，充分發揮自己的潛能，不僅可以給整個團隊帶來收益，也會使自身的價值得到證明。

每個人的能力和資源都是有限的，但是如果團隊中的每個人都拿出自己的優勢和大家分享，把各自的長處都疊加起來，那麼這支團隊的力量就是難以想像的，這就是 1 ＋ 1 大於 2 的道理。

商場：維持公平下的不公平

如果你對自己的頭腦很有自信的話，那麼來看看下面這個分析推理問題：

有 5 個海盜搶到了 100 塊大小、品質、成色都相同的金子，在分贓時發生了口角，於是他們約定了一個分金子的規則：

▶ 用抽籤來決定各人的號碼（從 1 ～ 5）。

▶ 由 1 號提出分配方案，然後 5 人表決，如果方案超過半數人同意則通過，否則他將被扔進大海餵鯊魚。

▶ 1 號的方案如果沒有被通過，則由 2 號提意見，4 人表決，超過半數同意時方案通過，否則 2 號同樣被扔進大海餵鯊魚。

▶ 依照此種方式類推，直到找到一個每個人都能接受的方案。

我們假設每個強盜都是聰明且理性的，都可以很冷靜地分析情況並做出選擇，同時每個判決都能夠被順利執行。那麼，在這種情況下，如果你是第一個強盜，你該如何提出分配方案才能夠使自己的利益最大化？

首先，這個嚴酷的規定給人的第一印象是：它是公平的。但事實並非看上去那樣簡單。不管哪個強盜抽到了第 1 號，都是一件很危險的事情。因為作為第一個提出方案的人，能夠活下來的機會微乎其微。即使他自己一分不要，把那些錢都送給另外 4 人，那些人也可能不贊同他的

方案,那麼等待他的,只有死亡。

但是結果可能會讓你大吃一驚,1 號的最佳分配方案是分給 3 號 1 塊金子,4 號或 5 號 2 塊金子,2 號一塊金子也不給,而他自己獨得 97 塊金子。

這是為什麼呢?我們可以從其他強盜的角度來分析這種分配方式是否可行:很顯然,5 號是所有人當中最不合作的,因為他不必承擔死亡的風險,與此同時,如果前面 3 個人的分配方案都沒有通過的話,那麼他就可以獨吞所有的金子;4 號則恰恰相反,如果前面 3 個人都死了,那麼他生存的機會幾乎為零;3 號是最為輕鬆的,他只要獲得 4 號的支援就可以了,前面人的死活與他無關;而 2 號則需要 3 個人的支援才可以。那麼,你應該如何是好?

讓我們用逆向推理來審視這整個過程。5 號不用考慮,他的策略最為簡單:他巴不得前面的人都死掉,但要注意,這並不意味著他要對每個人都投反對票,他要考慮到其他人方案的通過情況。4 號呢?他必須在前面的方案中選擇 1 個,因為如果 1 至 3 號海盜都餵了鯊魚,5 號一定反對他的提案,讓 4 號也成為鯊魚的美食,從而獨吞所有的金子。所以,4 號只有同意 3 號的方案才能夠活命。

3 號知道 4 號的這個策略,所以他會提出 100:0:0 的方案,因為他知道 4 號一定會同意這個方案而保住性命,加上自己的一票,他的方案就可以通過了。

不過,2 號推知 3 號的方案,因此會提出 98:0:1:1 的方案,給予 4 號和 5 號每人 1 塊金子。由於這個方案對於 4 號和 5 號而言比 3 號分配的更為有利,所以他們將支持 2 號的方案,這樣,2 號將拿走 98 塊金子。但同時,2 號的方案會被 1 號所察覺,所以 1 號的方案是給予 3 號 1

塊金子，4 號或 5 號 2 塊金子。這樣，3 號將考慮到這一方案對自己有利而同意，而 4 號或 5 號也會因為同樣的理由而贊成 1 號的方案，再加上 1 號自己的 1 票，1 號的最佳方案就可以通過了！

你是不是從上面的例子中發現了什麼？沒錯，賽局的世界是不存在公平的，每個理智的參與人所想的，並不是怎樣能夠得到公平的結果，而是怎樣能夠獲得最大的利益。海盜分寶石的規則看上去很公平，但在追求利益最大化的前提下，公平的規則只會是一個幌子。實際上，賽局就是一種公平規則下的不公平較量，是理性思維下的一種不公平的分配方式。

第四章

智豬賽局 ── 弱者照樣可以吃掉強者

小豬不勞動更好

賽局課程裡面還有一個著名的模型叫做「智豬賽局」。這個模型是這樣的：

假設豬圈裡有一頭大豬、一頭小豬。豬圈的一頭有豬食槽，另一頭安裝著控制豬食供應的按鈕，按一下按鈕會有一定單位的豬食進槽，兩頭隔得很遠。假設兩頭豬都是理性的豬，也就是說他們都有著認識和實現自身利益的豬。再假設豬每次按動按鈕都會有 10 個單位的飼料進入豬槽，但是並不是白白得到飼料的，豬在按按鈕以及跑到食槽要付出的勞動會消耗相當於 2 個單位飼料的能量。

還有就是當一頭豬按了按鈕之後再跑回食槽的時候，吃到的東西比另一頭豬要少。也就是說，按按鈕的豬不但要消耗 2 單位飼料的能量，還比等待的那個豬吃得少。

再來看具體的情況，如果大豬去按按鈕，小豬等待，大豬能吃到 6 份飼料，小豬 4 份，那麼大豬消耗掉 2 份，最後大豬和小豬的收益為 4：4；如果小豬去按按鈕，大豬等待，大豬能吃到 9 份飼料，小豬 1 份，那麼小豬消耗掉 2 份，最後大豬和小豬的收益為 9：-1；若兩頭豬同時跑向按鈕，那麼大豬可以吃到 7 份飼料，而小豬可以吃到 3 份飼料，最後大豬和小豬的收益為 5：1；最後一種情況就是兩頭豬都不動，那牠們當然都吃不到東西，兩頭豬的收益就為 0。

　　我們可以看到，當採用大豬按按鈕，小豬等待的策略時，這個時候，大豬和小豬的淨收益都是 4 個單位的飼料。

　　而且我們還可以看到的一個奇怪現象就是，如果小豬主動勞動，那麼小豬的收益居然是負 1，對於小豬來說，這比都躺在那兒還要吃虧，當然小豬是不會幹的。

　　那麼就是說，如果是小豬按動按鈕，則大豬會在小豬到達食槽前把食物全部吃光，如果是大豬按動按鈕，則大豬到達食槽時只能和小豬搶食剩下的一些殘羹冷炙。既然小豬勞動不得食。則小豬不會主動按鈕，而大豬為了生存，儘管只能吃到一部分，還是會選擇勞動（按鈕）。那麼，在兩頭豬都有智慧的前提下，最終結果是小豬選擇等待，只要搭順風車就可以了。

　　對於大豬來說，小豬有了這個選擇，那麼大豬就只有兩種結果了，要麼也不動，那麼兩頭豬就等死了，要是自己去按按鈕的話還有 4 份飼料可以吃。所以，對大豬來說，等待是一種劣勢的策略。我們已經說過了，假設了大豬和小豬都是理性的智豬，那麼當大豬知道小豬不會主動去按按鈕的時候，牠親自去動手總比不動要強，因此，他會為了自己的利益而主動地奔走於踏板和食槽之間。

　　也就是說，不管大豬採取什麼樣的策略，對於小豬來說，勞動都是一個劣勢策略，因此最開始就可以除掉這種可能。在剔除了小豬按按鈕這種方案以後，大豬就只有兩種方案可供選擇。在這兩種策略裡面，等待是一種絕對的劣勢策略，所以也被剔除掉。所以在剩下的策略裡面就只剩下小豬等待、大豬按按鈕這個可以供選擇的策略了，這就是智豬賽局的最後均衡。

　　結論就是：對於小豬來說，如果不仔細思考就開始勞動的話，會得

不到任何好處。所以，有時候慢一點反倒是好的。

有點不可思議的一個結論是嗎？事實就是這樣，再來看一個故事，是關於龜兔賽跑的。但不是你熟知的那個版本：

故事中的烏龜和兔子在森林裡面比賽，規則是到達目的地，拿到比賽規定的東西就算贏了。但是規則中還有一個就是給定了兩條相反的路線，隨便憑自己的感覺來挑選一條，而且錯誤的那條路上有一條河，先到達河的會掉下去，就算輸了。只要知道一個贏了或者是輸了就不用比賽了。這個時候我們來看看烏龜究竟要不要拚盡全力去和兔子賽跑呢？

比賽規則知道了，那麼兔子和烏龜就要開始思考了，他們的策略有哪些呢？一共就有四種選擇，我們假設兩個方向為 A、B。

▶ 兔子和烏龜可以同時選擇 A 方向；

▶ 兔子和烏龜可以同時選擇 B 方向；

▶ 兔子選擇 A 方向，烏龜選擇 B 方向；

▶ 兔子選擇 B 方向，烏龜選擇 A 方向。

我們可以來看，兔子的速度肯定是比烏龜快的，這個不容置疑，還有就是這不是龜兔賽跑的故事，兔子是不會中途睡覺的，那麼分析一下這幾種方案。

如果假設 A 方向為正確方向。那麼第一種方案烏龜是輸定了。所以對烏龜來說這個方案是絕對的劣勢。不管烏龜的速度怎麼樣，他都輸了。

對第二種方案來說，烏龜會贏，因為兔子跑得快，那麼兔子就會首先到達河邊，這個時候兔子就輸了，烏龜不管多慢都贏了。

還有就是如果烏龜選擇了錯誤的方向，而兔子選擇了正確的方向，那麼烏龜沒有勝算了，這個時候只要等到兔子勝利了，烏龜就不用比賽了。

如果烏龜選擇了正確的方向，兔子選擇了錯誤的方向，兔子就會很快地到達河邊，當兔子掉下去之後兔子就輸了。那不管烏龜的速度怎麼樣，烏龜都贏了。

我們來看剛才的四種方案，可以看到一種奇怪的理論，就是不管怎麼樣，烏龜都只要慢慢地爬行就可以了，對牠來說速度再快也趕不上兔子。勝負只在選擇的方向上，但是事先又不知道哪個方向的正確性。所以烏龜還是慢慢地爬最好了。總有兔子會在前面給自己探方向的。

而兔子知道烏龜的這種想法之後怎麼辦呢，牠沒有選擇，牠要為自己的利益著想，牠就只能為自己的勝負而快速奔跑。

這個故事和智豬賽局的結論異曲同工。小豬只需要舒舒服服躺著等待就行，烏龜只需要慢慢爬就可以。這個賽局理論挑戰了我們的某些觀念，也許你看這個結論的時候覺得不太能接受，但想想看，日常生活中從來都不乏這樣的事情。而且，現實中的那些「小豬」還不如故事中的「小豬」。故事中的「小豬」之所以躺著不動是因為權衡利弊之後發現，牠勞動的結果比不勞動更糟糕。而現實中的「小豬」不工作就沒這麼單純而理性了。

比如，在我們的公司中，往往什麼都缺，就是不缺人，所以每次不論多大的事情，加班的人總是越多越好。本來一個人就可以做完的事，總是會安排若干個人去做。這時，「三個和尚」的現象就出現了。

如果大家都耗在那裡，誰也不動，結果是工作完不成，挨老闆罵。這些常年在一起工作多年的夥伴們，對對方的行事規則都瞭若指掌。「大豬」知道「小豬」一直是過著不勞而獲的生活，而「小豬」也知道「大豬」總是礙於面子或責任心使然，不會坐而待斃。

因此，其結果就是總會有一些「大豬們」過意不去，主動去完成任

務。而「小豬們」則在一邊逍遙自在，反正任務完成後，獎金一樣拿。

如果我們是那個辛辛苦苦工作的「大豬」，肯定會心理不平衡。積極地去做事不能得到很多的好處，相反如果慢一點或者不工作卻得到了好處。事實如果真的如此，你就需要運用智慧了。

許多人並未讀過「智豬賽局」的故事，但是卻在自覺地使用小豬的策略。股市上等待莊家抬轎的散戶；等待產業市場中出現具有贏利能力新產品、繼而大舉仿製牟取暴利的游資；公司裡不創造效益但分享成果的人等等。因此，對於制定各種經濟管理的遊戲規則的人，必須深諳「智豬賽局」指標，改變的個中道理。而參與其中的每個人，也要好好思考。

扮豬可以吃老虎

在自然界，「弱肉強食，適者生存」，達爾文的這句名言人所共知。然而在現實社會中，弱者最終占了上風的現象也屢見不鮮。很多不得志的所謂能人常感嘆生不逢時。其實，與其喟然長嘆，不如好好研究一下弱者的生存之道。

在一個公司中，有三個人格外突出，張三銷售業績突出，連續三年打破了公司創下了銷售紀錄；李四思維敏捷，公關能力強，常能處理好突發事件；王五做事認真負責，能及時完成主管所分配的任務。這三人都深受領導好評，但相比而言，張三是這三個人中能力最強的，王五的能力則最弱。一次，公司要進行人事變動，從這三人中挑選一位提拔為公司經理。此時，辦公室裡所有的同事都認為張三最有希望獲得提拔，而王五希望最小。但最後的結果卻大出人們意料，恰是能力被認為最差的王五當選。

原來，儘管王五相對於張三和李四來說，工作能力稍遜一籌，但其人有個最大的長處，不與人爭，和顏悅色，為人低調。當張三和李四為取得經理一職鬥得不可開交時，王五卻表現得很超脫，一副無所謂的態度，讓兩位對手感覺不到他的存在，卻得到了上司的好評。因此，儘管王五的工作能力並不特別出色，表面看來對誰也不構成威脅，正是這一「弱點」最後卻促成了他的成功。

這個例子告訴了我們一個深刻的賽局規則：一個人在社會上的生存機會不僅取決其本事的大小，還要看你是否威脅到別人。俗話說「功高震主」，一個人能力越高，成就越大，就越有可能走向悲劇結局。歷史上皇帝登基後之所以大肆誅殺功臣，就是因為功臣的能力和聲譽威脅到了皇帝的地位，使得皇帝必欲除之而後快。現在，許多公司中同事間的互相傾軋，其根源也莫非如此。

反過來，如果對他人的利益從不構成威脅的人，自然不會是他人意欲除掉的對象，從而能夠在各種政治風雲中倖存下來。而能力最強、本事最大的人，由於「樹大招風」，反而最可能落得個「兔死狗烹」的結局。無論是歷史上，還是現實中，那些保持低姿態者的「弱者」若能採取相應的策略，往往能成為最後的勝利者。

在複雜的社會環境中，成為強者自然是每個人的追求。但槍戰賽局告訴我們。有時候，經過殘酷的競爭，最後生存下來的並不是強者，反而是弱者。當然，這裡的前提是，弱者準確掌控了局勢，做出正確判斷，應用了合理的賽局策略。那麼，在現實生活中，面對激烈的競爭，有可能身處「弱者」地位的你，應如何運用賽局策略。使自己大獲全勝呢？

首先，你要做的便是對全域做出準確的分析，清楚地了解競爭對手的實力以及自己所處的位置。假如在眾多競爭對手中，你是實力最弱的一位，那麼，你受到攻擊的可能性也最小，此時你應該保持低姿態，坐山觀虎鬥。如果你不自量力，首先採取行動與最強者競爭，那麼你注定會最先失敗。而保持低姿態，則會讓你更有機會獲得最後的勝利。

假如在眾多競爭對手中，你所受到的來自最強對手的威脅最大，根據槍戰賽局，此時你應與其他實力較弱的對手聯盟，一起對付最強者。

當然，如果你跟其他競爭對手沒有多少過節，大家自然容易合作。但不幸的是，你恰好與其他對手或其中一位有矛盾，那你應該怎麼辦呢？答案依然是合作。此時，你必須放下身段，主動求和。如果不這樣，吃虧的還是你自己。

在中國歷史上，蒙古聯合南宋滅金就是一個很好的例子。當時，蒙古的軍事實力最強，金國次之，南宋武力最弱。本來，對於南宋來說，和金國結盟，幫助金國抵禦蒙古的入侵才是上策，或者至少保持中立。但是，基於對金國滅亡北宋、俘虜徽欽二帝的仇恨，當時的南宋朝廷採取了和蒙古結盟的政策，先是糊塗地同意了蒙古王子拖雷借道宋地伐金的要求，隨後又與蒙古夾擊金國。但是，金國滅亡之後，同樣的命運很快就輪到南宋了。1279 年，南宋也亡於蒙古的鐵蹄之下。如果南宋的當政者有策略眼光，能夠盡釋前嫌，與世仇金國結盟，對抗最強大的敵人蒙古。也許南宋和金國都不至於那麼快就滅亡。

再假如，在競爭中，你屬於較弱的一方，但局勢迫使你不得不對強者採取行動，此時你又應該如何？這時候，你還是應該向槍手甲學習，朝天亂開一槍，採取「退一步」的策略，以獲得更大的生存空間。只有這樣，讓強者以為你對他構不成威脅。他才會忽略你，不把你視為需要重視的對手。

總之，在一個弱者、次強者、強者的三方對決中，如果次強者水準較高，弱者最好是挑起強者之間的爭鬥，自己袖手旁觀坐收漁翁之利；如果次強者水準也較低，那麼弱者為了爭取更大的生存機會，就應當先幫助次強者一起對付強者。否則，一旦讓最強者消滅了對手，那麼弱者也將難以自保。

其實，上述弱者生存的祕訣對最強者也同樣有用。強者如果洞悉了

弱者會採取聯盟的策略。他就應該想方設法，拉攏聯盟中受自己威脅最小的一位。從而破壞這個聯盟。要隨時記住，在競爭中沒有永遠的敵人，也沒有永遠的朋友，只有永遠的利益。為了自己的利益，要隨時準備同自己以前的對手進行合作，以對付更危險的敵人。在槍手賽局中，隱含一個假設，那就是甲乙丙三人都清楚地了解對手的命中率。但是在現實生活中，因為資訊不對稱，對手之間很難做到完全知彼知己。假如槍手甲透過偽裝，成功地讓槍手乙和丙誤認為甲的槍法最差，那麼，最終的倖存者一定是甲。這種「扮豬吃老虎」的策略，其實也是一個在賽局中獲勝的極佳策略。

胡雪巖的生意經

　　紅頂商人胡雪巖在經營活動中，十分注重借勢經營，與時相逐，其中很多是圍繞取勢用勢而展開的。他也從不放棄任何一個取勢用勢的機會，從而不斷地拓展自己的地盤，張揚自己的勢力。

　　在胡雪巖的借勢過程中，他借的最多的便是官勢，這也是他發跡的資本。

　　在錢莊長期與有錢有勢之人打交道，胡雪巖逐漸變得為人四海。當他遇到王有齡時，聽說他是捐班鹽大使，便感覺到機會來了。他利用收款的機會，為王有齡籌措了 500 兩銀子，資助他進京拜官。

　　王有齡因為胡雪巖這一幫助，得了機會補了空缺。後來王有齡知恩圖報，胡雪巖得以藉機有了自己的錢莊。隨後，因為有了王有齡這個名聲很好、升遷很快的後臺，胡雪巖發現自己面前突然展開了一個新世界。糧食的購辦及轉運、地方團練經費與軍火費用、地方厘捐、絲業，各個方面的錢都往胡雪巖所辦的錢莊流了過來。

　　要尋找保護的辦法很多，首先是繼續幫助有希望、有前途的人。在這一點上，對於王有齡絕對適用。家中如何用度、個人是寒是暖、上司如何打點，都在胡雪巖的幫助行列。隨後是何桂清。因為有了王有齡的例子，胡雪巖對何桂清更是不惜血本：為了他的升遷，一次可以放出 15,000 兩銀子；為了討他的歡心，也為了日後自己的商業，忍痛把自己

的愛妾轉贈於他。

胡雪巖明白，辦團練、漕米改海運、徵厘捐、購軍火、借師助剿，所有這些應對辦法，雖然是繞了一道彎，是在代他人操勞，但是到了最後，無非是幫助這些人得到朝廷賞識，鞏固自己的地位。有了這些人的穩固，自己的商業勢力也就有增無減了。

何桂清在蘇浙之日，為朝廷出力甚勤，所以在這一帶的影響日盛。出於這個緣故，胡雪巖的點子也有了市場，他的商業也有了依託。他個人在經營中逐漸衝破了先前錢莊的經營觀念，開始在官府為後盾的前提下向外擴張。

何、王集團土崩瓦解之日，胡雪巖已經開始在為自己尋找新的商業保護人。這一次的尋找是有意識的，不過也不得不遷就時局，左宗棠這樣的一位世紀人物就出現了。

左宗棠在位之時，胡雪巖為他籌糧籌餉、購置槍支彈藥，購買西式大炮，購運機器，興辦船廠，籌借洋款。這些事耗去了他大部分精力，但是胡雪巖樂此不疲。第一，是因為這些事本身就是商事，可以從中贏利；第二，是因為左宗棠必須有這些東西，才能安心平撻剿匪，興辦洋務，成就功名大業。左宗棠是個英才，事業日隆，聲名日響，他在朝廷中的地位越鞏固，胡雪巖就愈加踏實。他原來之所以仰賴官府，就是為了減少風險，增加安全。現在有了左宗棠這樣一位大員做後盾，有了朝廷賞戴的紅頂、賞穿的黃褂，天下人莫不視胡雪巖為天下一等一的商人，莫不視胡雪巖的阜康招牌為一等一的金字招牌。胡雪巖也敢放心地一次吸存上百萬的鉅款，也可以非常有底氣與洋人抗衡。

由此看來，紅頂商人胡雪巖能夠在商場叱吒風雲，固然與其自身能力分不開，但更重要的一點，在於他懂得智豬賽局中的借勢之道。

孫子說：故善戰者，求之於勢。

聰明人都懂得借勢的道理。如果你想盡快成功，就必須有一個良好的載體，也就是說你想盡快地到達成功的目的地，就必須「借乘」一輛開向成功的快速列車。

一隻蝴蝶的平均壽命是 1 個月，如果它從 A 飛到 B，需要 6 個月的時間，那怎麼才能夠實現這一願望呢？答案很簡單，先飛到一列 A 開往 B 的高鐵列車上，利用列車這個載體，就能輕而易舉地做到。

如果自身的力量太單薄，勢力太弱小，在與人賽局的過程中無疑會處於劣勢地位。這個時候就需要「借勢」，就是借別人的力量、金錢、智慧、名望甚至社會關係，用以擴充自己的大腦，增強自身的能力，正所謂借他人之光照亮自己的前程。

那麼，我們可以借助哪些「勢力」為己所用呢？

◆良師之勢

一個人要成大業比登天還難，但是一個人如果能得到良師益友的鼎力相助而形成一個團結的集體，那麼要成大業就易如反掌。

◆朋友之勢

一個人在外打拚實在不易，如果能得到朋友的幫助，就如雪中送炭、如虎添翼，所以說「多個朋友多條路」實在是人生的大幸。來自一些天南海北的人常在初次交往後會發出這樣的驚嘆：「嗨！這世界簡直太小了，繞幾個彎，大家都是熟人了。」其中奧妙就在於此。

◆親戚之勢

俗話說：「是親三分近。」親戚之間大都是血緣或親緣關係，這種血濃於水的特定關係決定了彼此之間關係的親密性。這種親屬關係是提

供精神、物質幫助的源頭，是一種應該能長期持續、永久性的關係。因此，人們都具有與親屬保持聯絡的義務。平常與親戚保持密切聯絡，在困難時期，親戚才會對你鼎力相助。

◆同學之勢

同學之間因為從小就接觸，彼此了解很深，而且學生時代的交往沒有功利色彩，所以同學友誼的含金量是最高的。對於我們來說，能有幾個已是成功人士的昔日同學，會方便很多。在臺大、清大等名校，許多成人是花了大錢參加諸如企家班、金融班等各種 EMBA。對他們而言，學知識是次，交朋友才是主。一些大學也從中找到了賣點，招生簡章上的廣告就是：擁有某某學校的校友資源，將是你一生最寶貴的財富。

◆同鄉之勢

共同的人文背景、地理位置、風俗習慣，使老鄉有一種天然的親近感。於是，同鄉之間，也就有著一種特殊的情感關係。如果都是背井離鄉、外出謀生者，則同鄉之間更是必然會互相照應的。

同鄉間的關係是很特殊的，也是一種很重要的人際關係。既然是同鄉，涉及某種實際利益的時候，則是「肥水不流外人田」，自然會讓「圈子」內的人「近水樓臺先得月」。也就是說，必須按照「資源分享」的原則，給予適當的「照顧」。

善用同鄉，你可以獲得很多有用的東西，與人賽局時的勝算也會多幾分。

當你想成就一番事業而又勢單力薄的時候，不妨做一「智豬」，借助上面這些「大豬」的力量為成功鋪路。

豬圈中的「囚徒」

　　我們假設在豬圈裡面有兩頭豬，一頭比較大，另一頭比較小。豬圈狹長，一邊安裝有一個控制飼料供應的踏板，另一頭是飼料的出口和食槽。豬每踩動一次踏板，將有相當於 10 份的飼料進槽。

　　假設每次踩動踏板以後跑到食槽所需要付出的「體力」相當於 2 份的飼料。那麼，透過賽局論的研究我們就可以知道，大豬和小豬的選擇情況如下：

　　如果兩隻豬同時踩踏板，同時跑向食槽，大豬收益 7 份，實得 5 份，小豬收益 3 份，實得 1 份；如果小豬等待，大豬踩踏板後跑向食槽，這時小豬搶先，收益 4 份，實得 4 份，大豬收益 6 份，付出 2 份，實得 4 份；如果大豬等待，小豬踩踏板，大豬先吃，收益 9 份，實得 9 份，小豬收益 1 份，但是付出了 2 份，實得負 1 份；如果雙方都選擇等待，那就都吃不到飼料，雙方收益都是 0。

　　比較以上數字，我們知道「等待」是小豬的優勢策略，「踩動踏板」則是小豬的劣勢策略。由於小豬有「等待」這個優勢策略，大豬只剩下了兩個選擇：等待就什麼也吃不到；去踩動踏板還可以收益 4 份。所以「等待」就變成了大豬的劣勢策略（注意，是現在才變成劣勢策略）。當大豬已經明確地知道小豬是不會去選擇踩動踏板的時候，牠自己去踩總比不踩要強。由此，「智豬賽局」就形成了這樣一種情形：小豬只是坐享

其成地等待，每次都是大豬去踩踏板，小豬先吃，大豬再趕來吃。

智豬賽局和囚徒困境的明顯不同之處在於：囚徒困境中的犯罪嫌疑人都有自己的嚴格優勢策略；而在智豬賽局中，只有小豬有嚴格的優勢策略，而大豬沒有，因此牠只好為自己的 4 份飼料而整日不知疲倦地奔忙於踏板和食槽之間了。

在社會生活的其他領域也是如此。在一個股份公司當中，股東都承擔著監督經理的職能，但是大小股東從監督中獲得的收益大小不一樣：在監督成本相同的情況下，大股東從監督中獲得的收益明顯大於小股東。因此，小股東往往不會像大股東那樣去監督經理人員。而大股東也都知道不監督是小股東的優勢策略，知道小股東要搭大股東的便車，但是他們別無選擇：大股東選擇監督經理的責任，獨自承擔監督成本，是在小股東占優選擇的前提下必須選擇的最佳策略。這樣一來，與智豬賽局一樣，從每股的淨收益（每股收益減去每股分擔的監督成本）來看，小股東要大於大股東。

這樣的客觀事實就為那些「小豬」提供了一個十分有用的成長方式，那就是「借」！有一句話叫做「業成氣候人成才」。僅僅依靠自身的力量而不借助外界的力量，一個人很難成就一番大事業。在市場行銷中更是如此：每一位行銷者要想發展，都必須學會利用市場上已經存在的舞臺和力量。只有具備更高的精神境界，才能借助外界力量，把自己托上廣闊的天空。

兵法《三十六計》中有計為：「樹上開花，借局布勢，力小勢大，鴻漸於陸，其羽可用為儀也。」這是指利用別人的優勢造成有利於自己的局面，雖然兵力不大，卻能發揮極大的威力。

在商業運作中借用他人力量的前提，是自己有主導產品。只有在自

己的發展過程中力量不足時，才借「大豬」的活動來壯大自己的實力，擴大自己的市場占有率。

　　1950 年代末期，美國的佛雷化妝品公司幾乎獨占了黑人化妝品大部分的市場。儘管有許多同類廠商與之競爭，卻無法動搖其霸主的地位。這家公司有一名供銷員名叫喬治‧詹森，他邀集了三個夥伴自立門戶經營黑人化妝品。夥伴們對這樣的實力表示懷疑，因為很多比他們實力更強的公司都已經在競爭中敗下陣來。詹森解釋說：「我們只要能從佛雷公司分得一杯羹就能受用不盡了啦！所以在某種程度上，佛雷公司越發達，對我們越有利！」

　　詹森果然不負夥伴們的信任，當化妝品生產出來後，他就在廣告宣傳中用了經過深思熟慮的一句話：「黑人兄弟姐妹們！當你用過佛雷公司的產品化妝之後，再擦上一層詹森的粉質膏，將會收到意想不到的效果。」這則廣告用語確有其奇特之處，它不像一般的廣告那樣盡力貶低別人來抬高自己，而是貌似推崇佛雷的產品，其實質則是來推銷詹森的產品。

　　就這樣，藉著名牌產品這隻「大豬」替新產品開拓市場的方法果然靈驗，透過將自己的化妝品和佛雷公司的暢銷化妝品排在一起，消費者自然而然地接受了詹森粉質膏。接著這隻小豬」進一步擴大業務，生產出一系列新產品。經過幾年努力，詹森公司終於成了黑人化妝品市場的新霸主。

弱有時是一種假象

俗話說，「鷹立如睡，虎行似病」，這形象地說明了兩種自然界中最強而有力的動物在面對生存競爭時的賽局之道。這種強者裝弱的方法，既避免了因鋒芒太露而引來攻擊，又麻痺了對手，所以牠們一旦出動捕食，幾乎從不落空，而古今成大事者，也往往效法它們而取得成功。

示弱可以減少乃至消除不滿或嫉妒。事業的成功者，生活中的幸運兒，被人嫉妒是難免的，在一時還無法消除這種社會心理之前，用適當的示弱方式可以將其消極作用減少到最低程度。

示弱能使處境不如自己的人保持心理平衡，有利於交際。交際中，必須善於選擇示弱的內容。地位高的人在地位低的人的面前不妨展示自己的經歷，表明自己實在是個平凡的人。成功者在別人面前多說自己失敗的紀錄、現實的煩惱，給人「成功不易」、「成功者並非萬事大吉」的感覺。對眼下經濟狀況不如自己的人，可以適當訴說自己的苦衷：諸如健康欠佳、子女學業不妙以及工作中諸多困難，讓對方感到「他家也有一本難念的經」。某些專業上有一技之長的人，最好宣布自己對其他領域一竅不通，表示自己日常生活中如何鬧過笑話、陷入窘境等。至於那些完全因客觀條件或偶然機遇僥倖獲得名利的人，更應該直言不諱地承認自己是「瞎貓碰上死老鼠」。

示弱可以是個別接觸時推心置腹的交談，幽默的自嘲，也可以是在

大庭廣眾之下有意以己之短來對他人之長。

示弱有時還要表現在行動上。自己在事業上已處於有利地位，獲得了一定的成功，在小的方面，即使完全有條件和別人競爭，也要盡量迴避退讓。也就是說，平時小名小利應淡薄些，疏遠些，因為你的成功已經成了某些人嫉妒的目標，不可以再為一點微名小利惹火燒身，應當分出一部分名利給那些暫時處於弱勢的人。

為人處世中，要使別人對你放鬆警惕，造成親近之感，只要巧妙地、不露痕跡地在他人面前展現某些無關痛癢的缺點，出點小洋相，表明自己並不是一個高高在上、十全十美的人物，這樣就會使人在與你賽局時鬆一口氣，不與你為敵。

魏明帝景初三年（西元 239 年）正月，明帝曹睿在彌留之際，命司馬懿和曹爽輔佐幼子曹芳，並讓齊王曹芳前去抱司馬懿的脖子以示親近，司馬懿感激涕零，連表忠心。當日即立曹芳為皇太子，曹睿便放心地死了。喪事辦完後，遵照遺囑，大將軍曹爽和太尉司馬懿共掌朝政輔佐幼主。當時，曹芳剛剛八歲，大權自然落在曹爽和司馬懿手中。

但曹爽與司馬懿二人資望能力卻有很大的差距。司馬懿老謀深算，德高望重，兩個兒子司馬師、司馬昭也能征善戰，故對曹氏政權構成很大威脅；曹爽是宗室後代，也有一定資歷，當時曹芳年幼自然沒什麼主意，他總怕大權旁落他人之手，當然要傾向於曹爽而疏遠司馬懿。幾年後，曹爽漸漸地培植自己的勢力，排擠司馬懿的人，等到時機成熟時，又奪了司馬懿的兵權，撤銷了太尉的實職，而安排一個太傅的空銜。司馬懿見曹爽的勢力控制了朝廷，於是裝病在家，不問朝政了。

曹爽攬權貪位，見司馬懿告病在家，也不問是真是假，便得意忘形起來。他提拔自己的弟弟曹義為中領軍，曹訓為武衛將軍，曹彥為散騎

常侍，控制了宮廷京師的武裝大權。因此曹爽日益膽大妄為，天天與親近的人吃喝玩樂，出行的時候車輛儀仗輿服皆仿皇帝規模，甚至把宮中的妃嬪、樂師也帶回家中尋歡作樂。曹爽的所作所為漸漸失去人心，一些正直的官吏有些看不慣，非議漸起。

司馬懿裝病在家，其實一天也沒閒著，對朝政和時局反而更加關注了。曹爽的行為漸失人心的情況，他都瞭若指掌，心中暗暗高興，於是靜待時機。

西元 248 年，曹爽的黨羽李勝由河南尹調任為荊州刺史。臨行前到太傅司馬懿家去辭行。司馬懿熟諳官場之事，聽說李勝來訪，向身旁的侍女囑咐幾句後傳令進見。

李勝來到司馬懿養病的臥室，只見司馬懿躺在病床上，頭髮散亂，面容憔悴。一看李勝進屋，忙掙扎著要坐起，兩個侍女立刻扶起他，一個侍女遞給他外衣。司馬懿十分用力地去接衣服，然而手一顫，衣服竟落在地上。兩個侍女忙彎腰幫他撿起，好不容易才把衣服穿上。接著司馬懿又以手指著嘴，侍女忙端來一碗稀粥，司馬懿也不用手去端，伸了伸脖子就喝，結果裡一半外一半，鬍子上都是稀粥和飯粒，前大襟上還灑了一大片。

侍女忙拿手巾來擦。李勝見狀，忙往前湊了湊說：「只聽朋友說您中風病犯了，想不到竟病到這種程度。」司馬懿上氣不接下氣地說：「唉！年老病重，死期不遠。君屈任并州，并州接近胡地，您可要當心啊！」說完喘了兩口氣又說：「恐怕你我不能再見面了，我把兩個兒子託付給您，請您多照應。」李勝見他說錯了，就糾正說：「我上任荊州，不是并州！」司馬懿聽後大感不解，偏偏頭側過耳朵問：「什麼……？放到并州？」李勝只好再改口說：「我放到荊州。」司馬懿這才若有所悟地說：

「啊！都怪我年老耳背，沒聽明白您的話。您這回到了『并』州任官，要好好建功立業啊。」又寒暄幾句，李勝告辭。

曹爽得到李勝的報告，聽他繪聲繪色地描述司馬懿病重昏聵的老態，心中更加輕鬆，從此完全不把司馬懿放在心上了。司馬懿用這種裝聾賣傻的方法打發了屬於曹爽一黨來探望病情的幾個人後，見再也無人來問疾，便知此計奏效，於是加緊了各項準備工作。

西元 249 年 2 月 5 日，皇帝曹芳到洛陽城南去祭掃明帝的平陵。曹爽、曹羲、曹訓掌握兵權的兄弟三人全部隨駕出城。平陵距洛陽九十里，按當時的交通條件勢必不能當日返回，必須駐紮在外。

曹爽兄弟隨皇帝出城的消息早有人跟司馬懿報告，他一邊派人再去觀察，一邊就開始了緊張的部署。待三個時辰過後，估計皇帝車駕出城已遠。司馬懿立刻分派兩個兒子及心腹家人及以前的門生故吏分別奪取城中禁中的兵權，馬上占領了武器庫、府庫、皇宮和太后宮等要害部門，又以最快的速度關閉所有的城門，並立即帶領親兵出城駐守在洛水浮橋邊。一個時辰裡，一切部署停當，整個洛陽城進入了高度緊張的戰備狀態。這樣，司馬懿控制了京城和皇太后。一切就緒後，司馬懿以皇太后的名義寫信給曹爽，要求他保護皇帝回城，只要投降即可免殺。曹爽本是庸俗無能之輩，不聽手下人的勸告，竟然投降回城。不久，司馬懿在剪除曹爽的羽翼之後，就以謀大逆的罪名把曹爽兄弟及親信誅殺殆盡。從此，司馬家族獨掌朝廷大權，為篡魏自立、建立西晉王朝奠定了基礎。

在這一政治賽局中，司馬懿本身即是鷹是虎，卻又裝成衰弱得不堪一擊的樣子，曹爽受了麻痺，只當他是隻病貓，卻不知自己早已成了司馬懿爪下的獵取對象。司馬懿把裝傻演繹到了極致，野心勃勃卻看起來

行將待斃。所以，他的成功就只是時機的問題了。胸襟寬廣、能容人的極致表現是強者示弱，形勢不利於自己時要學會隱藏強大的實力，免得被人嫉妒而遭暗算，要給人一種軟弱無力的假象，這樣才能保護自己，伺機而動才能在賽局之時獲得成功。

小豬大豬，各有對策

我們這裡說的小豬，不是懶惰的小豬，而是弱小的小豬。小豬吃得少，力量小，吃食物搶不過大豬，所以只好動腦筋，尋找對自己最有利的方案。生活中、工作中和商業活動中，很多時候我們不甘心做那隻「小豬」。因為小豬只能吃到不多的糧食，會限制自身的發展，而且小豬總要長成大豬的。但是，作為小豬，不可能一下戰勝大豬，將所有的糧食歸為自己，怎麼辦呢？再次動腦筋，尋找策略。

日益發達的交通和通訊設備，和正在成熟的網路經濟時代，正在改變人類的生存狀態，也使得企業間的競爭變得越來越殘酷。對於「小豬」來說，生存是第一要務，然後要謀求發展。要在「大豬」的光環外找到自己的生存空間，直到自己成長為大豬。

很多的時候，當同行業中的第一推出了一種新的產品後，雖然你並不是最先搶占時機的人，但是你卻可以過自己獨特的優勢，在同行中鶴立雞群。

小豬在變成大豬的過程中，一定要謹記的原則是不要衝在前面。但是跟在後面並不代表你只能亦步亦趨地追隨別人，你同樣可以選擇暫時的忍讓。以求「後發制人」。

克萊斯勒的前任總裁艾科卡的經歷就非常耐人尋味：

艾科卡在 1970 年代初擔任福特汽車公司總經理，8 年中為福特汽車公

司賺了 35 億美元的利潤。正當他春風得意之時，由於嫉妒和猜忌，他被老闆亨利‧福特免去了福特汽車公司總經理的職務。面對精神的創傷和打擊，54 歲的艾科卡沒有向命運投降，決心暫時忍讓，尋找一個可以再展自己的才華，大幹一番事業的地方，以成功的事實讓亨利‧福特永世難忘。

為了實現自己的抱負，他拒絕了一些條件優厚的企業的招聘，而接受了當時深陷危機、瀕臨破產的克萊斯勒汽車公司的聘請，擔任總裁。上任後，他首先對公司組織機構大動手術，並在全體員工特別是主管人員中，實行以品質、生產力、市場占有率和營運利潤等因素來決定紅利的政策，主管人員沒有達到預期的目標，將扣除 25% 的紅利。還規定在公司尚沒有起死回生之前，最高管理層各級人員減薪 10%，而艾科卡本人的年薪只有象徵性的 1 美元。他想以此表明，大家都在為走出困境而苦鬥。為了爭取政府貸款，他親自出馬向新聞界遊說，不得不像個被告一樣站在國會各個小組委員會面前接受質詢。他由於勞累，導致眩暈症復發，差點暈倒在國會大廈的走廊裡。

經過幾年勵精圖治，1980 年代初，克萊斯勒汽車公司終於走出困境，開始扭虧為盈。1983 年盈利 9 億美元，1984 年創利潤達 24 億美元，1985 年首季獲純利 5 億多美元。艾科卡也成為美國的傳奇人物，數以萬計的來信敦促他競選美國總統，老布希也把他當作 1988 年競選總統的「十分強而有力的競爭對手」。

試想，艾科卡當初若沒有選擇暫時退讓以積蓄力量、勵精圖治，還會有後來的成功嗎？在職場賽局中，忍也是成功的法寶，許多能忍之人，都獲得了比其他人更多的回報。

對於勤勤懇懇工作，卻總被搶去功勞的「大豬」來說，你可以參考以下這個故事：

　　A 公司業務部新來了一名業務員瑩瑩，她活潑熱情，能說會道，沒過多久就為公司談下了幾筆大買賣，再加她性格開朗，人又大方，公司上上下下都很喜歡她，開玩笑地叫她「小財神」，可是這引起了一個人的不滿 —— 銷售主管孫小平。

　　孫小平是老闆的遠親，平時不苟言笑，沒有什麼業績卻喜歡教訓人。他常常訓斥瑩瑩做人太高調，不懂謙虛。業務部的人都不喜歡他，瑩瑩每次被訓斥卻只是輕鬆地笑了笑，跟沒事人似的。

　　自從瑩瑩來了後，公司的銷售業績從平平無奇一下子節節攀升，一年後，公司評選年度優秀員工時，大家都認為是瑩瑩當選無疑，沒想到上臺領獎的卻是主管孫小平。看著孫小平在臺上虛偽做作地說著致謝詞，大家都為瑩瑩抱不平，他孫小平憑什麼呀，搶了人家的功勞沾沾自喜，一點也不知道害臊。瑩瑩看著臺上的孫小平，仍然只是輕鬆地笑了笑，什麼話也沒說。

　　這以後，孫小平在業務部就更加放肆了，經常搶業務員的功勞不說，對瑩瑩的態度更是一日不如一日。大家都勸瑩瑩直接去跟老闆反映，雖說不一定能壓制住孫小平，但至少可以打擊他的囂張氣焰。可是瑩瑩卻什麼也沒說，反而工作得比以前更賣力了。大家都為瑩瑩可惜，說她是一個老好人。

　　沒想到，幾年後，瑩瑩突然高薪跳槽到 A 公司的死對頭 B 公司做了銷售主管，還帶走了 A 公司絕大部分的客戶，A 公司一下子突遭重創，陷入了危機之中。

　　以前的同事們都百思不得其解，憑瑩瑩的業績和能力，只要她向老闆申請，在 A 公司得到一個主管職位是輕而易舉的，為什麼她幾年來都沒有爭取，卻突然跳槽到別的公司呢？

　　有些同事去問瑩瑩，瑩瑩笑了笑回答說：「以我這幾年的成績，向 A 公司要一個主管職位確實很容易，但是這幾年來，孫小平頻繁搶奪我們的功勞，老闆都沒有說話，不管他知道還是不知道，這麼不公平的事情存在了這麼久，說明這家公司的用人制度是不完善的，或者說是不公平的，在這樣一家公司繼續做下去，誰能保證我做了主管以後就能受到公正的待遇呢？還不如暫時忍下來，鍛鍊好自己的本事，等到時機成熟，再爭取我相應的待遇。再說了，有突出的業績和工作能力，我走到哪裡會不受歡迎呢？」同事們聽了，不得不折服瑩瑩的遠見和見識。

　　如果你現在就是一名遭受不公平對待的「大豬」，看了上面的故事，你該怎麼做呢？

強者為什麼被先出局

從 1980 年代起,「真人秀」節目就開始在歐美的電視臺上大出風頭。除了巨額獎金,每個參與者命運的懸念也是這類節目收視率高的原因之一。「倖存者遊戲」是一檔曾經風靡一時的「真人秀」節目,其中的淘汰機制便可以看成槍戰賽局的一種再現。

在倖存者遊戲中,參與者被送到一個封閉環境中(如海島)。每個人要透過分工合作以解決食宿等基本需求。同時要完成組織者提供的各種任務,獲得獎勵。每隔幾天,全體成員要投票選出一個被淘汰者。直至最後只剩下兩個候選者,再由觀眾投票。選出最後的「倖存者」,此人將得到百萬美元的獎金。

在這個遊戲中,最關鍵也最能看出每個人策略的時刻就是在投票淘汰的時候。到底投誰的票?為敘述方便起見,現在假設遊戲已經進行到只剩下最後三人。在以往的競爭中,A 的表現最好,競爭力最強,B 次之,C 最差。現在,需要這三人投票淘汰其中一個,你認為誰被淘汰的機會最大?

答案是 A。為什麼會是他?可以想像,如果你是 B,那麼在最後一輪,你希望和誰競爭?是和比你強的,還是和比你差的?顯然,和後者競爭你的勝率最高,所以,選擇淘汰強者是你理智的策略。如果你是 C,這個道理也同樣適用,雖然這兩個人都比你強,但是和 B 競爭,你

的機會多少還大一些，因此，你的理智選擇也是淘汰 A。既然 B、C 都投 A 的票，無論他投票反對誰，都難逃出局的命運了。顯然，這裡的邏輯和槍手賽局的結果完全一致。

在人類社會中，我們都懂得「優勝劣汰」的演化原則，可是在生活中，又總能看到「人怕出名，豬怕壯」的現象，原因之一就是優勢者樹大招風，成為許多人的眼中釘。俗話說「棒打出頭鳥」，莊子也說「木秀於林，風必摧之」，都預示了最強者的悲劇命運。

在羽翼未豐的情況下，避開強敵，屈居於大企業旌旗之下，借其聲威，養精蓄銳、備而後動，這是槍手賽局的精髓所在。「低調」是棲身之舉，臥薪之術，在覓得良機，獨善其身之後，發展自我，強壯本體也就水到渠成之事了。

占據先機，後發制人

在戰爭、商業等賽局中人們進行策略選擇時，存在「占據先機」的策略和「後發制人」的策略之別。當局勢明顯地顯露出即刻行動往往能夠搶到先機、將對方置於不利的位置時，策略決策者要當機立斷，採取「先發制人」。賽局參與人如果不及時做出決策，往往會延誤時機。但是如果局勢不明朗，策略決策者倉促做出某種決策往往會被對手抓住弱點，使自己處於不利的境地。此時，最好的辦法是，以靜制動，等待時機。當機會來臨、對手暴露出某些缺點時，策略決策者再做出行動。這個策略可以說是「後發制人」。

無論是「先發制人」策略，還是「後發制人」策略，其有效性的條件是，賽局參與人有比較大的可能獲取賽局的勝利。如果在某個賽局之中，參與人採取「先發制人」的策略獲勝的可能性比較低，或者根本沒有可能取得勝利，此時，就應該嘗試著改用「後發制人」的策略來進行賽局。

在一次「美洲杯」帆船賽決賽前，丹尼斯・康納的「自由女神」號在這項共有 7 輪比賽的重要賽事當中暫時以 3 勝 1 負的成績領先。這項賽事採取 7 輪 4 勝的規則。當第 5 輪比賽即將開始時，媒體報導「整箱整箱的香檳被送到『自由女神』號的甲板。而在他們的觀禮船上，船員們的妻子全都穿著美國國旗紅、白、藍三色落的小背心和短褲，迫不及待

地要在她們的丈夫奪取美國人失年之久的獎盃之後參加合影。」可惜由於策略運用不當，最終事與願違，功敗垂成，沒能圓夢。

比賽一開始，由於「澳洲二」號犯規違例，不得不回頭撤到起點線後面再次起步，使「自由女神」號在這一輪一開始就獲得 37 秒的優勢。這時。落後的澳洲隊的船長約翰·伯特蘭德決定孤注一擲，轉到賽道左邊，滿心希望風向可以變化，幫助他們趕上去。丹尼斯·康納則決定將「自由女神」號留在賽道右邊。這一回，伯特蘭德大膽押寶卻押對了，風向果然按照澳洲人的心願偏轉了 5 度，使「澳洲二」號以 1 分 47 秒的差距優勢贏得這輪比賽。事後，人們紛紛批評康納，說他策略失敗，沒能跟隨澳洲隊調整航向。再賽兩輪之後，「澳洲二」號反而超前，最終獲得了決賽桂冠。

這場帆船比賽給我們提供了一個很好的例子，成績遙遙領先的帆船，通常都會照搬落後者的策略，即一旦落後的船隻改變航向，那麼成績領先的船隻也會照做不誤。實際上，即便落後的船隻採用一種顯然非常低劣的策略的時候，成績領先的船隻最好也照樣加以模仿。為什麼？因為帆船比賽與在舞廳裡跳舞不同，在這裡，成績接近是沒有用的，只有最後勝出才算數。假如你成績領先了，那麼，維持領先地位的最可靠的辦法就是看見別人怎麼做，你就跟著怎麼做。

我們通常都說「先下手為強」，的確，大量例子說明，在有多個納許均衡的情況下，常常是先動手先決策一方占有一些優勢。但是也有後動優勢的例子。強調後發制人並不是等到最後的爆發，強調的是審時度勢，伺機而動。下面我們再來看另一個類似的故事。

巴里大學畢業的時候，為了慶祝一番，參加了劍橋大學的五月舞會，這是英國版本的大學年度正式舞會。作為慶祝活動的一部分，節目

包括了一個輪盤賭遊戲。每個參加者都得到相當於 20 美元的籌碼，玩到舞會結束的時候，收穫最大的一位將免費獲得下一年度舞會的兩張入場券。到了準備最後一輪輪盤賭的時候，純粹是由於令人愉快的運氣，巴里手裡已經有了相當於一位擁有 700 美元的籌碼，獨占鰲頭，而第二名是 300 美元籌碼的英國女子。其他參加者所獲無幾，實際上已經被淘汰出局。就在最後一次下注之前，那個女子向巴里提出分享下一年舞會的入場券，但是巴里拒絕了。他占有那麼大的優勢，怎麼可能滿足於得到「一半」的獎賞呢？

這裡需要簡單介紹一下輪盤賭的規則。輪盤賭的輸贏取決於輪盤停止轉動的時候小球落在什麼地方。典型情況是，輪盤上刻有 0 ～ 36 的 37 個格子。假如小球落在 0 處，就算莊家贏了。玩輪盤賭最可靠的玩法就是賭小球落在偶數還是奇數格子，分別用黑色和紅色表示。這種玩法的賠率是一賠一，比如一美元賭注變成兩美元，取勝的機會為 18/37，接近二分之一。在已經 300：700 落後的情況下，如果這樣賭偶數和奇數，即便那名英國女子把全部籌碼壓上，也不可能翻本。因此，她被迫選擇一種風險更大的玩法。她把全部籌碼壓在小球落在 3 的倍數上。這種玩法的賠率是二賠一，也就是說，假如她贏了，她的 300 美元就會變成 900 美元，但取勝的機會只有 12/37，不到三分之一。現在，那名女子把她的籌碼擺上桌面，表示她已經下注，不能反悔。這時候，巴里應該怎麼辦？

如果你仔細看過上述帆船比賽的案例就直該了解到，巴里此刻的最穩妥地選擇便是同樣把 300 美元的籌碼與那名女子做出相同的選擇。如此一來可以確保巴里領先對手 400 美元，最終贏得那兩張入場券。事實上，這時候他們將同贏或者同輸。假如他們都輸，巴里將以 400：0 取勝；

假如他們都贏，巴里將以 1300：900 取勝。如果巴里清醒自己已經獲得的後動優勢，堅守追隨策略，那名女子根本就沒有獲勝的可能。即使她選擇不賭這最後一輪，她也還是要認輸，因為巴里會模仿她一樣退出這一輪，照樣取勝。

實際上，她的唯一取勝的機會便是巴里先行選擇。假如巴里先在黑色下注 200 美元，她就會把她的 300 美元壓在紅色。她必須不能與巴里進行相同的選擇。相反，如果巴里採取後發制人的策略，自己將穩穩的獲得勝利。其實，在許多賽局遊戲裡，搶占先機、率先出手並不是好事。因為這麼做會暴露你的意圖，其他參與者可以利用這一點占你的便宜。而「後發制人」，則可能使你處於更有利的策略地位。

得意忘形的巴里再也沒有辦法保持頭腦清醒了。結果，他把 200 美元壓在了偶數上面，並在心裡嘀咕他輸掉冠軍寶座的唯一可能性就是這一輪他輸並且她贏，而這種可能性的發生幾率只有 1 比 5，形勢對他非常有利。

一個人在喝得太多的時候，自然很可能偏離理性。一方面，也許因為覺得自己經濟學已經玩得很有心得，嚮往「無招勝有招」的境界，巴里竟然會漠視已經取得的後動優勢；而結果自然是那位女子贏得了下一年度舞會的贈券，巴里功敗垂成。值得注意的是，上述以「模仿策略」實施的後動優勢的適用範圍。上述兩個遊戲，都是所謂「贏者通吃」的比賽。如果不是贏者通吃的遊戲，而是積分比賽的遊戲，情況將大相徑庭。

弱點也可以轉化成優勢

在《三國演義》中，張飛逢酒必飲，每飲必出事端，這應該是張飛自身的一大弱點。

因為這個弱點，張飛常常會給對手留下可乘之機。比如十四回中，張飛酒後痛打曹豹。曹豹深恨張飛，回家後連夜差人修書一封送給呂布，勸呂布引兵來襲徐州，不可錯此機會。呂布看完書信，便帶領大軍進發徐州。張飛那時酒還未醒，不能力戰呂布，只得從東門逃出，把徐州丟掉了。

然而到了第七十回，張飛智取瓦口隘的時候，我們卻看到了另外一番景象。

當時張郃率兵三萬進攻巴西，傍山險分別建立宕渠寨、蒙頭寨和蕩石寨。張郃於三寨中各分軍一半出征，留一半守寨。張飛接到探子消息，急喚雷銅商議。雷銅說：「閬中地惡山險，可以埋伏。將軍引兵出戰，我出奇兵相助，郃可擒矣。」張飛與雷銅兩下夾攻，大敗張郃。

這時，張郃仍舊分兵守住三寨，多置檑木炮石，堅守不戰。張飛令軍士大罵，但張郃就是不出來，令張飛無計可施，雙方相拒五十餘日。後張飛就在山前紮寨，每日飲酒，飲至大醉，坐於山前辱罵。

劉備差人犒軍，見張飛終日飲酒，使者回報劉備，劉備大驚，忙去和諸葛孔明商議，孔明笑著說：「原來如此！軍前恐無好酒；成都佳釀極多，可將五十甕作三車裝，送到軍前與張將軍飲。」玄德說：「吾弟自來

111

飲酒失事，軍師何故反送酒與他？」孔明笑道：「主公與翼德做了許多年兄弟，還不知其為人耶？翼德自來剛強，然前於收川之時，義釋嚴顏，此非勇夫所為也。今與張郃相拒五十餘日，酒醉之後，便坐山前辱罵，旁若無人；此非貪杯，乃敗張郃之計耳。」

後來，張郃果然以為張飛大意輕敵，引兵從山側偷偷進攻張飛的營寨，不料被張飛殺得大敗。張郃三寨俱失，只得奔瓦口隘去了，張飛大獲全勝。

張飛的這一策略行動表明，他在戰爭中已經被鍛鍊得成熟起來，學會了化劣勢為優勢的鬥雞賽局智慧。

鬥雞賽局，如果一方有弱點，且為對方所知，則有弱點的一方完全可以利用此弱點來掩藏自己的真實目的，從而在賽局中取勝。

在現實生活中，人們往往對自己和對方的優勢及弱點都瞭若指掌，而且往往會想方設法地加以利用，把弱點作為突破對方防線的重點。正因如此，也就提供了利用弱點化劣勢為優勢策略的基礎。

一個人的特點及習慣最容易讓對方形成固定的思維方式，這樣的例子在三國中諸葛亮智用空城計中也有展現，司馬懿斷定諸葛亮不會冒險，而諸葛亮就利用司馬懿的這種心理順利保住了城池。

有的時候，人的某方面缺陷未必就永遠是劣勢，只要善加利用，或者揚長避短，劣勢也會轉化成優勢。

金無足赤，人無完人。每個人都會有自己的劣勢和缺陷，有些人面對自己的缺陷，總是想辦法遮掩，害怕別人的嘲笑，這樣做往往適得其反。其實，我們只要坦然面對自己的缺陷，不刻意掩飾，勇於挑戰自我，並根據自己的具體情況確立相應的對策，就有可能避開自己的缺陷，甚至可能將劣勢轉化成優勢。

有車有風才可好搭順風車

　　戰國時期有個名叫中山的小國。有一次，中山國的國君設宴款待國內的名士。當時正巧羊肉羹不夠了，無法讓在場的人全都喝到。有一個沒有喝到羊肉羹的人司馬子期，此人懷恨在心，於是到楚國去勸楚國攻打中山國。當時楚國是個強國，攻打中山國易如反掌。中山國很快被攻破，國王逃到國外。他逃走時發現有兩個人手拿武器跟隨他，便問：「你們來幹什麼？」兩個人回答：「從前有一個人曾因為獲得您賜予的一壺食物而免於餓死，我們就是他的兒子。父親臨死前囑咐我們，中山國如有事變，我們必須竭盡全力、不惜一死來報效國王。」

　　中山國君聽後，感嘆地說：「怨不期深淺，甚於傷心。吾以一杯羊肉羹而失國，以一壺酒而得勇士。」

　　中山國君因為一時疏忽懈怠了司馬子期而遭受國變，卻因一次無心的贈與而得到兩個勇士，它給我們的啟示在於：一定要善待你身邊的每一個人，因為好風也要憑藉力。

　　俗話說：「一個籬笆三個樁，一個好漢三個幫。」還有句古話說得好：「三個臭皮匠，頂個諸葛亮。」一個人即使貴為國君，也不能單憑自己的力量完成所有的任務，戰勝所有的困難，解決所有的問題。善於借助他人的力量，既是一種技巧，又是一種智豬賽局的智慧。

　　而為了借助別人的力量為己所用，就不要忽視你遇到的任何人，因

為，在人生的道路上，你並不知道前面有什麼在等待著你，你也不知道在向你伸出的手中哪一雙有足夠的力量可以支撐你。所以，善待身邊的每一個人，即使他目前處於不利的境遇中，你也不要忽視來自他身上的潛能。

任何人如果想成為一個行業的領袖，或者在某項事業上獲得巨大的成功，首要的條件是要有一種鑑別人才的眼光，能夠辨識出他人的優點，並在自己的事業道路上利用他們的這些優點為自己辦事。

如果你所挑選的人才與你的才能相當，那麼你就好像用了兩個一樣。如果你所挑選的人才，儘管職位在你之下，才能卻要超過你，那麼你用人的水準真可算得上高人一籌。即使是那些目前看來並無閃光之處的人也可能有巨大的潛力可以供你使用，你所要做的，是盡己所能向所有可能的人「借力」。

想成大事者，最緊要的任務是學會如何打「借」字牌，從他人那裡獲得資源、獲得力量，以凝聚成大事的力量。

付出得到的果實永遠最甜

智豬賽局告訴我們，誰先去按按鈕，他就會造福全體，但是，多勞者卻不一定多得。許多人由此就認為，自己只要什麼也不做，最後肯定就能利用他人的努力，來為自己謀求利益。這卻是一個明顯的誤解。

原來，在智豬賽局中，有一個很重要的前提，那就是大豬的實力是明顯高於小豬的，如果小豬決定不去按按鈕，大豬總是一定會去的。可是，如果在賽局中大家的地位半斤八兩，這時假如大家都選擇當小豬。賽局的結果就只會是大夥一塊挨餓了。

在現實生活中，很多人都爭著做那只坐享其成的小豬，只想付出最小的代價，得到最大的回報。可是，大家都不肯付出，最後就只能一起都沒得吃了。我們在前面曾講到的三個和尚的故事，也可以說明這樣一個道理。這三個和尚都想做「小豬」，不想付出勞動，不願承擔起「大豬」的義務，最後導致每個人都無法獲得利益。

其實，如果你是一個聰明人，在這種情形下，你就應該及時站出來，去充當那隻按按鈕的大豬。這樣做，表面上你是吃虧了，但卻及時打破了困境，使大家都從中獲益，並且會使你在群體中獲得支配地位，從而在未來獲得更大的利益。這種行為看似愚蠢，實則智慧之極。「吃虧是福」，是古人名言中的哲理，的確值得我們認真汲取。

社會上每個人為了自己的利益而採取行動，但這些行動在客觀上也

為社會上其他的人帶來了好處。從智豬賽局中我們可以看到：

（1）兩隻豬一起去按，然後一起回槽邊進食，則大豬由於食得更快可吃下 7 個單位食物，小豬只能吃到 3 個單位食物，扣除各自的成本，大豬實際贏利 5 個單位食物，小豬則贏利 1 個單位食物。

（2）若大豬去按，小豬先等候在食槽邊，則大豬因時間耽擱只食得 6 個單位食物，小豬食得 4 個單位食物，大豬扣除成本後贏利 4 單位食物，小豬沒有成本因而贏利也為 4 單位食物；若小豬去按，大豬先候在槽邊，則當小豬趕到槽邊時大豬已經吃了 9 個單位食物，小豬不僅什麼都沒吃到，反而還付出了 1 個單位成本。

（3）兩隻豬都不去按，則大家都只能得到 0 個單位食物。那麼，這個賽局的穩定結果將是哪種情況呢？不妨這樣考慮，既然「不按」是小豬的優勢策略，按就是小豬的劣勢策略。而劣勢策略是參與人永遠不會選擇的，因此相當於小豬的策略集合裡從來沒有考慮過「按」一樣，因此可以把「按」這個策略從小豬的策略集合中剔除出去。於是小豬只剩下一個策略「不按」。在這個簡化後的賽局中，對於大豬而言，按是一個優勢策略，而不按是劣勢策略。因此，我們可以繼續剔除大豬的「不按」策略，於是賽局進一步簡化成：大豬，按，小豬，不按。

經過第二輪剔除，我們得到了一個唯一的策略組合（按，不按），即大豬選擇按，小豬選擇不按。這個唯一的組合代表了它們策略行為唯一可收斂的情況，是一個穩定的結果。而這種不斷剔除劣勢策略的方法，叫重複剔除劣勢策略，所得到的穩定結果叫納許均衡。

剔除劣勢策略的一個重要的前提思想是：理性的人永遠不會選擇其劣勢策略。

智豬賽局深刻地反映了經濟和社會生活中的免費搭車問題。無論大

豬按不按,小豬都選擇不按(這是牠的優勢策略)。假定小豬不按,大豬最好去按。而且,有意思的是,大豬選擇按在主觀上是為了自己的利益,但在客觀上小豬也享受到了好處。這正是亞當斯密「看不見的手」原理的一個童話版。看不見的手原理的意思是:社會上每個人為了自己的利益而採取行動,但這些行動在客觀上也為社會上其他的人帶來了好處。在經濟學裡,這頭小豬被稱為「搭便車者」。但若全部的賽局主體都試圖免費搭車,那麼就可能陷入囚徒困境而無法自拔。

先守弱、示弱，然後以弱勝強

　　西漢初年，冒頓身為北方匈奴的首領，勵精圖治，一心想把匈奴打造成最強大的民族，但是當時的匈奴勢單力薄，經常遭到鄰邦特別是東胡的無理攻擊。

　　匈奴人生活在西北部的草原上，以強悍善騎著稱。冒頓養有一匹千里馬，皮毛油黑發亮如軟緞，全身上下沒有一根雜毛。牠能日行千里，為匈奴立下過汗馬功勞，被視為寶馬。東胡知道後，便派使者到匈奴索要這匹寶馬，匈奴群臣認為東胡太無理了，一致反對。

　　足智多謀的冒頓一眼便看穿了東胡的用意，但他並沒有表露出來。他知道，如果一旦正面衝突，吃虧的只會是自己，於是決定忍痛割愛來滿足東胡的要求。他告訴臣下：「東胡之所以要我們的寶馬，是因為與我們是友好鄰邦。我們哪能因為區區一匹千里馬而傷害與邊鄰的關係呢？這樣太不划算了。」於是，他就把寶馬拱手送給了東胡。冒頓雖然表面上不與東胡作對，但他暗地裡壯大實力，明修政治，希望有朝一日能夠打敗東胡。

　　東胡王得到千里馬以後，認為冒頓膽小怕事，就更加狂妄。他聽說冒頓的妻子很漂亮，就動了邪念，派人去匈奴說要納冒頓之妻為妃。

　　冒頓的妻子年輕貌美、端莊賢淑、深得民心。匈奴群臣一聽東胡王如此羞辱他們尊敬的王后，都氣得摩拳擦掌，發誓要與東胡決一死戰。

冒頓更是氣得咬牙切齒，連自己的妻子都保護不了，還算個男人嗎？然而，他轉念一想，東胡之所以三番五次使自己丟臉，是因為東胡的力量比匈奴強大。一旦發生戰爭，自己的實力不濟，很可能會戰敗。

於是，他強裝笑顏，勸告群臣：「天下女子多的是，而東胡卻只有一個啊！豈能因為區區一個女人傷害與鄰邦的友誼？」這樣，他又把愛妻送給了東胡王。

之後，他召集群臣，指明東胡氣焰囂張的原因，分析了當時的形勢，鼓勵大臣們內修實力，外修政治，以後才能打敗東胡。群臣一聽冒頓分析得有道理，於是按照冒頓的要求兢兢業業地治理，以圖日後報仇。

東胡王輕而易舉地得到了千里馬與美女，認為冒頓真的懼怕他，於是更加驕奢淫逸起來。他整日燈紅酒綠，尋歡作樂，不理朝政，以致實力越來越衰敗。然而他卻毫無自知之明，又第三次派人到匈奴去索要兩邦交界處方圓千里的土地。

而此時，匈奴經過冒頓及其群臣多年臥薪嘗膽的治理，政治清明，兵精糧足，老百姓安居樂業，其實力之雄厚遠遠超出了東胡。

事後，冒頓抓住一個適當的時機向東胡發起進攻，親自披掛上陣，眾人同仇敵愾，一舉消滅了東胡。

力量弱小的匈奴能夠戰勝強敵東胡，就在於他們事前的示弱、守弱。

蛇吞象是很多人的夢想，然而，面對強大的對手，如何以小搏大，這其中蘊含著深刻的鬥雞賽局智慧，先守弱、示弱，然後以弱勝強無疑是其中的精華。

鬥雞賽局中，假設兩隻鬥雞實力懸殊，此時，實力較弱的一方如何

才有勝出的希望？主動攻擊肯定行不通，最好的選擇就是先示弱，藉機增強自身的實力，等到時機成熟再一舉獲勝。

關於弱和強的辯證關係，老子曾有過一段精采的表述：「人之生也柔弱，其死也堅強。草木之生也柔脆，其死也枯槁。故堅強者死之徒，柔弱者生之徒。是以兵強則滅，木強則折，堅強居下，柔弱居上。」老子是說：人活著的時候身體是很柔軟的，但死後身體就會變得僵硬。草木活著的時候枝葉是柔脆的，但死後枝葉就會變得枯槁了。所以說，堅強的方式是走向死亡的途徑，柔弱的方式是走向生存的途徑。因此，用兵逞強就會被消滅，樹木太強硬就會被摧折。堅強最終會處於劣勢，而柔弱最終會處於優勢。

老子的這段描述用在賽局中同樣成立，要想打敗強敵，當自己還不足以與之抗衡時，何不先守弱、示弱，然後靜待自己的能力增長、時機成熟時，再奮起一擊？守弱，是一種心態和賽局策略，它不是自暴自棄，當時機成熟時，弱可以向強轉化或透過戰勝而使自己變得強大。

以蛇吞象是一種能力，更是一種境界，沒有相當的智慧和謀略是無法實施的，先守弱、示弱，然後以弱勝強是每個期望以小搏大的人都需掌握的賽局智慧。

第五章

資訊賽局 —— 資訊就是商業命脈

獲得資訊優勢

　　獲得資訊優勢包括了至少兩方面的內容，如果你是擁有話語權的那方，那麼你可以透過向別人傳遞資訊來達成你的目標；但如果你是收到資訊的那一方。就要敏銳地判斷這個資訊背後隱藏的更多資訊，透過掌握比別人更多的資訊，抓住對自己有用的資訊並加以利用，從而為自己創造無盡的財富。

　　我們先來看前者，聰明的領導者懂得利用資訊傳達的方式來扭轉對自己不利的局面：

　　在美國有一則家喻戶曉、人人皆知的徵兵廣告，既幽默又智慧。這則徵兵廣告發布後，收效十分明顯。它改變了死氣沉沉的徵兵局面，使許多青年踴躍應徵入伍。徵兵廣告的內容如下：

　　「來當兵吧！當兵其實並不可怕。應徵入伍後你無非有兩種可能：有戰爭或沒戰爭，沒戰爭有什麼可怕的？有戰爭後又有兩種可能：上前線或者不上前線，不上前線有什麼可怕的？上前線後又有兩種可能：受傷或者不受傷，不受傷又有什麼可怕的？受傷後又有兩種可能：輕傷和重傷，輕傷有什麼可怕的？重傷後又有兩種可能：可治好和治不好。可治好有什麼可怕的？治不好更不可怕，因為你已經死了。」

　　原來，這份別出心裁的徵兵廣告出自於一位著名心理學家之手。媒體記者採訪了他，問：「為什麼這份徵兵廣告能深入人心，取得這麼好的效果？

他回答說：「當人們有了接受最壞情況的心理準備之後，就有利於應對和改善可能發生的最壞情況。」

從當時的情況來看，很多青年人在去不去服服兵役這兩個選擇之間進行賽局，而這則廣告帶給青年人的資訊對服兵役這個決策發揮了積極的作用。資訊的價值正在於此。

我們在大部分情況下，很難掌握影響未來的所有因素，於是做出準確決策變得極為困難，而資訊則會幫助決策者去衡量利弊，做出對自己有益的決策。

當然，由於賽局雙方對資訊的掌握通常是不對稱的，獲得資訊優勢的人會占據上風，他可以透過披露資訊的方式來改變雙方的資源分配情況，從而影響賽局的結果。這一點，被無數的歷史事件所證實。

阿爾及利亞位於非洲和撒哈拉大沙漠的西部，北臨地中海，與西班牙和法國隔海相望。是非洲第二個面積最大的國家。1830 年，法國侵略阿爾及利亞。經過多年戰爭，法國於 1905 年占領阿爾及利亞全境。在後來的五六十年間，阿爾及利亞人民奮起反抗，要求獨立。法國政府為了鎮壓阿爾及利亞人民的反抗，派去了不少軍隊，動用了不少財力和物力。

1960 年代初，法國在阿爾及利亞的戰爭泥潭中越陷越深，總統戴高樂決定與阿爾及利亞人談判，以便盡快結束戰爭。然而，駐守在阿爾及利亞的殖民軍軍官們卻密謀發動政變，以阻止戴高樂的和平計畫。為瓦解兵變，戴高樂以慰問為名義，向駐守在阿爾及利亞的軍人發了幾千架晶體管收音機，供士兵收聽。這個做法得到了軍官們的肯定，他們認為這並非是件壞事。

然而，就在正式會談開始的那天夜裡，收音機裡傳來了戴高樂總統

的聲音：「士兵們，你們面臨著忠於誰的抉擇。我就是法蘭西，就是它命運的工具，跟我走，服從我的命令……」這聲音，這語氣，跟當年戴高樂流亡國外，號召法國人民反擊德國法西斯時的聲音一樣。過去他們跟著戴高樂，取得了反法西斯戰爭的勝利，今天還能有別的選擇嗎？於是，大部分士兵已經發現事態的真相，整個兵營變得空空蕩蕩。軍官們只好放棄兵變的圖謀。

就這樣，戴高樂透過披露資訊，不費一槍一彈便成功地控制了局面，贏得了政治上的一大勝利。

下面我們來看後者。有人可以把正確的資訊解讀成錯誤的結論，有人可以從看似無用的資訊中找到寶貝。這就是人與人的差別，也決定了人與人成就的差別：

中航油（新加坡）公司 5.5 億美元巨虧的事情已經被炒得沸沸揚揚。公司前總裁陳久霖曾被譽為「亞洲經濟新領袖」，個人能力非常之強。虧損緣於石油價格暴漲但公司卻在錯誤的方向上（放空）進行了衍生交易。

當投資人向公司提出公司是否會在原油上漲中獲益的問題時，公司如此回答：「公司自身的狀況比油價對公司的盈利情況影響更大，所以我們不能說我們能從原油上漲中獲益。」

這句話單獨來看當然是正確無誤的，投資人就這樣的回答的理解只會是：（1）公司自身經營較好，此前上半年公司淨利潤為 1,020 萬美元，所以這個意思表達是正確的；（2）公司不能從原油上漲中獲益。事實上公司在原油市場上是做空的，所以當然不能獲益。這句話也算是正確的。

但是，一個資訊是否傳達了正確的信號，我們的判斷要從三個方面著手：第一當然看這個資訊是否真實；中航油關於不能獲益的回答是真

實的，第一個方面基本滿足。第二要看這個資訊是否準確：中航油的回答不夠準確，因為它只說明了不能獲益，沒有準確的說明它實際上是虧損的；第三要看這個資訊是否完整。這個條件非常關鍵。中航油的回答離資訊的完整性差得很遠。它只是非常晦澀的表達了一個不完整而且不夠準確的意思。完整的意思表達應當包括原油上漲對公司的影響方向、影響程度，這種影響將會造成公司盈利的變化情況，以及公司採取的措施等等。

事實上，中航油公司不僅不能從原油上漲中獲益，反而因為做空而大栽跟頭，這一點並沒有披露。中航油（新加坡）公司是上市公司，如果投資人能夠讀懂這個資訊的真實意思，率先拋售的人必定大獲利益。中航油的暴跌是在 10 月初開始的，從 8 月底到 10 月分，有一個多月的時間，如果你能解讀出真實和準確的情況，絕對不至於賠錢。

亞默爾肉類加工公司的老闆菲普力・亞默爾習慣於天天看報紙，雖然生意繁忙，但他每天早上到了辦公室，就會看祕書為他送來的當天各種報刊。1875 年初春的一個上午，他仍然和平時一樣細心地翻閱報紙，一條不顯眼的不過百字的消息把他的眼睛牢牢吸引住了：墨西哥疑有瘟疫。亞默爾頓時眼睛一亮：如果墨西哥發生了瘟疫，就會很快傳到加州、德州，而加州和德州的畜牧業是北美肉類的主要供應基地，一旦這裡發生瘟疫，全國的肉類供應就會立即緊張起來，肉價肯定也會飛漲。他立即派人到墨西哥去實地調查。幾天後，調查人員回電報，證實了這一消息的準確性。亞默爾放下電報，立即集中大量資金收購加州和德州的肉牛和生豬，運到離加州和德州較遠的東部飼養。兩三個星期後，瘟疫就從墨西哥傳染到聯邦西部的幾個州。聯邦政府立即下令嚴禁從這幾個州外運食品，北美市場一下子肉類奇缺、價格暴漲。亞默爾及時把囤積在

東部的肉牛和生豬高價出售。短短的三個月時間,他淨賺了 900 萬美元(相當於現在 1.3 億美元)。這一條資訊讓他賺取了巨額利潤。

亞默爾的成功不是偶然的,而是他長期看報紙,去獲取最新資訊,並善於抓住那些資訊中對他公司有利的資訊加以利用的結果。為了更有效地獲取資訊,也為了避免他個人的力量無法兼顧到所有的資訊,他還專門成立了一個小組,為他負責收集相關資訊,這些收集資訊的人員的教育程度都很高,長期經營他公司相關行業,富有管理經驗,懂得資訊中哪些資訊是有用的,哪些資訊是無用的。他們每天把全美、中國、日本等世界幾十份主要報紙閱讀一遍,並對其中重要的相關資訊進行分類,最後再將這些資訊做出相應的評價,而這些已經集聚了全世界資訊精華的資訊,最後才會被送到亞默爾手中,再由他去選擇出可以對公司帶來財富的資訊加以利用。如果他覺得某條資訊有價值就和他們共同研究這些資訊。這樣,他在生意經營中由於資訊準確而屢屢成功。人也被提升為公司的副總工程師。

業務員小劉,閒來與同行、朋友一起喝酒。席問有人談到某大企業的老闆林總對某餐廳一道名菜有偏好。小劉暗自驚喜 —— 林總正是他久攻不下的客戶。於是,小劉在某餐廳訂了一桌富有情調的酒席,特意請林總赴宴,終於促成了這單生意。

只要不違法法律,你大可以好好利用資訊幫你解決難題。你還可以巧妙地利用了資訊的不對稱性,將有利於自己的資訊傳遞到別人那裡,從而讓自己更順利地實現目標。

資訊傳遞有成本

在自然界當中，有很多雄鳥都長著鮮豔而厚實的羽毛以吸引雌鳥。但是，太醒目的羽毛更容易被獵人發現，而且行動也不方便，很容易被抓獲。這樣的話，為什麼雌鳥要選擇有缺陷的雄鳥呢？生物學家認為，鳥類世界中的雌鳥有一種潛在的本能去尋找基因優良的雄鳥，這樣他們的後代才會有優良的基因。儘管厚重的羽毛對於生存是一個威脅或者說缺陷，但是因為只有強健且有速度的鳥才能承受，越弱的鳥越不能負擔厚重而華麗的羽毛，所以羽毛成為雄鳥傳遞自身體質資訊的一個可靠手段。

因此我們可以理解，重金投入的廣告，其實和雄鳥身上的羽毛一樣，都不過是傳遞自身實力資訊的工具。但是也正如雄鳥要為這種資訊傳遞承受更多被捕殺的風險一樣，打廣告的企業也必須為資訊傳遞付出真金白銀的代價。除了廣告之外，企業採用其他方式來傳遞資訊，同樣也是要付出代價的。

最常見的一種是品質保證和承諾，如商品包退、包換和保修等都是告訴消費者：「買我的東西吧！沒問題！」真正的優質品因品質原因退換的機率非常小，保固期內的返修率非常低，因此從整體上不會增加多少費用，品質保障成本低廉而且短期效果明顯。而與此相反，劣質品的賣家肯定提供不了這種保證和承諾，因為這對於他們來說成本太高了。

　　品牌效應作為一種資訊傳遞方式，則更是一種長期報酬十分豐厚而投入成本也更高的手段。如 SONY、統一食品等品牌，本身就傳遞了產品是優質品的資訊。在消費者心目中，知名品牌代表優質。儘管不是每件知名品牌產品都是優質品，但是消費者在非知名品牌產品中搜尋優質品的成本通常很高，而在知名品牌產品中搜尋優質品的成本相對較低。因此，消費者通常會優先考慮選擇知名品牌產品或自己熟悉的品牌。

　　資訊傳遞是一種克服市場無效率的機制。它表明即使市場存在著資訊非對稱，透過大量的資訊傳遞，市場依然可以獲得被逆向選擇過程破壞的市場效率。不過，總要為之付出一定的代價。正因為資訊傳遞是有成本的，它才具有甄別的效用。而且，正是因為需要傳遞資訊的行為人在可能的資訊傳遞之中發生的成本不一樣，才保證了資訊傳遞的有效性。例如，只有好車的賣家才敢請人驗車，從而將車賣出，獲得正的利潤；賣壞車的人是絕不敢這樣做的。

　　現在，拿一個 MBA 學位似乎很流行。這樣做的目的是為了升遷與加薪。例如，在公司裡，老闆不知道小王的確切能力，而知道自己很能幹的小王為了向老闆傳遞這個資訊，可以向老闆申請停薪留職兩年，去拿一個 MBA 學位。等他拿到這個學位，老闆很可能會給他升遷、加薪。這是因為上 MBA 是要付出成本的，能力低的人不敢做出這樣的抉擇。

　　例如，如果報考某大學的兩年全日制 MBA，考前要參加各式各樣的補習班，買各式各樣的參考書，怎麼也要花掉幾萬。如果幸運地考上了，學費是一年數十萬。之後兩年吃住在學校，每個月至少要花掉上萬元左右，這樣每年的花費，兩年是 60 萬元。加上前面的費用，共計 120 萬元。這還沒算完，因為這兩年還喪失了很多收入。假定小王的年薪是 50 萬元，那麼上 MBA 的機會成本就是 100 萬元。也就是說，上一個

MBA 的總成本是 220 萬元。

而且，這 220 萬元還只是貨幣成本，是看得見的。實際上，這裡還存在看不見的成本。對於高能力的人來講，每門課達到及格很容易；但是對低能力的人來講，為了及格就要花更多的時間在學習上，這無形之中增加了低能力者發送資訊的成本。如果發送資訊的成本過高，就可能只有高能力者發送資訊。

發送資訊的成本如果對誰都一樣，就沒有作用了。

例如，如果某一個商學院為了加強 MBA 教育，讓他們學博士課程，造成多數人不及格，這個資訊就是無效的；或者，另外一個商學院只管收錢，採取放羊式教學，這樣的：MBA 學位也是沒有意義的。總之，資訊有效的充分必要條件是發送資訊要發生成本，不同的人發送同一個資訊的成本是不同的。這是理解資訊傳遞模型的關鍵。

垃圾箱裡的情報

在英國的曼徹斯特有兩大建築公司，分別是莫爾比建築公司和泰迪建築公司。這兩個公司一直以來都是明爭暗鬥。幾回合下來，各有勝敗。

但是這種平衡的情況在莫爾比和第二公司相互勾結後有了改變。

泰迪和莫爾比建築公司所用的鋼材主要由第耳鋼鐵材料公司提供。莫爾比公司總裁和第耳公司總裁是大學同學，關係十分密切。因此莫爾比公司總能得到質高價廉的建築鋼材，而且供應及時便利，絕不會影響施工進度。有時，第耳公司為了幫莫爾比公司一把，還故意刁難泰迪公司。泰迪公司進行重點專案建設時，一些鋼材經常姍姍來遲，導致工程受到影響。這樣泰迪在競爭中處於劣勢。

對此，泰迪公司總裁十分憤怒，於是派出經濟間諜赫爾前去偵查對手的動向，找出其致命的弱點，以便給對方嚴厲的反擊。赫爾是間諜老手，經過考慮他決定從垃圾堆中搜集情報。他花錢僱了一批流浪漢專門到莫比爾公司撿垃圾。然後自己在成堆的垃圾中搜尋重要的資訊。

之後，皇天不負有心人，赫爾找到了一張極有利用價值的照片。這是莫比爾總裁和第耳總裁夫人在一起的風流照。泰迪公司總裁得到照片後立即召開心腹會議，部署重大行動。他要選擇最佳時機來打出這張「王牌」，將對手置於死地。一封沒有署名和地址的郵件被快遞到了第耳

總裁辦公室。他滿腹狐疑地拆開一看，裡面只有一張照片。然而，不看則已，一看，總裁的臉頓時由青變紫，怒氣沖沖。

不久，莫爾比公司簽訂新的鋼材合約時，遇到了百般刁難。幾個月下來，莫爾比公司施工進度一再減慢，嚴重影響到其他公司的生產計畫，最後被索賠十多萬元。莫爾比公司每況愈下，一年後，公司員工見狀紛紛離職他就。公司總裁已自知其中奧妙所在，便主動辭職而去。

小小的垃圾堆裡也有著驚人的祕密，一張隨手被丟棄的風流照竟成為了攻擊對手的王牌。莫比爾公司在占盡優勢的條件下，因為總裁私生活的不檢點而被泰迪公司總裁抓到了把柄，失去了第耳公司的信任，甚至招致第耳的憤恨，使莫比爾總司遭到致命的一擊。

真所謂蒼蠅不叮無縫的蛋，在激烈的商業競爭中，一定要十分小心，盡量讓自己身上的「縫」少一些，避免蒼蠅的蜂擁而來。

好酒也怕巷子深

在很多人的眼裡，企業不惜重金在電視臺黃金時段打廣告，為的就是宣傳自己的產品，以提高本企業產品的市場占有率。但是內行的人都知道，如果僅僅出於這一目的，這些斥資數億元的大企業根本沒有必要到電視臺競標，因為如果把同樣的廣告費分散投放到其他地方，發揮的效果肯定會高於投在電視臺。

那麼為什麼這些企業對電視臺的廣告招標情有獨鍾呢？這些企業的醉翁之意就在於：企業在電視臺投放廣告不僅僅是為了達到它的宣傳效果，同時也為了顯示本企業在行業內部的實力，與那些沒有實力的廠商區分開。

從賽局論的角度來看，廣告也是一種資訊傳遞的手段，是減少資訊不對稱的非常有力的工具。產品生產者透過廣告資訊的傳播，以較少的成本獲得較高的知名度，而消費者也可以透過非常小的成本，從產品生產者的廣告資訊中獲得所需的各種市場資訊。但這種作用僅僅是第一層面的，企業重金投放廣告更重要的一個目的在於：清除潛在的市場模仿者，傳遞自身強而有力的信號。

有一句俗話說：酒香不怕巷子深。意思是說，只要產品的品質夠強就不怕沒有市場。這話有一定的道理。當人們在進行市場交易時，產品的品質確實是一個十分重要的因素。但是問題在於，大多數消費者在購

買產品時，並不能真正了解到每種產品的具體品質，而真正了解產品品質的是生產者本身。不同的生產者提供的產品品質不同，那些劣質品的生產者也會將產品的品質資訊隱藏起來。所以說，「酒香不怕巷子深」是建立在巷子並不深的前提下的，假如巷子九曲迴腸望不到盡頭，那麼這種好酒終究會不為人所知。而且，再好的酒得不到別人的品嘗終究不能實現其價值，再好的產品如果沒有經過消費者的檢驗也不是好產品。

同時，我們也應當認識到，對於大多數消費者而言，他們一般不去區分或者是無法區分產品品質的優劣，他們通常的做法是根據對整個市場的估計即平均品質來支付價格。當優質品和劣質品被消費者以同樣的方式對待時，劣質品可能會因為成本上的優勢，反而在銷售上占據優勢地位，從而使得優質品滯銷，甚至被擠出市場。

但是，優質品的提供者肯定不會甘心被劣質品逐出市場。為了使自己的產品與劣質品區分開來，他們要選擇適當的方式，向消費者傳遞「自己的產品是優質品」這一資訊，以此改善資訊不對稱的狀況。這時，廣告就成為實現這個目標的重要工具。

假設 A 企業開發出了一種很有市場潛力的健康食品，該產品對人的健康確實有幫助。但同時，另一家擅長生產假冒偽劣產品的 B 企業也打算到保健市場上渾水摸魚。兩個企業都召開記者招待會，向大眾宣布其產品的功效，但大多數民眾還是理性的，不會僅憑企業的商業宣傳就相信它們。

隨著時間的推移，消費者自然能夠辨識出產品的好壞來。所以，生產優質健康食品的 A 企業對自己產品的市場占有率信心滿滿，相信 B 企業生產的同類的偽劣健康食品很快就會被消費者拋棄，會有更多的消費者跑到自己這裡來，從而自己的市場會不斷擴大，銷售收入及利潤會不

斷成長。但事實並沒有朝 A 企業所想的方向發展。B 企業的健康食品雖
然效果並不好，但由於 B 企業花費大力氣，甚至是舉債請來當紅明星為
自己的產品代言，使其銷售業績比 A 企業還稍微高一些，再加上成本
的優勢，B 企業獲利不小。獲得大量利潤後，該企業開始有意識地改進
產品品質，市場占有率一直穩步提升。而反觀 A 企業，雖然產品品質
上升，但由於不擅長宣傳自己的產品，再加上成本的劣勢，獲利一直不
多。幸虧 A 企業的領導者及時發現了這些問題，也花大力氣請來比 B 企
業更有影響力的當紅明星為自己的產品造勢。A 企業很快就扭轉了市場
頹勢，再加上其產品品質好、效果佳，價格雖然比同類的健康食品略高
一些，但是仍然很受消費者歡迎。

從這個例子中，我們也不難發現，雖然產品的品質是市場取勝的
根本，但是產品資訊得不到消費者的廣泛認可，仍然很難實現其市場
價值。

當然，這裡並不是鼓勵所有產品都來打廣告。對於低品質的產品，
消費者最多只會購買一次，如果打廣告的成本遠高於產品一次銷售所得
的利潤，這時打廣告顯然是不明智的。可見，較高的廣告成本將遮罩掉
一部分低品質產品。如果廣告成本高於產品第一輪銷售所得的利潤，又
低於多輪銷售所得的利潤，那麼那些能暢銷不衰的產品打廣告將有利
可圖。

從這個角度說，高成本廣告中的產品普遍是高品質的產品，是能暢
銷不衰的產品，也就是我們這裡所說的「好酒」。

不完全資訊的賽局

　　從知識的擁有程度來看，賽局分為完全資訊賽局和不完全資訊賽局。完全資訊賽局指參與者對所有參與者的策略空間及策略組合下的支付有「完全的了解」，否則是不完全資訊賽局。嚴格地講，完全資訊賽局是指參與者的策略空間及策略組合下的支付，是賽局中所有參與者的「公共知識」的賽局。對於不完全資訊賽局，參與者所做的是努力使自己的期望支付或期望效用最大化。

　　對於我們大部分人來說，我們都處於不完全資訊賽局中。因為在現實生活的絕大多數情況下，資訊都是不對稱的，往往會出現某一方所知道的資訊而對方不知道的情況，這種情況就導致了賽局雙方一個占優勢，一個占劣勢。

　　猶太巨富羅斯柴爾德的第三子尼桑，因為重視資訊，竟然僅僅在幾小時之內，賺了幾百萬英鎊。

　　西元 1815 年 6 月 20 日，一大早倫敦證券交易所便充滿了緊張氣氛。因為昨天，英國和法國進行了決定兩國命運的戰役──滑鐵盧之戰。毫無疑問，如果英國獲勝，英國政府的公債將會暴漲；反之法軍獲勝，英國的公債必是一落千丈。此時，每一位投資者都明白，只要能比別人早知道哪方獲勝，哪怕半小時或者 10 分鐘，甚至幾分鐘也可以大撈一把了。戰事遠在比利時首都布魯塞爾，當時還沒有無線電，沒有鐵路，主

要靠快馬傳遞資訊。對方的主帥是赫赫有名的拿破崙，前幾次的幾場戰鬥，英國均吃了敗仗，英國獲勝的希望不大。大家都在看著尼桑的一舉一動，他還是習慣地靠著廳裡的一根柱子 —— 大家已經把這根柱子叫做「羅斯柴爾德之柱」了。

這時，尼桑面無表情地開始賣出英國公債了。「尼桑賣了！」這條消息馬上傳遍了交易所，所有的人毫不猶豫地跟進，瞬間英國公債暴跌，尼桑繼續拋出。公債的價格跌得不能再跌了，尼桑突然開始大量買進。「這是怎麼回事，尼桑玩的什麼花樣？」大家紛紛交頭接耳。此時，官方宣布了英軍大勝的捷報，交易所又是一陣大亂，公債價格又暴漲，而此時的尼桑已經悠然自得地靠在柱子上欣賞這亂哄哄的場景了。他狠狠地發了一大筆財！尼桑怎麼敢這麼大膽買賣？萬一英軍戰敗，他不是要大大地損失了嗎？可是，誰也不知道，尼桑擁有自己的情報網！

原來，羅斯柴爾德的共有 5 個兒子，他們遍布西歐的各主要國家，他們非常重視資訊，認為資訊和情報就是家族繁榮的命脈，所以他們別出心裁地建立了橫跨整個歐洲的專用情報網，並不惜花大錢購置當時最快最新的設備，從有關商務資訊到社會熱門話題無一遺漏，而且情報的準確性和傳遞速度都超過英國政府的驛站和情報網。因此，人們稱他是：「無所不知的羅斯柴爾德」。正是因為有了這一高效率的情報通訊網，才使尼桑比英國政府搶先一步獲得滑鐵盧的戰況。

在這個故事中，尼桑正是憑藉著資訊的不對稱，賺了如此之多的財富，這就足以說明資訊中自然藏有財富，關鍵是我們要以快速、準確的方式去獲得資訊，只有這樣才可以讓隱藏在資訊中的財富為我們所得。

為了成為不完全資訊賽局中占據優勢那一方，我們必須注重資訊、研究資訊、快速獲得最新消息，只有這樣，我們才可以先別人一步占據

優勢，先別人一步將資訊中的財富奪過來。

　　某家大型企業集團的採購部經理脾氣暴躁，傲氣凌人，許多想向他推銷產品的業務員都碰了釘子。有一次，他到某個城市出差，準備停留一週。該城市一家辦公設備生產企業的銷售主管知道後，希望能與他草擬一個合作意向。

　　銷售主管先派 A、B 兩位業務員去賓館拜訪這位經理，兩個人貿然前去，都挨了一頓罵，帶著失敗的消息回到公司。銷售主管在希望渺茫的情況下，決定讓剛畢業的 C 去碰碰運氣，只當鍛鍊新人。而這時，距採購經理離開的時間只剩下三天了。C 並沒有急於去飯店，而是透過各種管道詳細了解採購經理的奮鬥歷程，弄清了他的畢業學校、處事風格、興趣愛好以及最後三天的排程。

　　這些準備工作用了 C 一天的時間。到了第二天一早，C 仍然不急於拜訪這位經理，而是回到公司，整理了一個小時的資料，把公司產品和競爭對手的產品進行了詳細的比較，並將能突出自家產品優勢的地方全都列了出來，然後把採購經理最關注的耐用性、售後服務等關鍵點進行了非常具有誘惑力的強化。其實他已經查明，採購經理今天上午有一個簡短的約會，要到十點半才回去，所以，做這些準備工作在時間上是足夠的。

　　C 在十點一刻到了賓館，在通向經理房間必經的電梯旁等候。十點半，採購經理回到了賓館，直接上了電梯，C 也馬上跟了進去。C 從經理最感興趣的話題開始，很快就得到了去經理房間喝咖啡的邀請。後來的事就很簡單了，採購經理一次就訂購了這家公司一個季度的產品，並且簽訂了正式合約。

　　這個故事告訴我們，資訊在處理問題的過程中，有時能發揮關鍵作

用。所以，千萬不要忽視了資訊的作用。如果你能收集到比別人更多的資訊，也就有了更大的勝算。

收集資訊不僅是解決問題的一個步驟，而且有時產生極為關鍵的作用。比如，當各種方法都嘗試過，當問題成了一團亂麻，一切都僵住了。這時，最好的辦法是再問問自己，原來收集的資訊夠全面嗎？有沒有被漏掉的信息？解決之道。很可能就藏在被你忽略的資訊中。

收集資訊的過程，同時也是開拓思路、激發創造力的過程。若想激發創意靈感，其中的一個方法，就是對已經掌握的各種資訊進行排列、重組、比較、聯想、質疑等。千萬不要輕視資訊，以為資訊已經足夠用了，適量的資訊意味著你的思路會被拓展得更寬。

收集資訊不僅僅可以幫助你做出成功的決策，其實在很多時候，財富就隱藏在資訊中，關鍵看你能不能把握它，能不能應用它做出正確的判斷。

宋國有一戶人家，世代以漂染絲綢為業，他家有一種祖傳祕方，能調製防治手腳龜裂的藥膏。有位遊客聽說後，出價百兩銀子收買這種藥方。

漂絲人全家商量，認為一家人辛辛苦苦漂染絲綢一年，只不過能賺幾兩銀子，現在一下子可以得到上百兩銀子，於是一致決定把藥方賣給了那位遊客。

遊客買下藥方，來到吳國。吳國正與越國交戰，時值隆冬臘月，北風刺骨，吳國水軍士兵的手腳都開裂了，無法持戈作戰，吳王為此很著急。這時，遊客獻上藥方，吳王封他為將，調製藥膏治癒了士兵的手腳上的龜裂，一蹴而就，打敗了越軍。

吳王很高興，賜封給遊客大片土地作為獎賞，並封他為侯。

　　同樣是治龜裂的藥膏，漂絲者只為一家人在冬天漂絲用，遊客用於兩國交戰，結果得到了大片的封地。遊客聰明就聰明在他利用資訊的智慧，一方面，他掌握了「吳王為士兵在冬天出現手腳龜裂而擔心」的資訊，另一方面，他掌握了「宋國人能夠調製預防手腳龜裂藥膏」的資訊。這個資訊的利用，使他大賺了一筆。

　　羊皮卷上有一句很著名的話，可以用來說明財富就隱藏在資訊中：「即使是風，也要嗅一嗅它的味道，你就可以知道它的來歷。」

　　在這個資訊瞬息萬變的時代，關注資訊就是關注財富，任何的風吹草動都有可能包含著讓我們成功的資訊。而正因為存在不完全資訊賽局，正因為資訊的不對稱性。假如你擁有了比別人更多的資訊，你更具備分析、提取資訊的能力，你就比別人擁有了多得多的優勢和勝算。

資訊決定賽局的勝敗

《郁離子》是一部寓言兼議論的筆記體散文集，是明代名臣劉伯溫傳世著作中最重要、最有代表性的一部書。書裡有這樣一個故事：

楚國有一個以養猴為生的人，當地人稱他為狙公。這位狙公每天的工作是白天在庭院裡將猴子集合在一起，分成若干個小組，讓猴子中最有威信的猴頭率領猴群到山裡去，採摘草木的果實。分配完任務，狙公要麼繼續睡大覺，要麼就到外面去閒晃，順便把採摘來的果子拿去換點錢。黃昏的時候，猴群在猴頭的帶領下把一天採摘的果實上繳給狙公，狙公再根據猴子採摘果實的多少進行分配，一般是拿出十分之一來犒賞猴子。如果有的猴子偷懶，交的果實數目少，則要受到鞭杖的懲罰。這些猴子雖然十分懼怕鞭杖的懲罰，但是沒有任何辦法。有一天在採摘果實的時候，一隻小猴子突然對眾猴子問道：「山上的果實是狙公家栽種的嗎？」猴子們都回答說：「不是，天生的。」小猴子接著問：「既然這樣，我們為什麼要為狙公摘果子呢？」眾猴子方覺悟過來。當天夜裡，猴子們等狙公就寢後，拿了狙公平日積蓄的果實，逃進山林之中，一去不回了。一夜間變得一無所有的狙公，最後因無力謀生，飢餓而死。

在這個故事中，劉伯溫把這位狙公比作玩弄權術的統治者，他評論說：「人世間有以權術驅使民眾而無道理和法度的人，就如同狙公一樣吧？民眾一旦覺醒，權術就到頭了。」但是，把狙公之死僅僅歸結於權

術的失敗是不夠的。實際上，是資訊決定了這場賽局的勝敗。眾猴子起先並沒有意識到自己受狙公的利用和剝削，所以甘願把採摘來的果子上繳給狙公，即使受到懲罰也仍然一如既往；但是，小猴子的一句話，傳達給所有的猴子一個這樣的資訊 —— 狙公剝削了眾猴子，眾猴子應該起來反抗。最後猴子們成功脫逃，狙公飢餓而死。

諾貝爾經濟學獎得主湯瑪斯‧謝林在他的《衝突的策略》一書中，提到過一個盜賊的故事。

一天，一個持槍的盜賊悄悄摸進了一所房子。房子的主人睡夢中隱約聽到樓下有響動，趕緊拿出槍，慢慢地一步步向樓下走去。於是，危機和衝突發生了。

這樣的危機和衝突顯然會導致多種結果。比較理想的結果是雙方都沒有開火，強盜一無所獲，平靜地離開房子（當然，如果能勇擒盜賊，將盜賊繩之以法將更妙）。此外，一種可能的結果是，主人擔心盜賊盜竊財物而首先射擊，致使盜賊身亡；另一種可能的結果是，盜賊擔心主人會開槍射擊，而率先發難，導致主人身亡。而第二種結果，對房子的主人而言顯然是最糟糕的，因為他不僅失去了財物，而且還賠上了性命。

如何成功解決這一觸即發的衝突和危機呢？按照湯瑪斯‧謝林的觀點，資訊的掌握和傳遞在此刻顯得至關重要。例如，如果持槍的主人在黑暗中經過仔細觀察，發現盜賊的手中並沒有槍，或者持槍的盜賊發現主人是毫無準備地衝下樓的，則事態的進展會有利於掌握更多資訊的一方。但如果雙方都了解對方持槍這一既定事實，則主人向盜賊傳遞「只是想把盜賊趕走」這資訊就變得十分重要。

與湯瑪斯‧謝林一起分享諾貝爾經濟學獎的勞勃‧奧曼在研究中發現，事實上，賽局的參與人對資訊的掌握通常是不對稱的，如果賽局只

發生一次，則無疑掌握資訊多的一方處於優勢地位；但如果賽局是重複進行的，那麼經過第一次賽局後，資訊不對稱的程度就會減輕。重複賽局會改進資源分配情況，進而改變賽局的結局，這一點是被無數歷史事實所證明的。還以盜賊案為例，假使主人看到盜賊手中有槍，率先發難，舉槍射擊盜賊，但沒有射中，盜賊理所當然要進行反擊。因為這時，盜賊已經獲得一個資訊 —— 主人手裡也有槍。盜賊下一步的舉動肯定就不會像一開始那麼冒失，雙方的資訊不對稱現象就得到一定程度上的緩解，就可能出現不同的賽局結果。這也是我們常說的一次賽局中的重複賽局。

資訊是賽局獲勝的密碼

　　根據參與者對賽局局面的了解程度可以把賽局分為資訊完美賽局和資訊不完美賽局。如果在賽局進行過程中，每個參與方都可以得知其他各方都進行了哪些操作，目前處於什麼狀態，則稱為資訊完美賽局。如下棋，雙方對盤面上的局勢一目了然，賽局過程的資訊是完全透明的，這是典型的資訊完美賽局。但也有一些賽局在進行過程中各方並不完全了解其他各方的選擇，其他各方的狀態對他是不透明的，如各種牌類，從橋牌到麻將，各方都不知道別人手裡是什麼牌，這就是資訊不完美賽局。社會生活中存在大量資訊不完美賽局的例子，最典型的如軍事對抗，敵對雙方都盡量隱蔽自己的意圖，祕密地調動部隊，以期給對手突如其來的一擊。指揮員必須在對手情況不明瞭的情況下制定作戰計畫，這一決策過程是一種典型的資訊不完美賽局。

　　最能展現資訊不完美賽局特點的是賽局中的試探和發信號現象。這在資訊完美賽局中是不存在的。在資訊不完美的情況下，賽局方常常處於一種無從決策的狀態，因為對方可能處於任何狀態，使得自己無法計算出哪一招是最好的。所以，發信號和試探就成為賽局獲勝的關鍵。

　　比如，在軍事上，有時在正式進攻之前，常常要做試探性的進攻，藉以偵察敵方陣地的對手情況，為正式進攻做準備。在牌類遊戲中，有時也有為了試探別家牌力而打牌的情況。

　　更高級的是賽局中的發信號現象。在多方賽局中，為了溝通資訊，賽局方之間可能形成一些信號，這類操作從直接的得益計算角度是不能理解的，只有了解了信號的規則才能看懂。比如，在橋牌中的叫牌，本來這是決定打牌的目標位和由誰來打的一步，但實際上叫牌更重要的作用在於溝通資訊，橋牌中的叫牌體系就是利用叫牌交流資訊的方法。

　　在分析賽局狀態時，由於沒有直接清晰的資訊源，所以，常常要根據很多蛛絲馬跡的線索一點一點地縮小可能的範圍，而且常常是無法完全明確的。

　　比如，在打牌的過程中，可以根據對手的出牌分析他們各自手中可能有的牌，比如有人打出一張7，則可以判斷他有另一張7的可能不大，因為人一般不會拆開雙張。這種分析只能得到一些線索，知道對手可能有什麼牌的可能性大，而一般不能明確的得知對手整把牌的情況。能夠根據資訊明確的判斷當前對手所處的狀態當然最好，但更一般的情況是，偵察到的資訊不夠明確，只能幫我們確定，幾種可能情況出現的機率不同，某些情況的可能性大而另一些情況的可能性小。這種情況又該如何處理呢？

　　當不能確定對方到底處於什麼狀態時，則在確定自己的每一種策略的得分時，只有做最壞的考慮，設想對手可能處於對自己最不利的位置。如果知道對手處於某一種狀態的可能性大，處於另一種狀態的可能性小，則可以根據機率計算出每一招的綜合成績，據此決定選擇哪一招。

　　所以，資訊不完美賽局的第一個問題是怎樣對賽局的態勢進行正確的判斷，這包括兩個方面。第一，怎樣獲取更多的資訊；第二，怎樣利用這些資訊判斷賽局態勢。

　　這裡再以打牌為例，如果記得過去都出過什麼牌，就可以知道現在每門花色每個牌點還各有哪幾張牌，由此可以知道自己手中的牌力，決定該如何做；再如知道某人上一輪已經沒有某一門牌了，則也可幫助決定現在該打哪張牌。這種計算是在利用遊戲規則所提供的計算依據，結論是必然性的。根據某人的操作可以從另一個角度推斷他的狀態。比如在打麻將時，某人打出一張六萬，則可以據此推斷，他手中沒有另一張六萬，也不會有四萬和五萬，或五萬和七萬，或七萬和八萬，因為那樣他就得破牌了。麻將高手都是很善於從牌面上推斷這類資訊的，麻將牌藝的高低也主要展現在這種分析水準上。

　　諸葛亮是三國謀士群星中最亮的一顆。以赤壁之戰為例，前期諸葛亮事事成竹在胸，處處高周瑜一著；後期，諸葛亮智算曹操敗走華容道更是令人拍案叫絕。《三國演義》對此事作了生動地描述。故事梗概是：當赤壁之戰萬事俱備、東南風起，周瑜欲殺諸葛亮時，諸葛亮早已和趙子龍乘一隻小船連夜趕回了夏口，並立即調兵遣將：先命趙子龍帶三千人馬，渡江徑取烏林小路，於樹木蘆葦密處埋伏。他預言曹操兵敗赤壁後，必從此路奔走，等曹操軍馬過半，即用火攻，不殺他盡絕，也殺他一半。又命張飛領三千兵馬，截斷夷陵這條路，在葫蘆穀口埋伏。他預言，曹操被子龍伏擊後必走此處，來日雨過，必然埋鍋造飯，看到煙起，仍用火攻。其餘各路均有分派，獨不派關雲長。雲長耐不住，高聲問其用意，諸葛亮方說：「昔日曹操待足下甚厚，足下當有以報之。今日操兵敗，必走華容道；若令足下去，必然放他過去，因此不敢讓你去。」雲長當即立下軍令狀，諸葛亮方才依允。囑雲長於華容小路高山之處，放一把火煙，引曹操來。雲長說：「曹操望見煙，知有埋伏，如何肯來？」諸葛亮說：「豈不聞兵法‘虛虛實實’，操善於用兵，只此可以瞞過他。

他見煙起，以為虛張聲勢，必然投這條路來。」

　　戰事接下來的發展果如諸葛亮所料。由於吳軍的追襲，曹操果奔烏林小路而來。他見此處樹木叢雜，山川險峻，於是在馬上仰面大笑不止。諸將問：「丞相何故大笑？」操曰：「吾不笑別人，單笑周瑜無謀，諸葛亮少智，若是我用兵之時，預先在這裡埋伏一軍，如之奈何？」話猶未了，只見火光衝天而起，早已等候多時的趙子龍呼喊殺出、驚得曹操幾乎墜馬。第二處埋伏也正如諸葛亮所料，曹操果然敗走葫蘆谷口。這時曹操又仰面大笑，眾官問：「丞相為何又笑？」操曰：「吾笑諸葛亮、周瑜畢竟智謀不足，若是我用兵時，就在此處，也埋伏一隊軍馬，以逸待勞，我等縱然脫得性命，也不免重傷矣。」說完後命手下埋鍋造飯，炊煙剛剛升起，四下鑼鼓震天，山口一軍擺開，為首張飛橫矛立馬，大喝一聲：「操賊哪裡走！」眾將一齊死戰，才保住曹操逃脫。第三處華容道更未出諸葛亮神算。曹操敗走間，軍士來報，前面有兩條路，大路稍平，無動靜；小路投華容道，坎坷難行，山邊有數處煙起。曹操當即叫走華容道小路。諸將曰：「烽煙起處，必有軍馬，何故反走這條路？」操曰：「豈不聞兵書有云：『虛則實之，實則虛之』。諸葛亮多謀，故使人放煙，使我軍不敢從這條山路走，他卻伏兵在大路候著，吾料已定，偏不中他計！」行不數里，操又在馬上揚鞭大笑。眾將問：「丞相何又大笑？」操曰：「人皆言周瑜、諸葛亮足智多謀，以吾觀之，到底是無能之輩。若在此處埋伏一旅之師，吾等必束手就擒矣。」言未畢，一聲炮響，關雲長領兵殺出，令操軍亡魂喪膽。關雲長本可在華容道生擒曹操，無奈曹操苦求，雲長想起當日曹操許多恩義，心中不忍，便全部放走了他們。

　　諸葛亮如此神機妙算，並不表示他就是先知先覺的神人。兵法言

「知己知彼，百戰不殆」，他的準確判斷來源於對敵我雙方情況的掌握。事前，諸葛亮至少有三知：一知戰勢，即對戰爭發展形勢的了解。諸葛亮為什麼斷定曹操必走烏林小路？是因為他知道，戰事一開，東吳將士一定全力衝殺，從而「南郡勢迫」，曹操只得走此處；二知地理，即對地形的了解。作為軍事統帥，諸葛亮未出隆中時，就已畫好西川五十四州地圖，對山川、地貌，何處有險隘，何處可伏兵，都了解得一清二楚。他知道，烏林小路兩側樹木叢雜，山川險峻，蘆葦遍布，宜於伏兵，所以命趙子龍去那裡埋伏；三知人傑，即對對方軍事指揮者才能的了解。諸葛亮的對手不是一般人，而是熟知兵法的曹操，所以故意在華容道高山處燃起煙火，以誘曹操。曹操則認為這是諸葛亮故意引他走大路的虛實之策，偏向有煙處逃走，結果恰恰中了諸葛亮的計。

諸葛亮、曹操都懂兵法，但是，諸葛亮在靈活運用兵法方面高曹操一籌，所以取得了這場賽局的最終勝利。試想，如果諸葛亮對敵我雙方的了解沒有這麼深，也許會是另一種結局。

第六章

困境賽局 —— 兩敗俱傷不如合作雙贏

九龍倉無煙之戰

　　1973 年美國《財富》雜誌稱包玉剛為：海上的統治者。1976 年美國《新聞週刊》稱包玉剛為：海上之王。包玉剛一生富有傳奇色彩，他的商戰實例更是精采絕倫。他和香港首富李嘉誠一起，和英國資本集團展開的九龍倉之戰更是為人們所津津樂道。

　　眾所周知，九龍倉是香港最大的碼頭，它承擔了香港大部分的貨物裝卸和儲運任務。世界船王包玉剛當然想把這麼重要的碼頭收歸旗下。當時，垂涎九龍倉的還有位居十大財團之首的李嘉誠。由於李嘉誠同時又在和別人爭奪「和記黃埔」，所以一時無法兩面出擊。當包玉剛了解到李嘉誠採取了強攻「和記黃埔」、緩攻九龍倉的策略後，經過認真分析決定聯合李嘉誠對付怡和洋行。包玉剛，主動拋出「和記黃埔」的股票9,000 萬股給李嘉誠，增加李嘉誠競爭「和記黃埔」的實力。李嘉誠是一個受恩必報的人，他也把自己的 2,000 萬股九龍倉股票讓給了包玉剛。這就等於包、李兩巨頭結成了聯盟，共同對付怡和洋行。

　　氣勢洶洶的怡和洋行自是不甘心，以高價收購九龍倉股票，而包玉剛沉著應戰，在三天內奇蹟般調集 21 億港元，只花了兩個小時，便使「九龍倉」股份增加到 49%，徹底控制了這個企業。

　　九龍倉之戰是世界船王的又一個傳奇，大漲了華人的志氣，也大大打擊了英資企業的囂張氣焰。

在九龍倉一戰中，包玉剛，怡和洋行，以及李嘉誠三方實力均衡，單獨兩方的一對一硬拼，任何一方都不會占有優勢。但是如果三方的任何兩方結成聯盟，就會有較大的把握擊垮協力廠商。這個道理就如同三角形中任意兩邊之和大於第三邊一樣。那麼，應該與哪一方聯合呢？

在得知李嘉誠採取強攻「和記黃埔」、緩攻九龍倉的策略後，包玉果斷地決定聯合李嘉誠。包玉剛為表示誠意，首先向李嘉誠投出橄欖枝，將自己的「和記黃埔」的股票轉給了李嘉誠，同樣得到了李嘉誠的 2,000 萬股九龍倉股票，然後又用奇蹟般的手法徹底控制了九龍倉。

包玉剛審時度勢，制定出結交李嘉誠、進攻怡和洋行的方針，聯合一方攻打一方，結果奪得了九龍倉碼頭。

唯有合作才能雙贏

「囚徒困境」是一個具有普遍意義而有趣的賽局論，可以說是理性的人類社會活動最形象的比喻。它準確地抓住了人性的不信任和需要相互防範這種真實的一面。從個體的角度來說，背叛是最好的選擇，但雙方背叛會導致不甚理想的結果。

某款免費網遊發生了玩家因發現自己的帳號被人盜用而引發的糾紛案件。玩家在網咖中因為帳號被盜而懊惱不已，正準備離開時，無意中發現自己丟失的帳號正在和鄰座的一個玩家交易，而且價格極低，由於無法查清是誰偷盜了自己的帳號，兩人便發生了糾紛衝突，事後，該玩家便以購買贓物為由，委託律師給此人發了一張律師函，意欲取回自己的裝備。

網路遊戲不同於現實生活，更缺乏約束機制，網遊買賣贓物就如同現實生活中的腳踏車贓車一樣，我們周圍相當多的腳踏車都屬於沒有牌照、購買來歷不明的贓車，這種知贓買贓的做法，助長了網遊盜號的蔓延。

其實，買贓物的玩家所面臨的就是一個「囚徒困境」。面對是否買贓物，玩家十分類似面對是否坦白的囚徒。「買一次來歷不明的遊戲裝備」儘管比「正規途徑煉造的裝備」成本低，但如果大家都買贓物，卻提供了龐大的贓物需求，刺激了盜號現象的增多，遊戲裝備又很快丟失。結

果，「反覆買裝備」的成本很快超過了「正規途徑煉造的裝備」的成本。但是你又無法拒絕買贓物，因為在別人都買贓物的情況下，你拒絕買贓物將會使你的損失最大化：你不得不付出「反覆買贓物」的成本。

由此可以看出，如果缺乏約束機制，每個人都將試圖透過違規來獲利，並且希望最好是別人都不買贓物而只有自己買，這樣自己就可透過最低的成本在遊戲中傲視群雄。但大家賽局的結果是人人都買贓物，人人都付出了較高的成本。而如果大家合作，都拒絕買贓物，則都可以用較低的成本縱橫網遊之間。

這不由使我們想起「囚徒困境」中有一對發人深省的對照面，合作與背叛。俗話說：「旁觀者清。」當你站在旁觀者的角度，你可以清楚地看到合作所帶來的收益，可是如果你身處「囚徒困境」之中，你又是如何選擇的呢？

曾有一位教授帶領他們班上的 27 個同學進行了一場別開生面的賽局遊戲，這個賽局遊戲就給這些同學們帶入到了「囚徒困境」之中。

教授假設每一個同學都有一家屬於自己的企業，現在每個同學在面對企業的發展過程之中都必須面臨選擇：（1）生產高品質的商品來幫助維持現在較高的價格；（2）生產假貨透過別人的所失換取自己的所得。選擇可以根據自己的意願執行，但是選擇（1）的同學必須將自己的收入分給每個同學。

事實上，這是一個早已經設計好的賽局之局。每一個選擇（2）的同學都會比選擇（1）的學生多得到額外的一部分收入，很顯然，對於個體而言，選擇（2）就是一個最佳選擇。但是對於整體而言選擇（2）會使得整體的收益降低。

遊戲的結果十分糟糕，大部分人都選擇了（2）。在這個賽局的過程

之中，起初是不允許進行集體討論的，可是之後條件放寬，可以集思廣益。每個人都希望能有更多的人去選擇（1），而自己選擇（2），這樣就會使自己的收益達到最大。討論之後，願意合作而選擇（1）的學生數目有所增加，可是整體收益仍然是慘不忍睹。最後一次，全班同學經過協議後繼續賽局，結果選擇（1）的學生人數僅為 4 人。一位負責與大家協商的同學抱怨：「我這輩子再也不相信任何人了！」可是事實上，他雖然帶領了協商的這個過程，號召大家都選（1），可是最後他的選擇卻是（2）。

如果我們把「囚徒困境」的模型引入到生活之中，最能夠說明問題的就是合作與背叛。囚徒困境準確地抓住了人性中的猜疑以及互相防範的真實一面，上述的例子可以說明對你而言最好的結果就是別人所採取的策略是合作，而你的最佳選擇是背叛，但這種選擇出現的可能性幾乎不存在。

如果有兩個賽局，它們都屬於囚徒困境的賽局。在這兩個賽局中，假設雙方都選擇背叛可以各得 5 分，都選擇合作可以各得 10 分。那麼，雙方所最希望看到的結局就是彼此都選擇合作，而非背叛。當一方背叛了對手的時候，背叛與合作的差異就會顯現出來，假設你選擇背叛而對方選擇合作之時，背叛的結果會對你更加的有利，因此這也就是為什麼上述例子中，那位同學想要說服別人選擇合作，卻自己選擇背叛的原因。如果你確信有人不久之後將會背叛你，那麼你所應該做的就不會改變他的態度，因為他隨時可以基於自己的利益而對你做出背叛的行為，與其這樣，不如你先背叛他們。這也就是為什麼上述例子中，那位同學最終遭到別人背叛的原因。

在現實生活中，我們可以遇到很多囚徒困境的例子，比如說，報紙

上經常會報導的某會計師因為做假帳被捕入獄。

　　會計師的職責就是擔任公司和股東之間的仲裁者，理論上講，這些會計師應該保證公司誠實公開其商業活動，這樣，股東才能在投資方面作出明智的決定。可是，會計師都是受僱於一個公司。所以他們一定會左右為難。會計師在道德上有義務確保公布的報表內容準確無誤，但又希望對他們所審計的公司伸出援手，以取得它們的信任。

　　一旦有少數會計師不誠實，囚徒困境就可能使誠實的會計人員丟掉工作。假設在某個世界裡，所有的會計師都很誠實，你是其中一員並且正在爭取一筆審計的業務。如果你答應稍微幫助一下某家潛在客戶，這樣做是不是不好呢？畢竟會計準則本來就有一些不明確，因此，如果你能獲得這一業務，你何不保證利用這些不明確為客戶謀利？

　　當然，如果有少數會計師開始過度偏袒客戶，別的會計師就必須跟著調整自己的道德規範，否則只能坐以待斃。此時如果要取得競爭優勢，你可能必須比善用會計準則的不明確性做得更多一點。

　　做假帳事實上會成為會計師的優勢策略。如果其他每個人都這麼做，只有你潔身自好，那麼你就沒什麼業務可做。可是，如果只有你這麼做，而其他的會計師信奉自己的職業道德，對你而言所獲取的利益也就大大高於常人。當然，如果每個人都不誠實，那就沒有人會具備競爭優勢。

如何才可以 1 ＋ 1 ＞ 2

　　一位哲學大師說：學習是畢生的事情，合作是永恆的主題。而困境賽局啟示我們，無論在政治、軍事還是經濟生活中，雙贏的可能性都是存在的，而且人們可以透過採取各種舉措達成這一局面。俗話說：尺有所短，寸有所長。世上的人，只有專才，沒有全才。只有充分利用別人的長處，彌補自己的短處，才能雙贏，才能成功。因此，合作雙贏是當今社會發展的主題。但是，有一點需要注意，為了讓大家都贏，各方首先要做好有所失的準備。

　　微軟和蘋果公司是電腦市場上的兩大巨頭。這兩個公司一直明爭暗鬥，因為兩者實力旗鼓相當，所以各有輸贏。但是，這種情況持續到 1990 年代，事情開始有了變化。

　　1990 年代初，蘋果由於經營不善等原因，銷售日益下降。而微軟公司發展的順風順水，實力已經大大超過先前的老對手。業界同行們都已看出蘋果已成為微軟的盤中飧，微軟隨時都有可能將蘋果踢出局。

　　然而，微軟並沒有像人們猜測的那樣，而是決定慷慨解囊向陷入危機的蘋果公司注資 1.5 億美元，幫助蘋果公司度過危機。電腦界炸開了鍋。微軟公司對蘋果的幫助無疑是雪中送炭。但是，在爾虞我詐的商場上，微軟真的是蘋果的救世主嗎？

　　蘋果雖然知道「天下沒有免費的午餐」，何況自己處於危急時刻。雖

然微軟態度不甚明朗，但是，接受資金顯然是此時較好的選擇。

微軟當然不甘願只當救苦救難的觀世音，它有著自己的打算。它認為，即使現在的蘋果實力大不如從前，但是「瘦死的駱駝比馬大」，仍是不容忽視。假如微軟全力出擊，逼得蘋果與其他公司聯手，簡直就是惹火上身。在此時與蘋果合作，避免蘋果與他人的合夥，另外依據雙方實力，微軟定能在合作中占據主導方，根本不必擔心受到蘋果公司的牽制。也許，蘋果公司還會對自己感恩戴德。同時，微軟的及時相救，也會成為電腦界的一段佳話。

有人說「報仇是上帝的事」，這句話也不無道理。

在瞬息萬變的商場上，從來就是沒有永遠的贏家，當然也就沒有什麼救世主。在機會來臨時，聰明的強者更要萬分謹慎，小心經營，為了長期的賽局，雙贏策略是值得考慮的。

最常見的情況，往往是若干個公司在市場上共存，每個企業都占有符合自己公司能力的市場占有率。這時候。如果大家能夠攜起手來，共同拓展市場，往往能使大家部從中得益。在一艘將沉的船上。我們所要做的並不是將人一個接著一個地拋下船去，減輕船的重量，而是大家齊心協力地將漏洞堵上。因為誰都知道，前一種的結果是最終大家都將葬身海底。在全球化競爭的時代，共生雙贏是企業的重要生存策略。為了生存，賽局各方必須學會與對手雙贏，把社會競爭變成一場雙方都得益的「正和賽局」。

只要充分思考，善於合作，對自己所處環境有正確的認識和準確定位；只要巧於整合各種資源，持之以恆地去做，踏踏實實地去做，成功離你不遠。與對手雙贏，就是以較小的代價獲取更大的利益，這種策略類似於棋局中的「棄卒保車」，它應該成為社會競爭中的重要策略。

　　合作的事例不勝枚舉。大到國家、地區間的合作，小到企業、個人間的合作，無不驗證著「合作雙贏」哲理的正確。生產商離不開原料供應商和批發商，批發商又離不開生產商和零售商，一節連著一節，一環扣著一環，誰也離不開誰。中國利用德國的先進技術和管理經驗，德國利用中國的廉價勞動力和廣大的市場，成就了世界汽車史上成功合作的典範。一方面，中國的汽車業有了突飛猛進的發展，有了根本上的變化；另一方面，德國人開發了一個很好的市場，銀子當然也賺得盆滿缽溢。他們將餅做得越大，雙方的效益也就越高。

　　當然，在為人類合作時代歡呼的同時，我們應該注意到「零和遊戲」在人類生活的許多領域依然適用，很多時候難以找到滿意的合作方法。我們距離真正的「合作時代」，還有很長一段路。

　　在困境賽局中，人們需要事先進行交流、協商或許諾，使大家願意選擇合作，增加合作的可能性。在這裡，交流和協商發揮關鍵的作用。目前全球方興未艾的的企業強強聯合。就很接近獵鹿賽局，因為強強聯合的結果是使企業資金更雄厚、生產技術更先進，在市場競爭中占據有利地位。

借我一腿與借我一嘴

　　一個地質勘探隊員，有一次在深夜被一群狼追趕到一個柴草堆上，有的狼因為爬不上來，就走開了。但是，過了一會兒又回來了幾隻狼，同時還來了一隻很大的怪東西。仔細一看，是兩隻狼架在一起：一隻狼身上架著另一隻很大的「狼」。然後幾隻狼把「大狼」架上去。「大狼」和其他三四隻狼商量了一會之後，隨即排成隊，一隻狼把柴堆的柴草銜一口，放在另一處，後一隻狼照樣也把柴堆的柴草銜一口，放在另一處。每只狼都挨次一口一口地銜。不一會兒，那柴堆就缺了一塊，並面臨傾斜的危險。原來狼爬不上柴堆，可是狼能把柴堆弄倒，這也正是這隻「大狼」的主意。這名勘探隊員惶急中摸到了衣袋裡的打火機，隨即脫下身上的棉襖，用打火機點上火，在風裡揮舞，那件棉襖就燃燒起來。他把燒著的棉襖扔在柴堆上，柴堆也燃燒起來。火光和煙氣驚醒了村民，他們都趕來救火，這群狼嚇得全逃跑了，只有石堆上的那頭「大狼」沒跑掉，被村民捉住。原來它是前腳特短的狽。

　　地質勘探隊員在與狼狽的賽局中，首先他在狼的追擊下，爬上了柴草堆，這是他的無奈之舉，卻為自己保全生命贏得了機會和時間。而狼明白自己不能爬到柴草堆上去，就請來了狽。從這個層面上看，在勘探隊員孤立無援的情況下，狼狽占得了先機。的確，狼請來狽出謀劃策，在與勘探隊員的賽局中，是明智之舉。最終狼的失敗，則與勘探隊員的

策略有關了。

狼有所短，後腿短；狽有所長，後腿長。狽不借狼的前腿，不能行走，因此，追不上逃跑的動物；狼不借狽的後腿，不能站立，因此搆不到躲在高處的獵物。狼和狽正是互相借用對方的長處來為自己服務的。事實上，所有動物都是食物鏈條中的一環，都是捕食者或者被捕食者。生存競爭決定牠們不是在捕食，就是在逃避捕食。狼狽合則捕食，分則逃跑，但能逃掉的總是狼，而不是狽。

古爾德和菲斯克是 19 世紀紐約金融市場的資本運作高手。古爾德沉默孤僻，善於運籌；菲斯克和藹可親，短於謀劃。所以他們兩個走到了一起，取長補短，互相借腿，擊敗了不可戰勝的鐵路大王范德比爾特。

古爾德和菲斯克於 1869 年買空市場上的黃金，以此來壟斷黃金市場，獲取暴利。但他們又擔心一旦美國財政部釋出黃金儲備來平抑黃金價格，他們的計畫就會落空。於是他們收買了總統的弟弟，還把同夥安插在美國財政部。

當黃金價格飛漲到 160 美元、美國的金融貨幣體系面臨崩潰時，總統決定釋放政府黃金，制止黃金價格過度膨脹。古爾德得到消息後，偷偷賣掉了自己的黃金，而這個時候的菲斯克還在高價買進黃金。結果菲斯克損失慘重，而古爾德則贏得了暴利。這就是美國金融史上著名的狼狽合作型案例。

狼與狽雖然是借腿大師，但並非是合作雙贏的完美典型。合作的完美典範，要算鯊魚與裂唇魚之間的合作。裂唇魚游弋於鯊魚口腔，以鯊魚牙縫裡的食物殘渣和穢物為食，在維護鯊魚的口腔衛生的同時還可以為牠治療口腔疾病。鯊魚也因此不會吞吃裂唇魚，這就是借嘴。

美國金融帝國的締造者摩根就是這樣的一條鯊魚。南北戰爭後，英

國投資者看好美國的實業投資，特別是鐵路業。但是，當時美國鐵路公司股份買賣大多以圈錢為目的，投資者往往吃虧上當，花錢買垃圾。

摩根對范德比爾特紐約中央鐵路公司股票的承銷挽救了美國金融證券業的形象。他首先保證股票在 5 年內有 8% 的紅利，其次，他擴大改造交易後的紐約中央鐵路網，並向股民公布具體方案。這樣，紐約中央鐵路股票以 119 點賣出，不久就漲到 132 點，並在 135 點上穩定下來。摩根公司在這筆交易裡賺了 300 萬美元，不少英國股民也分享到了利益。

由此可見，在事業的賽局場上，借腿不如借嘴。

雙贏要以合作為前提

　　許多時候，對手不僅僅只是對手，正如矛盾雙方可以轉化一樣，對手也可以變為助手和盟友。有對手才會有競爭，有競爭才會有發展，才能夠實現利益的最大化。如果對方的行動有可能使自己受到損失，應在保證基本得益的前提下盡量降低風險，與對方合作。

　　我們來看一個官差和犯人合作的故事。古時候，一個官差押著一個犯人，犯人腳上帶著重重的腳鐐，每走一步都要費很大的勁。官差則拎著重重的行李箱，左手累了換右手，右手累了換左手，每走一步都氣喘吁吁，還得時時盯著犯人，以防他逃跑。後來，官差在路邊買了根扁擔，將行李箱放在扁擔中間，讓犯人與自己共同抬著行李箱。這樣一來，官差輕鬆了很多，可是犯人卻苦不堪言，終於累得走不動了。犯人一屁股坐在地上，任憑官差怎麼打罵，都不肯起來。最後，官差想了個好辦法，他打開犯人的腳鐐，一邊鎖犯人的腳，一邊鎖自己的腳。這樣，犯人頓時覺得輕鬆了很多，兩個人共同抬著行李箱，很快到達了目的地。

　　可見當困境出現時，可以選擇與競爭對手組建統一陣線，來應付困境。作為圖謀大計的人，往往不限於只與一個人或一種勢力合作，而是在不同的境遇下選擇不同的合作者和不同的合作方式。即使是官差和犯人，也會選擇合作，因為合作是他們利益最大化的武器。

　　之前一些俄羅斯歷史學家在研究了相關歷史資料後得出結論：第二

次世界大戰期間，蘇德戰爭爆發時，美國曾抱著隔岸觀火的心態審視這兩個巨人之間的廝殺。

　　戰爭初期，德軍快速推進到蘇聯的縱深地帶，蘇聯在極短的時間內經受了戰爭史上罕見的巨大損失。當蘇聯在基輔等地慘敗的消息傳來時。美國的第一反應是：蘇軍是否是一支有希望的部隊？蘇軍是否還有能力抵擋德軍的進攻？美國提供給蘇聯的援助是否有意義？但是，當蘇聯在莫斯科保衛戰中取得勝利後，曾經感到愛莫能助的美國政府，其態度來了個180度大轉彎。1941年秋，美國與蘇聯達成協議，開始向蘇聯大量提供武器、作戰物資和食品等。之所以會發生這種轉變，是因為美國意識到，蘇聯每消滅一個德國人，美國人自己將來面對的敵人就少一個。出於這種自私的利益考慮，美國和蘇聯結成了共同對抗納粹的聯盟。

　　毫無疑問，世界反法西斯同盟的建立，加速了第二次世界大戰的結束。這場戰爭中，如果沒有美英的大西洋之戰打通海上航線，為蘇聯源源不斷地運送去軍事物資，蘇聯堅持抵抗就會困難得多；沒有北非戰役和諾曼地登陸，形成對軸心國的兩面夾擊，戰爭就不會這樣快取得勝利。顯然，在第二次世界大戰的勝利中，世界反法西斯同盟的作用是不可低估的。

　　進入21世紀，隨著經濟的高度成長、科技的進步、全球一體化以及日益嚴重的環境汙染之後，觀念正由「零和賽局」逐漸向「雙贏」轉變，人們已經認識到「利己」不一定要建立在「損人」的基礎上，透過有效合作，皆大歡喜的結局是可能出現的。「你扒我的口袋，我扒你的口袋」遠不如「你搔我的背，我搔你的背」更可取。然而，在為人類「合作時代」歡呼的同時，我們應注意到，「零和賽局」在人類生活的許多領域依然適用，而且，當它可能對我們自身有利時，我們也樂於接受它。

從合作才可以走向雙贏

　　兩個孩子拿到一個柳丁，但是在分配問題上兩人意見相去甚遠。終於在經過激烈的唇槍舌劍，兩人達成一致意見：將柳丁從中間剖開，一人一半。第一個孩子回到家，把半個柳丁的皮剝掉扔到垃圾桶裡，把果肉放到果汁機裡榨果汁喝。另一個孩子回到家卻把半個柳丁的果肉挖掉扔進垃圾桶裡，把柳丁皮攪碎混合在麵粉裡做了一份香甜的蛋糕。

　　從上面的情形我們可以看出，雖然兩個孩子各拿到一半的柳丁，看似很公平，但是他們各自得到的東西卻沒有物盡其用，實現帕累托效率。試想，如果他們事先溝通好，闡明自己的利益所在，而不去盲目地追求形式上的公平，那麼他們雙方原本可以實現各自利益的最大化的。然而，最終的結果是在他們看似公平的分配方案下，失去了合作雙贏的機會，而且還各自浪費掉了一半。

　　無論是在生物界還是在社會中，單獨個體的能力往往都是非常有限的，只有堅持團結合作，取長補短，才能獲得成功。

　　而且，在生活的賽局中，參與者的策略往往有四種組合：第一，都採取合作的方式，絕不背叛，這對集體來說是最佳的策略；第二，本人採取不合作的方式但個人收益是最大的，這對個人來說是最優的策略；第三，所有的參與者都選擇背叛，這對集體來說是最壞的結果，同時對個人而言也有可能是最壞的結果；第四，也是最後一種選擇，就是當別

人採取不合作態度時自己卻堅守合作的方式,這種情況對個人和集體來說都不是最佳策略,而且從個人追求自身效益最大化的動機來看,作出這種選擇幾乎不可能。

在以巴衝突中阿拉伯國家態度的變化,為我們提供了一個理解上述情形的解釋。

首先,埃及人採取了第二種策略組合:在他們看來,當時的情況下,選擇與以色列人合作對其自身利益而言無疑是最佳的策略,他們能夠獲得相關國家所不能獲得的額外收益。於是,當時的埃及領導人沙達特採取了一種把本國國家利益置於阿拉伯世界整體利益基礎之上的新思維,單方面與以色列達成了和解。

在埃及採取了單獨與以色列和解的行動之後,18個阿拉伯國家的外長在巴格達集會,共同協議切斷與埃及的外交和經濟關係。他們的協議也得到了巴解組織的贊成。協議要求各國立即召回駐埃及的大使,在一個月之內完全切斷外交關係,停止所有經濟援助,並對埃及進行經濟制裁。

但是這樣的協議無法阻止效仿埃及的行為在阿拉伯世界蔓延,其他阿拉伯國家為了避免自己獲得最壞的結果,也先後開始了與以色列的和談。他們的這些個體行為造成了集體背叛的惡果,最終的結果便是他們非但沒有獲得預想之中的最大收益,反而使自己的利益也受到了損害。同時,這種行為造成對巴勒斯坦民族利益的最大損害,加劇了以巴衝突惡化的趨勢並使危機久拖不決。

綜上,我們可以清楚地理解,阿拉伯國家和國際社會對沙達特「和平主義行動」之毀譽參半是符合歷史邏輯的;也能夠從一個側面說明,如果阿拉伯國家整體合作,即採取四種賽局策略中的第一種策略,對解決衝突是有一定的積極作用的。

個人利益毀掉了集體利益

在一片森林裡，有兩個好朋友獅子和熊，牠們常常在一起打獵。這一天，牠們又一次出發，去尋找獵物。走了好半天，目光敏銳的獅子一下子發現了山坡上有隻小鹿，獅子正要撲上去，熊一把拉住說：「別急，鹿跑得快，我們只有前後夾擊才能抓住牠。」獅子聽了，覺得有道理，就分頭行動了。

鹿正津津有味地啃著青草，忽然聽到背後有響聲。牠回頭一看：啊呀，不得了！一隻獅子輕手輕腳向牠撲過來了！鹿嚇得撒腿就跑，獅子在後面緊追不捨，無奈鹿跑得真快，獅子追不上。這時熊從旁邊竄出來，擋住鹿的去路。他揮著蒲扇大的巴掌，一下子就把鹿打昏了過去。獅子隨後趕到，牠問道：「熊老弟，獵物該怎麼分呢？」熊回答說：「獅大哥，那可不能含糊，誰的功勞大，誰就分得多。」獅子說：「我的功勞大，鹿是我先發現的。」熊也不甘示弱：「發現有什麼用，要不是我出主意，你能抓到嗎？」

獅子很不服氣地說：「如果我不把鹿趕到你這裡，你也抓不到啊，兩人你一言我一語爭個不休，誰也不讓誰，都認為自己的功勞大，說著說著，兩個就打了起來。

被打昏的鹿漸漸醒了過來，看到獅子和熊打得不可開交，趕緊爬起來，一溜煙逃走了。當牠們打得精疲力竭回頭一看，鹿早不見了。

熊和獅子你看我，我看你，後悔得直嘆氣。

　　透過這個動物界爭鬥的故事，我們可以知道，在當今競爭激烈的社會中，一個人不可能孤軍奮戰獲得成功。不合作就會加速滅亡，人應像大雁那樣善於合作，才能創造大的成就，為了一點小恩小利，鬥得兩敗俱傷，鬥完後又都後悔莫及，這是很多人常犯的錯誤，為什麼一開始不多想想合作呢？

　　有三隻老鼠結伴去偷油喝，可是油缸非常深，油在缸底，牠們只能聞到油的香味，根本喝不到油，牠們很焦急，最後終於想出了一個很棒的辦法，就是一隻咬著另一隻的尾巴，吊下缸底去喝油，牠們取得一致的共識：大家輪流喝油，有福同享誰也不能獨自享用。

　　第一隻老鼠最先吊下去喝油，牠在缸底想：「油只有這麼一點點，大家輪流喝多不過癮，今天算我運氣好，不如自己喝個痛快。」夾在中間的第二隻老鼠也在想：「下面的油沒多少，萬一讓第一隻老鼠把油喝光了，我豈不是要喝西北風嗎？我幹嘛這麼辛苦的吊在中間讓第一隻老鼠獨自享受呢？我看還是把牠放了，乾脆自己跳下去喝個痛快！」第三隻老鼠則在上面想：「油是那麼少，等牠們兩個吃飽喝足，哪裡還有我的份，倒不如趁這個時候把牠們放了，自己跳到缸底喝個飽。」

　　於是第二隻老鼠狠心的放了第一隻老鼠的尾巴，第三隻老鼠也迅速放了第二隻老鼠的尾巴。牠們爭先恐後的跳到缸底，渾身溼透，一副狼狽不堪的樣子，加上腳滑缸深，牠們再也逃不出油缸。

　　淺顯的故事卻往往能說明深刻的道理。在生活中，合作似乎沒那麼難，可是如果僅僅只在表面上合作，那也從根本上喪失了合作的意義，就如同上述的兩個例子一樣，結果往往是令人遺憾的。在獵鹿賽局的狀態之下，你要知道，只有大家好，才是真的好。

　　從前，有兩個飢餓的人得到了一位長者的恩賜：一根漁竿和一簍鮮活碩大的魚。其中，一個人要了一簍魚，另一個人要了一根漁竿，於是他們分

道揚鑣了。得到魚的人在原地就用乾柴搭起篝火煮起了魚，他狼吞虎嚥，還沒有品出鮮魚的肉香，轉瞬間，連魚帶湯就被他吃了個精光，不久，他便餓死在空空的魚簍旁。另一個人則提著漁竿繼續忍飢挨餓，一步步艱難地向海邊走去，可是當他已經看到不遠處那片蔚藍色的海洋時，他渾身的最後一點力氣也使完了，他也只能眼巴巴地帶著無盡的遺憾撒手人寰。

又有兩個飢餓的人，他們同樣得到了長者恩賜的一根漁竿和一簍魚。只是他們並沒有各奔東西，而是商定共同去找尋大海，他們每次只煮一條魚，經過遙遠的跋涉，終於來到了海邊，從此，兩人開始了捕魚為生的日子，幾年後，他們蓋起了房子，有了各自的家庭、子女，有了自己建造的漁船，過上了幸福安康的生活。

這就存在一個合作與利益分配問題。但對企業的「合作聯盟」來說，第一步應是將蛋糕做大，然後才是對更大蛋糕的合理分配問題。這裡的「做大蛋糕」，就是賽局論中的共同利益、共同理性問題。賽局論是關於包含相互依存情況的理性行為的研究，競爭僅僅是賽局論中相互依存的一個方面。另一個方面則是局中人之間可以有某些共同的興趣或利益所在。明白了這個道理，我們可以知道，做大蛋糕是賽局的主要目的，分配蛋糕僅僅是次要的考慮。也就是說，只有在保證大家都能得益的情況下，再根據合作雙方的勢力大小來談分配問題才有意義。

在這場賽局中，兩個參與人都希望雙方共同去獵鹿，因為獵鹿的效用值比獵兔的效用值大。但是，這種合作是沒有任何約束的。如果有人像盧梭的故事中的獵人一樣，看到兔子從身邊跑過就去抓兔子，合作顯然是不能持久的。這時候，每個人都會擔心對手不信任自己，從而自己也不信任對方。因此，為了實現最佳目的，雙方一定要精誠合作，才能取得皆大歡喜的結果。

有肯德基的地方就有麥當勞

　　如果讓你說出兩個速食品牌，那麼你一定會一齊說出兩個——肯德基和麥當勞。在世界的任何角落如果你看見了微笑的肯德基爺爺，那麼在不遠處你一定會發現一個大大的 M 向你招手。有肯德基的地方就有麥當勞。這兩個速食品牌在世界各個國家開闢市場，自然是少不了競爭，可是在幾十年的競爭中，兩大速食品牌在競爭中並沒有兩敗俱傷，相反，越走越好，越來越強。這究竟是為什麼呢？

　　以中國市場為例，肯德基與麥當勞在中國已是幾十年的老對手。他們兩個一進人中國，為贏得中國顧客的心，悄悄做著改變。肯德基推出地道的中國風味飲料——芙蓉鮮蔬湯，以及極具中國口味的「吮指原味雞」。而麥當勞則注意提升自己的親和力將麥當勞打造成孩子的樂園，這也符合中國人「以孩子為中心」的傳統觀念。肯德基的主打產品是雞，而麥當勞在全世界最暢銷的是牛肉巨無霸（臺灣稱為大麥克），中國人將雞鴨魚肉的雞放在第一位，顯然中國人吃雞肉的意願更高，所以中國人的口味幫了肯德基的忙，肯德基占盡優勢。

　　但是麥當勞並不甘心落後，先後推出了美味的「麥香雞」、「勁辣雞腿堡」，鮮嫩的雞腿配上別致的調味品，的確別有風味。中國內部競相展開「鬥雞」賽。麥當勞的「麥香雞翅」和肯德基的「香辣雞翅」占滿了中國電視螢幕。結果是消費者開心，兩家店內人頭攢動，營業額瘋長。他

們在經營方式上也各有千秋，比如飲料，肯德基如果是可口可樂，麥當勞就肯定是百事可樂。但他們都賣炸薯條和漢堡。一邊是俊男美女，一邊是獨家祕方，兩家的廣告輪番上場。

與廣告戰同時的是價格戰、促銷戰。雖說在這場價格戰中，受益的自然是消費者，但他們的營業額也明顯同時上升。

對於商戰，人們普遍認為「兩虎相鬥，必有一傷」以及「鷸蚌相爭，漁翁得利」。有了這種先入為主的觀念，不少人對於肯德基和麥當勞的競爭很不解，其實兩家國際知名的速食店都擁有不小的市場占有率，為什麼還要競爭，而他們的競爭又為什麼沒有像其他企業一樣弄得兩敗俱傷，相反卻不斷創出佳績，蛋糕越做越大？

這就是市場經濟的奧祕。肯德基與麥當勞之間的競爭，並不是魚死網破的競爭，而是一種雙贏的競爭，就拿價格大戰來說，他們的價格從來都不會降到極限，都是點到為止。這樣，就不會形成惡意的價格競爭。他們進行著各式各樣的競爭，卻都是在堅定保持著同一種理念——永遠都想保住自己的市場占有率，永遠想超過對手。這樣各自就會千方百計不斷地進行競爭，服務越來越好，顧客越來越多，讓更多的中國人習慣速食，從而擴大了市場，形成了雙贏的良性市場競爭格局。

市場占有率固然重要，市場這塊蛋糕的大小更重要。只要蛋糕做大了，就有可能雙贏。事實證明，肯德基與麥當勞在中國的蛋糕的確越做越大了，他們也的確實現了雙贏。

可口可樂與百事可樂的賽局

十九世紀末，一位藥師發明了可口可樂的配方。到 1902 年，可口可樂迅速贏得大眾的心，成為美國境內家喻戶曉的產品。而百事可樂同樣也是由藥劑師發明。自此，世界飲料市場進入了百事可樂和可口可樂的競爭時代。

1950 年代，百事可樂利用名人效應，使得百事可樂的銷量直逼可口可樂，但是最終沒能超越。1950 年代以後，百事多次改變策略，企圖超越可口可樂，可口可樂也是見招拆招，兩家世界名牌的名聲越來越響，但是都沒有將對手打倒。在 1980 年代，百事與可口可樂的競爭更為激烈，百事推出一系列以挑戰為主題的廣告，使對手銷量下降，可口可樂不甘示弱，推出以「新可樂」為主題的廣告。

兩者在 1980 年代的競爭進入了白熱化的階段，百事大手筆的請來包括麥可‧傑克森在內的一大批明星，震撼了整個世界，但是這樣的大手筆也僅僅是讓百事就做了一年的冠軍寶座。可口可樂依然是世界市場的老大。

但是他們之間的競爭仍在繼續。

在同一類型的成功品牌中，基本上都有一個強而有力的競爭對手，百事可樂和可口可樂是這樣，肯德基和麥當勞也是這樣。這些成功品牌之間進行著激烈的競爭，他們運用各種策略戰術進行賽局。在外人看

來，他們的目標是將對方打倒，其實不然，他們在這個競爭的過程中發展自己，從而更好地適應市場的變化。

當賽局雙方透過某種策略上的選擇達到一個平衡的狀態，這個平衡狀態讓賽局雙方都受益。在某種程度上賽局雙方更是在合作和雙贏，而不僅僅是競爭。競爭這個詞會讓人覺得是你爭我奪的殘酷局面，比如，我們會說可口可樂和百事可樂是競爭者而不是賽局者，因為賽局除了包含競爭之外還存在著一些其他因素，真正的賽局追求的是一種合作、雙贏或者說競爭合作並存的結果。單純地以競爭來闡述賽局是蒼白和單薄的，是不全面的。在戰爭中，你不可能打敗所有的敵人，也沒有必要打敗所有的敵人，許多經驗告訴我們，當市場處於兩雄相爭的局面時，對雙方都更有好處。除了可口可樂和百事之間的競爭，肯德基和麥當勞也是極明顯的例子。

美國的可口可樂和百事可樂兩個飲料公司，互相爭鬥了半個多世紀，誰也未能打敗對手。相反，透過這場曠日持久的飲料大戰，日益引起消費者的關注，喝可樂的人越來越多，而最大的得益者，卻是可口可樂和百事可樂。真可謂「一榮俱榮，一損俱損」。

「當大家對百事可樂 —— 可口可樂之戰興趣盎然時，雙方都是贏家。」百事可樂的總裁羅傑・恩瑞可以這句話為「未必要打倒敵人」做了最佳的注腳。恩瑞可接著指出，持續的戰爭，目的在維持大眾的好奇心：「喂！今天百事可樂這樣做，你想明天可口可樂會怎樣做？」

囚徒的選擇 —— 合作還是背叛

　　甲、乙兩個人一起持槍準備作案，被警察及時發現，並被抓了起來。警方懷疑，甲、乙兩個人可能還犯有其他的罪行，也可能背後還有更大的集團，但是又沒有掌握確切的證據，於是對二人進行分別審訊。為了分化瓦解對方，警方告訴二人，如果主動坦白，處罰上可以適當減輕，甚至不受處罰；但如果頑抗到底，一旦同夥招供，頑抗到底的將要受到嚴懲；當然，如果兩人都坦白，兩人就免不了受到一定程度的處罰。在這種情況下，所謂的「主動交代」就變得沒有太大的意義，當然，所受的處罰比一人頑抗到底還是要輕得多。

　　在這種情形下，甲、乙兩個囚犯都可以作出自己的選擇：或者供出他的同夥及其他的犯罪事實，即與警察合作，從而背叛自己的同夥；或者繼續保持沉默，也就是與自己的同夥合作，而不是與警察合作。這樣就會出現多種情況，為了更清楚地說明問題，我們給每種情況設定一個具體的刑期：

▸ 如果兩人繼續保持沉默，拒不坦白，警察會以非法攜帶槍支罪而將兩人移送將會各判有期徒刑 3 年。

▸ 如果其中一人招供而另一人頑抗到底，坦白者作為汙點證人將不會被檢察官起訴，另一人將會被重判 15 年。

▸ 如果兩人都「主動交代」，則兩人都會因「持槍作案」罪名成立各判10 年。

　　面對可能出現的以上三種情況，兩個囚犯該如何應對呢？是選擇互相合作還是互相背叛？他們面臨著兩難的選擇 —— 坦白或頑抗到底。從以上三種情況看，顯然比較好的策略是雙方都頑抗到底，拒不坦白，最後大家都只被判三年。但是由於兩人處於隔離的情況下無法串供，所以，他們不得不仔細考慮對方可能採取的選擇。合作還是背叛？棘手的問題就這樣產生了。

　　甲、乙兩個人都存著私心，同時又都十分精明，而且都只關心減少自己將受到的處罰，並不在意對方將被判多少年。

　　這時，甲就肯定會這樣推理：假如自己招供，而乙不招供，自己就可以作為證人而免予起訴；而假使自己不招供，乙也不招供，兩人都要坐 3 年牢，顯然第一種情況對自己有利；而假如乙招了，我若不招，則要坐 15 年牢；假如自己招供，乙也招供，兩人都要坐 10 年。綜合分析，自己還是以招認為好。無論乙招與不招，我的最佳選擇都是招認。

　　最後，甲鐵了心招供。乙也非常精明，自然也會如此推理。

　　於是兩人都作出了招供的選擇，這對他們個人來說無疑是最佳的抉擇，即最符合他們個體理性的選擇。按照賽局論的說法，這是本問題最佳的、唯一的平衡點。只有在這一點上，任何一個個體單方面改變選擇，他最終只會得到一個相對較差的結果。而在別的點，比如兩人都頑抗到底，拒不坦白，都有一人可以透過單方面改變選擇，來減少自己的刑期。

　　在這一事例中，說得直白點就是，對方背叛，你也背叛才是雙方更好的選擇。這意味著，無論對方如何行動，你選擇背叛就能得到最佳的結果。「你背叛總是比不背叛要好。」 —— 這確實是一個有些讓人寒心的結論。

　　為什麼聰明的囚犯卻無法得到最好的結果？甲、乙兩人自己也清楚，兩個人都招供，對兩個人而言並不是集體最優的選擇。他們也明白，無論對哪個人來說，兩個人都不招供，都要比兩個人都招供好得多。但在現實面前，他們卻無法做出這樣的選擇。

　　「囚徒困境」這個問題為我們探討合作是怎樣形成的，提供了極為形象的解說方式：產生不良結局的原因就在於甲、乙兩個囚犯都是基於利己主義的思維來考慮問題，這最終導致合作沒有形成。

　　假使你也面臨著類似的兩難抉擇，你將如何做呢？設想你認為對方將選擇合作，如果你選擇合作，那麼你將得到「對雙方合作的獎勵」。當然，你也可以選擇背叛，結果是得到「對雙方背叛的懲罰」。換言之，如果你認為對方一定會選擇合作，那麼你選擇背叛無疑將會得到更多的好處。

　　反過來，如果你認為對方將選擇背叛，當然你也有兩個選擇，但你不會去選擇合作，因為選擇合作對你一點好處也沒有，除非你是「笨蛋」，你才會做這樣的選擇。無疑，你也會選擇背叛，最後得到「對雙方背叛的懲罰」。因此，對方背叛，你也背叛將會更好些。這就是說，無論對方如何行動，你選擇背叛總是好的。分析至此，也許你已經知道自己該怎樣做了；但是，要知道相同的邏輯對另一個思維健全的人而言也同樣適用。

　　因此，另一個人也將選擇背叛而不管你如何選擇。這樣，你們將是雙方背叛，只能一起坐很久牢，這比你們雙方合作所能得到的顯然相差甚遠。

　　其實，「囚徒困境」是一些非常普遍而有趣的情形的簡單抽象。仔細想一想，日常生活中你也能發現它的蹤跡。設想一下，在面對這樣的「囚徒困境」時，你會做何種選擇，合作還是背叛？

第七章

槍手賽局 —— 策略就是商場的指南針

中國大鬃商

古耕虞被稱為「豬鬃大王」。當時，中國的對外貿易完全被買辦資本控制著。古耕虞的「古青記」豬鬃公司屬於資本企業，備受歧視，一時鬥不過洋行買辦。後來，古先生憑靠自己出色的經商天分讓「古青記」豬鬃公司獨占鰲頭。

1920～1930年代，美國是中國豬鬃最大的銷售市場。但是當時的上海海關屬於英國的特權範圍，英國中間商對進出口貨物大肆剝削，中國的出口商和美國的進口商都難得全利。古耕虞細細思索：近攻不能得手，何不遠交。他經過一番努力，終於與美國號稱「豬鬃大王」的孔公司祕密商談合作事宜並順利地簽訂了密約。從此，倫敦公司失去了孔公司和「古青記」兩筆大業務，受到嚴重打擊。「古青記」與孔公司的「聯姻」，同時也使得雙方都成了大王。

古先生與美國公司一直合作了將近22年之久，但是隨著孔公司在中國逐漸強大起來，美國孔公司想甩開「古青記」豬鬃公司，獨霸世界豬鬃市場。古耕虞為此親赴美國，與孔公司打了一場面對面的近戰，最終合作不成。憑著「古青記」豬鬃的良好品質，古先生再次運用「遠交近攻」策略，與美國另一家公司建立了新的合作關係，組成了雙方聯營的「海洋公司」。

　　「古青記」化身為「海洋公司」，使「古青記」的豬鬃在美國市場的占有份額逐年增加。孔公司對此只好望洋興嘆了。

　　商場上沒有永遠的朋友，也沒有永遠的敵人。

　　古耕虞做豬鬃生意時兩次運用了遠交近攻之計。他近攻洋行買辦，遠交美國的孔公司。遠交的成功使他一舉消除了「近敵」── 洋行買辦的競爭威脅。接著，以前的「遠敵」── 美國孔公司變成了頭號敵人。古耕虞又運用遠交近攻計謀擊敗了孔公司，在世界豬鬃市場站穩了腳步。

請將不如激將

　　福特曾經在自己的企業中推行了一種提高生產效率的行之有效的辦法。這種方法的提出其實源於一件偶然發生的事情：

　　有一次，福特在做績效考核的時候，發現其下屬的一個工廠總是不能達到預定的指標。「怎麼回事？」福特問那個工廠的廠長，「像你這樣能幹的人，為什麼會出現這種情況呢？」

　　「我不知道。」這位廠長委屈地說，「我想盡了方法、使盡了招數，他們就是不做事。」

　　此時正是太陽西落早班工人即將交班的時候。

　　「拿一支粉筆來。」福特說，然後他轉向其中一個人，「你們今天裝了幾部機器？」「6 部。」福特在地板上寫了一個大大的「6」，便一言不發地離開了。

　　當夜班工人來上班時，他們看見這個大大的「6」字，便問是什麼意思。早班工人便把今天發生的事如實相告。

　　當第二天早上夜班工人交班之後，福特又來到這裡，他發現地板上的「6」字已經被換上一個「7」字。早班工人來上工的時候，看見那個大大的「7」字，心想：夜班工人以為他們比早班工人能幹是不是？好，我們要給夜班工人點顏色看看。於是早班工人便加緊工作，下班前，他們留下了一個大大的「10」字。此後，廠裡的生產狀況逐漸轉好。不久

這個生產一度落後的廠成了全公司的績優生產單位。

　　一般認為，在賽局中為了保證合作，有兩種策略可供選擇：一是承諾，二是懲罰。除了這兩種還有沒有其他策略呢？故事中，福特提供了第三種策略 —— 激將法。

　　「提高效率的辦法就是激起競爭。」福特說，「我的意思不是鉤心鬥角、互相使壞，而是激起他們求勝的欲望。」福特的激將法的確高明！

　　著名的行為科學家侯茲柏曾深入研究從工廠作業員到高級經理的工作態度。他發現激勵人們工作的主要因素之一是工作本身。如果工作令人興奮和感到有趣，負責工作的人就會渴望去做，而且努力做得完美。這就是每個成功的人在奮力追求的：競爭和自我表現，證明自己的價值並爭取更多的獲勝機會。正是這種競爭和超越的欲望才促使人們參加徒步競走、百米衝刺等競賽。

　　這就告訴我們，無論是在管理中，還是在日常生活中，你想讓他人與自己合作，與其請求，不如激將。挑戰是任何成功者都喜愛的一種競技。挑戰是一種表現自己的機會，也是證明自身價值、爭強鬥勝的機會。所以，如果你要想讓一個人改變被動的狀態、積極主動地與你合作，那你就應該注意：運用激將法給他提供一個挑戰、提升自己的機會。

勤奮的人未必成功

藤田是靠珠寶發家的富豪。

1969 年 12 月，藤田訪問東京一家百貨公司，請求該公司為他提供一個銷售鑽石的櫃檯。

「藤田先生，這樣的買賣在年關季節是不能做的，儘管你認為買主都是些有錢人，但他們也不會拿錢去購買鑽石。」

最後藤田還是耐心說服了這家公司，並答應在其一個位於市郊的分公司為他提供一個櫃位。

藤田考察了環境，雖然地方偏僻、顧客少，但他堅信珠寶本來就不是一種大眾消費品，它只是針對掌握著大量財富的少數人，只要打動這些掌握大量財富的少數人，買賣是一定可以做成的。於是他讓紐約的鑽石商將貨品發往東京，並迅速展開「年關大拍賣」活動。銷售的第一天，營業額就達到 300 萬日元，藤田便在近郊和四周地區同時展開大拍賣，結果平均每處拍賣櫃的營業額都超過了 5,000 萬日元。

藤田能夠獲取成功，在於他抓住了決定事情成敗的關鍵少數。

在經濟學中，有一個著名的二八法則，又叫 80/20 定律。從賽局論的角度，我們也可以叫它為二八賽局法則。

1897 年，義大利經濟學家帕雷托在他所從事的經濟學研究中偶然注意到 19 世紀英國人的財富和收益模式。

在調查取樣中，他不僅發現大部分的財富都流向了少數人手裡，同時還發現兩件他認為非常重要的事情：其一是，某一個族群占總人口數的百分比和該族群所享有的總收入或財富之間，有一種微妙的不平衡關係。

但帕雷托真正感興趣的是另一發現，那就是這種不平衡的模式會重複出現，他在不同時期和不同國度都見到過這種現象。不論是早期的英國，還是其他國家，他都發現這相同的模式一再出現，而且在數學上呈現出一種穩定的關係。

透過研究，帕雷托歸納出這樣一個結論，即在原因和結果、投入和產出、努力和報酬之間存在著一種不平衡的關係。通常的情況是80%的收穫來自20%的努力，其他80%的力氣只帶來20%的結果。

推理而知，一個小的原因、投入和努力，通常可以產生大的結果、產出或酬勞，因此，找出最重要的20%，專注於能帶來最大成功的關鍵少數，你就會事半功倍。

如果你發現自己雖然很努力地工作，但至今仍然一事無成，這時不妨集中能力於大事上，將「辦事抓關鍵」作為一種日常的習慣，這不僅是一個行事準則，更是一種賽局策略。

那麼，如何找出最重要的關鍵少數？

把你做的事情劃分為四個類別，你就會知道決定你成敗的關鍵少數是什麼。

◆緊急且很重要

例如，老闆要你在明天早上10點鐘以前提出一份報告。因為它緊急而又重要，要比其他每一件事都優先。如果拖延是造成緊急的原因，則現在已經不能再拖延了，這些是必須立刻要做好的工作。

◆緊急但不重要

這一類是表面上看起來極需要立刻採取行動的事情，但是如果客觀地檢視，我們就會把它們列入次優先裡面去。

例如，有一位朋友約你去吃飯，都是些好長時間未見面的好朋友。你或許會認為這是一個次優先的事情，但是有一個人站在你面前，等著你回答，你就會接受他的請求，因為你想不出一個婉言謝絕的辦法。但其實這類事情是可以放到次優先裡面去的。

◆繁忙

很多工作只有一點價值，既不緊急也不重要，而我們常常會在做更重要的事情之前先做它們，因為它們會分你的心 —— 它們給人一種有事做和有成就的感覺，也就無意中浪費了你的精力。

例如，一位經理在一個星期六早上到他的辦公室去，要做某一件他一直拖延沒有做的事情。他決定先把他桌上的東西整理一下，整理好了以後，他想，既然整理了桌子上的東西，也整理一下抽屜好了。結果，他把一個早上的時間用在重新整理抽屜和文件上面，但他並沒有做自己原來要完成的事情。

◆浪費時間

例如，如果我們看完電視之後覺得很愉快，那麼看電視的時間就用得不錯。但是如果事後我們覺得用來看電視的時間不如看一本好書，那麼看電視的時間就可歸在「浪費」一類。

當你明白哪些事情是騙走你寶貴時間的低價值活動，你就要像清除垃圾一樣將它們毫不客氣地丟掉，集中精力在那些高價值的時間投入上。這才是正確的賽局之道。

要做就做筆中貴族

20 世紀中葉，派克已經是鋼筆市場的王者，派克的銷售獨占鰲頭，在全世界都享有盛名。

但是，正是在此時，世界上出現了「原子筆」。這種筆是來自匈牙利的貝羅兄弟發明的。從實用、廉價、方便三個主要方面來說，派克都敵不過這種原子筆。而且，貝羅兄弟非常聰明，他們免費贈給人們一批原子筆使用，消費者發現這種筆簡單實用，更主要的是價格低廉，於是競相購買。

老牌派克的市場很快就被原子筆奪取一部分，當時派克實行了一系列的挽救計畫，但是都沒有達到理想效果，一批忠實的派克用戶正在流失。

當時的派克公司經理馬科利反其道而行，改變了策略。他首先大幅度削減了派克筆的產量，然後大幅提高派克筆的銷售價格。當然，與此同時他要求製造部門要提高派克筆的品質以及包裝。

下屬面面相覷，不知總經理葫蘆裡賣的什麼藥。

馬科利笑著說：「從今天起，派克筆專門為名貴人士生產，它將成為『筆中貴族』。」

馬科利的聰明之處在於讓派克鋼筆繞開了和原子筆的直接交鋒，畢竟，原子筆是未來的發展趨勢，派克在諸多方面都不及它。

　　但馬科利反其道而行，精心布局他的「筆中貴族」計畫，也開始了派克的轉型期。1960 年代，在派克成為了伊莉莎白的御用鋼筆後，派克鋼筆身價倍增，逐漸成為高貴身分的象徵。此後，派克公司沿襲著高級名貴的行銷路線。從只提供給重要任務的各種材料的鋼筆到各種紀念版鋼筆，派克走上了它的高端之路。

　　就這樣，派克鋼筆不僅沒有在原子筆的衝擊下萎縮滅亡，反而走出了屬於自己的嶄新道路，成為聞名世界的品牌。「筆中貴族」的名聲也越來越響。

NIKE 跑步飛追愛迪達

　　1936 年，當傑出的運動員傑西・歐文斯在奧運會上穿著德國達斯勒兄弟所製作的運動鞋，在希特勒和德意志民族以及全世界面前贏得數枚金牌時，愛迪達跑鞋也為「一舉成名天下知」的運動員所喜愛，並為運動鞋製造商提供了一種新的銷售策略：利用著名運動員穿公司的鞋打廣告。自此愛迪達成為運動鞋的世界品牌。愛迪達憑藉新穎的設計和優良的品質在跑鞋市場獨領風騷二十多年。

　　這種狀況一直持續到 1960 年代末期，作為後起之秀的 NIKE 運動鞋打破了美國運動鞋市場的平衡。NIKE 成立於 1964 年，其創始人一直致力跑鞋的品質和品種的研發上。另外，NIKE 採用外包的生產經營方式，以國際市場上的小訂貨商作為保證，與市場上其他規模不是很大的跑鞋品牌一起進攻運動鞋市場。同時，它一直堅持仿效愛迪達的市場策略，如集中力量試驗和開發更好的跑鞋；為吸引鞋市上各種消費者而擴大生產線；發明出印在產品上的、可被立刻辨認出來的明顯標誌；利用著名運動員和重大體育比賽展示產品的使用情況。最為重要的一點是 NIKE 將這些策略運用的得心應手。

　　這樣，NIKE 公司成功地仿效了愛迪達，抓住愛迪達對跑鞋市場的成長情況估計不足和低估了 NIKE 等美國製造商的攻勢，加強研製開發工作，加強促銷宣傳活動，最終在美國市場上奪取了頭把交椅。

NIKE 成功地仿效了愛迪達的做法，同時在跑鞋中注意發展自己的個性，如充分發展與眾不同的個性特徵和標記；生產型號繁多，能滿足各種需求的產品，重視研究開發和技術革新，建立善於抓住各種新機會的組織機構和管理部門，最終超過了愛迪達。

市場優勢和市場占第一位是多麼脆弱，任何公司，不論在市場上是否占領先地位，都不能依賴它的名聲，而無視發展變化著的外部環境和強大對手的攻勢。

老虎一旦打盹，小則失去一頓豐盛的晚餐，大則成為別人的晚餐。

善借名人效應成就自己

　　一位商人積壓了一大批滯銷書，當他苦於不能出手時，一個主意冒了出來：送一本書給總統。於是，他三番五次向總統去徵求意見。總統每天忙於政務，哪有時間與他糾纏，為了敷衍，便隨口而出：「這本書不錯。」於是商人便大打廣告：「現有總統喜愛的書出售。」於是這些書在短時間內就兜售一空。

　　時間不長，這個商人又有賣不出去的書，他便又送了一本給總統。總統鑑於上次一句隨意的話讓他發了大財，想奚落他，就說：「你這書糟糕透了。」商人聞之，依然是滿心歡喜，回去以後又打廣告：「現有總統討厭的書出售。」有不少人出於好奇爭相搶購，書又兜售一空。

　　第三次，商人又將書送給總統，總統接受了前兩次教訓，便不予做答，將書棄之一旁，說了句：「我不下結論。」他想看看這傢伙還能變出什麼把戲來。不想商人離開後又大打廣告：「現有總統難以下結論的書，欲購從速。」居然又被一搶而空。總統哭笑不得，商人大發其財。

　　從賽局論的角度來看，「名人」無疑是一頭「大豬」，「小豬」們如果善於借助名人的效應為自己所用，無疑會在成功的路上順風順水。故事中的商人就深諳借名人效應壯大自己的賽局之道，將一個「借」功演繹得出神入化，不得不令人佩服。

　　其實，在生活中，即使是強勢的一方，在賽局之初，他們的力量可

能也很弱小，但是最終卻由弱變強，這與他們善借名人效應的賽局智慧是分不開的。人們總有這樣的心理，凡是名人生活的地方都是非凡的地方，凡是與名人有連繫的必定是不一般的，基於這種心理，人們紛紛追逐、模仿名人，所有與名人沾邊的東西也就容易成為搶手的東西，所有與名人沾邊的人也會成為不平凡的人。

因此，在與人賽局的過程中，我們應想盡一切辦法借助名人的效應。當然要做到這一點，你必須首先與名人沾邊，學會把名人變成朋友，把朋友變成兄弟，把兄弟變成手足。成了名人的手足，自己也就成了名人，自己成了名人，成功就容易得多了。

有人提出異議：「這道理誰都明白，關鍵是怎麼和名人成朋友？」我們不妨來聽一下千金買鄰的故事：

在南北朝的時候，有個叫呂僧珍的人，世代居住在廣陵地區。他為人正直，很有智謀和膽略，因此受到人們的尊敬和愛戴，而且遠近聞名。

因為呂僧珍的品德高尚，人們都願意與他接近和交談。季雅在呂僧珍家隔壁買了一套房屋。

有人問：「你買這房子花了多少錢？」

「一千一百兩。」

「怎麼這麼貴？」

季雅說：「我是用百金買房子，用千金買高鄰啊！」

可能有人會說「我沒有千金買鄰的實力，所以交不到名人朋友」，但如果你有季雅千金買鄰的勇氣和魄力，什麼樣的名人朋友交不到？一旦和名人沾上邊，所謂名人的效應也就在你身上展現了。

示假隱真，在賽局中迂迴取勝

　　一條街上有兩家電影院，華逸影院和福康影院，在顧客資源有限的情況下，兩家影院為了爭取更多的顧客都使出了渾身解數。華逸影院推出了門票八折優惠，福康影院接著就來了個五折大酬賓。對於顧客來說，同樣的情況下當然都願意去花錢少的影院，於是福康影院生意興隆，華逸影院門可羅雀。

　　華逸老闆不甘心認輸，於是將門票打兩折。按照當地消費水準和行業常規，影院門票五折以下已經毫無利潤可言了，華逸影院打兩折的目的是為了把對手徹底擠掉，好再進行「價格壟斷」。誰知他們剛剛把顧客拉過來，福康影院接著就推出了門票一折優惠，並且每人另送一包瓜子。

　　這回華逸影院的老闆實在沒有勇氣繼續競爭了，因為一包瓜子少說也得幾十元，這豈不成了自家電影，何來利潤可言，於是關門認輸。

　　福康影院這時恢復競爭之前的價格，但這個送瓜子的「賠本生意」卻一直堅持了下來。

　　半年多的時間過去了，福康影院的老闆買了奧迪轎車，房子也換成了高級別墅，一副發了大財的樣子。

　　為何福康影院做免費送瓜子的賠錢買賣卻賺了這麼多錢呢？原來影院送瓜子雖然賠錢，但送的瓜子是老闆從廠商那客製的「五香瓜子」，看

電影的人吃了瓜子後，必然口渴，於是老闆便派人不失時機地賣飲料，飲料和礦泉水的銷量大增 —— 靠電影賠錢，送瓜子賠錢，飲料卻為老闆帶來了高額利潤。

故事中，當福康影院和華逸影院這兩隻「鬥雞」在同一條街上狹路相逢時，福康影院的老闆既沒有撤退，也沒有發動正面進攻，而是採用了示假隱真術，在與華逸影院賽局的過程中，隱藏了其利潤點，迂迴取勝。

生活中遭遇鬥雞賽局時，有人贏在明處，有的人則像這位影院老闆一樣，採用了示假隱真的賽局策略，讓對手認為你是鑽進了死胡同，從而放鬆了警惕。示假隱真實際上蘊含著鬥雞賽局的大智慧，即用公開的事情來掩蓋自己真正的目的，是讓「偏點」鋪就道路，然後讓「熱點」隆重登場。

孫子雲：「虛者實之，實者虛之。」說的其實也就是示假隱真術。運用此種賽局策略，其宗旨在於：避實就虛，爭奪賽局的優勢和主動權；造成對方的失誤，從而出其不意，獲取勝利。

運用示假隱真賽局策略時還要注意以下幾點：

▸ 深思熟慮，不要被他人影響，要自己去判斷。

▸ 事物發展並不一定都如表面所顯示的，我們要高瞻遠矚，看得遠、看得深，才能取得勝利。

▸ 控制好個人情緒。

以「活」制勝，棄直線思維取擴散性思考

有這麼一篇文章，名為〈賣豆子〉：假如你是賣豆子的商販，豆子賣得動，直接賺錢當然最好；如果豆子滯銷，分四種辦法處理：

一、可以考慮讓豆子製成豆瓣，賣豆瓣；如果豆瓣賣不動，醃了，賣豆豉；如果豆豉還賣不動，加水發酵，改賣醬油。

二、可以將豆子做成豆腐，賣豆腐；如果豆腐不小心做硬了，改賣豆干；如果豆腐不小心做稀了，改賣豆花；如果實在太稀了，改賣豆漿；如果豆腐賣不動，加點鹽和調味料什麼的，放上幾天，變成臭豆腐賣；如果還賣不動，讓它長毛徹底腐爛後，改賣豆腐乳。

三、讓豆子發芽，改賣豆芽；如果豆芽還滯銷，再讓它長大點，改賣豆苗，這食物也時興；如果豆苗還賣不動，再讓它長大點，乾脆當盆栽賣，而且，為了賣得好，還給它一個很時尚的名字「豆蔻年華」，到城市裡的各間大中小學門口擺攤和到社區開產品說明會，記得這次賣的是文化而非食品；如果還賣不動，建議拿到適當的鬧市區進行一次行為藝術創作，題目是「豆蔻年華的枯萎」，記得以旁觀者身分打電話給各個報社報新聞資料，如此可利用豆子的代價迅速成為行為藝術家，以完成另一種意義上的資本回收，同時還可以將影片上傳網路獲取一些流量。

四、如果行為藝術沒人看，報社獎金也拿不到，趕緊找塊地，把豆苗種下去，灌溉施肥，三個月後，收成豆子，再拿去賣。如上所述，循

環做一次。

經過若干次循環，即使沒賺到錢，豆子的囤積相信不錯，那時麼……想賣豆子就賣豆子，想做豆腐就做豆腐，豆漿做兩碗，喝一碗，倒一碗！

上面這篇文章雖然不乏調侃的意味，但其中所折射出來的賽局智慧 —— 運用擴散性思考，以「活」制勝卻很值得我們學習。

這種思維策略是由蜈蚣賽局中從終點出發的逆向思維策略推廣而來的。蜈蚣賽局模型說起來很複雜，但其提出的思維策略概念卻被理論界的人士予以推廣，演變出很多不同的思維策略，擴散性思考策略就是其中一種。

我們每一個人都有一個大腦，兩個半球，左半球和右半球。每個人都有數量差不多的腦細胞，可是有些人是擴散性思考，有些人卻是直線思維。恪守直線思維的人四肢發達、頭腦簡單，說話直腸子，思維一條線，只知道一加一等於二，就是明白不了三減一也是等於二；只知道一個月是 30 天，半個月是多少天很讓他們費解；他們一條道走到黑，不知變更；他們只認死理，不認活理；他們的思維是呆板的、僵硬的、不知變通的。

面對同一問題，直線思維策略和發展思維策略會產生不同的結果。

當一艘船開始下沉時，幾位來自不同國家的商人還在談判，根本不知道將要發生什麼事。船長命令他的大副：「去告訴這些人穿上救生衣跳到水裡去。」

幾分鐘後大副回來報告：「他們不往下跳。」

「我去看看。」船長說著，就走出去了。

不一會兒，船長回來說：「他們都跳下去了。」

大副很驚訝：「我一個勁兒地跟他們說船要沉了，讓他們快點跳下水，可是說了半天沒有一個人理我。為什麼你一去他們就跳了呢？」

「我運用了心理學，」船長說，「我對英國人說，那是一項體育鍛鍊，於是他跳下去了；我對法國人說，那是一件很瀟灑的事；對德國人說，那是命令；對義大利人說，那是不被基督所禁止的；對蘇聯人說，那是革命行動，他們就一個接一個地跳了。」

「那美國人呢，您是怎麼讓美國人跳的呢？」

「我對他們說，他們是被保過險的。」

要想成功，必須要運用擴散性思考不斷地變換思考的角度，思考解決問題的最新方法。針對同一個問題，沿著不同的方向去思考，在思考中，不墨守成規，不拘泥於傳統，不受已有知識束縛，沒有固定範圍的局限，這樣才能探求出不同的、特異的解決問題的方法。

當然，擴散性思考並非天生，它來源於平日對事物的觀察、對資訊的留心，並有意培養自己擴散性的思考方式。

擴散性思考訓練要注意提高思維的流暢力、變通力和靈活性。思維的流暢力是指一定時間內產生觀念的多少，一個人對某一問題產生反應性的概念和構想很多，說明其思維具有流暢力。思維的變通力是指產生觀念的不同類別屬性，不同的類別越多，變通力就越強。

牢記運用擴散性思考，以活制勝的賽局策略，那成功的道路也會變得四通八達。

引導勝於強制，讓「定錨效應」助你成功

有這樣一個賣粥的故事：

在一條小街上，有兩家賣粥的小店，我們不妨叫它們甲店和乙店。兩家小店，無論是地理位置、客流量，還是粥的品質、服務水準都差不多。而且從表面看來，兩家的生意也一樣的紅火。然而，每天晚上結算的時候，甲店總是比乙店要多出十幾萬元來。

為什麼這樣呢？差別只在於服務小姐的一句話。

當客人走進乙店時，服務小姐熱情招待，盛好粥後會問客人：「請問您加不加蛋？」有的客人說加，有的客人說不加，大概各占一半。

而當客人走進甲店時，服務小姐同樣會熱情招呼，同樣會禮貌地詢問，但是她們的詢問不是您加不加雞蛋。而是：「請問您是加一顆雞蛋還是兩顆雞蛋？」面對這樣的詢問，愛吃雞蛋的客人就要求加兩顆，不愛吃的就要求加一顆。也有要求不加的，但是很少。因此，一天下來，甲店總會比乙店多賣出一些雞蛋，利潤自然就要高一些。

心理學上有個名詞叫做「定錨效應」，說的是人們在做決策觀望時，思維往往會被所得到的第一資訊所左右，第一資訊就會像沉入海底的錨一樣把你的地位固定在某處。在乙店中，讓你選擇「加還是不加雞蛋」，在甲店中，「是加一顆雞蛋還是加兩顆」的問題，這是第一資訊的不同，使你做出的決策就不同。

如果能夠發現這其實也是一種討價還價賽局的話，我們完全可以運用這種「定錨效應」，用引導的方法去獲得事半功倍的效果。

假如你是一位上司，某個下屬看起來不會工作，接受了任務不知道如何完成，有沒有辦法促使他按你的意圖去做？還有，你主持的團隊老是顧左右而言他，議而不決，有沒有辦法讓他們早點作出決定？又如，你的孩子要吃巧克力，可是你不願意讓他多吃甜的，有沒有辦法讓他滿足於更有益健康的東西？

答案當然有。你如果運用「定錨效應」，就可以應付上述難題，但前提是必須提供不同的選擇以進行正確的引導。

我們先看明智的上司會怎麼做。你無法掌握日常事務的每一個細節，因而需要下屬幫忙。你想激勵他把專案的一大部分管起來，可是又不想放棄對整個專案的指導，此時你就可以對他說：「你看，我們的工作出現了一些問題，我覺得由你處理比較合適。你看是用甲方法好，還是用乙方法好？」這裡，誰是上司呢？下屬會覺得自己是上司。其實，選擇是你提出的，但下屬有了選擇權，就有了做主人的感覺，這種感覺會使他們更熱愛工作、熱愛公司，減少失職的情況。他們雖然責任更重，但是因為有了責任感，覺得自己所選的方案是最好的，因而也就會全力去完成。

再如你的孩子一個勁兒鬧著要吃巧克力，如果用強硬的手段去拒絕，他肯定哭得更厲害。如果在拒絕巧克力的同時，又問他：「你是想吃香蕉還是蘋果？」孩子就會順著這個引導重新估計形勢。

討價還價賽局中，雙方都是以自身利益最大化為目標，這種追求利益的理性行為，不管是對還是錯，強制都不是最好的方法，運用「定錨效應」進行有效的引導才是最好的策略。

第八章

酒吧賽局 —— 尋找自己的生意路線

小公司，大賽局

歐洲的醫藥用品市場歷來是被幾家大的跨國巨頭所壟斷，很多競爭力不強的小公司一般不敢輕易涉足這一領域。並非因為這些企業沒有研發藥物的能力，而是因為如果企業盲目投身這一市場，很可能會馬上遭到幾大巨頭公司的競爭報復，這種競爭報復對於實力較弱的小企業來說一般是具有極大破壞力和殺傷力的。因此，歐洲許多醫藥公司都在兩難中飽受著痛苦的煎熬。在這種形勢下一家叫 Alocan 的英國醫藥小公司還是決心投身於治療眼科疾病藥物的生產和銷售中。他們終於研製出一種可溶解眼膜韌帶的藥物。這種藥物不僅能幫助醫生順利完成手術，而且也使患者從痛苦中解脫出來。Alocan 公司冒著被巨頭公司報復的危險，在多方研究後決定，還是為這種藥品申請了專利，並打算透過這種藥物占據一定的市場占有率，及時獲得利潤。

其實 Aloean 公司認為，他們的發明一開始也許會引起壟斷巨頭的暫時注意，但壟斷巨頭很快就會對此事不屑一顧。因為這種藥品的市場只是白內障眼科手術市場，這種小市場在壟斷巨頭的的眼中簡直微不足道。如果這些大公司著手研製同樣功能的藥物，那的確可以輕鬆地將 Alocan 公司打垮，但這麼做顯然是不值得的。正是有了這種透澈的分析，該公司不僅依靠研製成功的眼科藥品獲得了豐厚的利潤，並且還在這一領域擁有了難得的立足之地。

Alocan 公司在一種特殊的市場環境中把弱勢塑造成自己的優勢，採取主動出擊的方式，把原本弱勢的項目轉化為企業的競爭優勢，而且由於醫藥市場的特殊環境，十分有效地避免了壟斷巨頭的強勢圍攻報復。如果該公司像其他小公司一樣一味地躲避壟斷巨頭的威脅進攻，那它們可能永遠只是小企業，也許最終只會走向倒閉和被兼併。

因此，在商業賽局中，若想把弱勢轉化為優勢，企業不僅需要考慮自身特長，還要充分考慮強勁對手的打擊範圍。

做出理性的選擇

在生存賽局中，人們是在互動的行為下進行策略選擇，每個人的決策與對手的決策是相互依賴的。因此，倘若把對手看做是不會反應的弱智者，那就往往會在賽局中犯錯誤。

有個由 100 人組成的群體，每人在每個週末都要決定是去酒吧活動還是留在家裡。設定每個參與者面臨的資訊只是以前去酒吧的人數，因此他們只能根據以前的歷史資料歸納出此次行動的策略，沒有其他的資訊可以參考，他們之間更沒有資訊交流。酒吧的容量是有限的，比如說空間是有限的或者說座位是有限的，如果去的人多了。去酒吧的人會感到不舒服，這個時候還是留在家中比去酒吧舒服。

設定酒吧的容量是 60 人，如果某個參與者預測去酒吧的人數超過 60 人，他將決定不去酒吧，否則就去酒吧消遣。但是，如果許多人預測去的人超過 60 人，而決定不去，那麼酒吧的人數會很少，這個時候做出的這些預測就錯了；相反的，如果有很大一部分人預測去的人少於 60 人，因而 _ 他們去了酒吧，那麼去的人就會很多，超過了 60 人，這個時候他們的預測也錯了。因而一個做出正確預測的人應該是能夠知道其他人如何做出預測的人，可是在這個問題中每個人預測時面臨的資訊來源都是一樣的，即過去的歷史，同時每個人無法知道別人怎樣做出預測，因此所謂正確的預測近乎不存在。

這個案例是一個典型的酒吧賽局。它由美國學者亞瑟（William Brian Arthur）在 1994 年提出。亞瑟教授透過真實的群眾以及電腦類比兩種實驗得到了兩個迥然不同的結果。

在對真實群眾的實驗中，實驗對象的預測呈現有規律的波浪狀形態，實驗的資料片段如下：從上述資料看，雖然不同的賽局者採取了不同的策略，但是其中一個共同點是：這些預測都是用歸納法進行的。我們完全可以把這個實驗的結果看做是現實中大多數「理性」人做出的選擇。

在這個實驗中，更多的賽局者是根據上一次其他人做出的選擇而做出「其本人這一次」的預測。然而，這個預測已經被實驗證明在多數情況下是不正確的。

從這種意義上來看，這種預測是一個非線性的過程，對於下次去酒吧的人數，人們無法做出肯定的預測，這是一種混沌現象。所謂這樣一個非線性的過程說明，系統未來的情形對初始值高度敏感，這就是所謂的「蝴蝶效應」。美國氣象學家羅倫茲的「蝴蝶理論」告訴我們，一隻亞馬遜熱帶雨林中的蝴蝶搧動翅膀，會導致其身邊的空氣系統發生顯著變化，並引起微弱氣流的產生，而微弱氣流的產生又會引起它四周空氣或其他系統發生相應的變化，由此引起連鎖反應，最終導致兩週後可能在美國德州引起一場龍捲風。

透過電腦的類比實驗得出了另一個結果：最初去酒吧的人數沒有一個固定的規律，但是經過一段時間以後，這個系統去與不去的人數之比接近於 60：40，儘管每個人不會固定屬於去或者不去的群體，但這個系統的這個比例是不變的。如果把電腦類比實驗當作是更為全面的、客觀的情形來看，這個實驗的結果說明的是更為一般的規律。

　　實際上，混沌系統的行為是難以預測的。對於酒吧問題。由於人們根據以往的歷史來預測以後去酒吧的人數，我們假定這個過程是這麼進行的，過去的人數歷史就很重要，然而過去的歷史可以說是隨機的，未來就不可能得到一個確定的值。

　　酒吧問題所反映的是這樣一個社會現象，人們在很多行動中，要猜測別人的行動，但是卻沒有足夠的關於他人的資訊，因而只有透過分析過去的歷史來預測未來。通常，人們根據過去的經驗進行歸納而得出策略，這種做法固然可行，因為人們還沒有其他更好的辦法預見未來，在實際生活中人們確實往往憑藉歷史經驗做事。

　　人們常說，計畫沒有變化快，也就是說未來不容易準確預測。實際上，歸納的方法在人們的認知中沒有絕對合理性，運用歸納的方法對人們的行動的預測中更缺乏合理性。如果預測的辦法有合理的基礎，那麼就要在預測中建立一個合理的學習機制，也就是說，錯誤的預測不要緊，但應考慮有沒有辦法改進這個預測以便下一次能做出更好的預測。

混合策略的妙用

　　人生充滿了不確定性，正是因為無法事先確定勝負，才使許許多多的比賽和賽局充滿了魅力。在兩種不確定走向存在時，我們如何才能盡力採取兩頭兼顧的辦法呢？這就需要我們採取一種「混合策略」，它雖然不能保證你永遠在賽局中獲勝，卻給你指明了一條最佳的應對思路。

　　所謂「混合策略」，是與「純策略」相對而言的。在賽局論中，「純策略」是指參與者對某個策略有一個「明確的」選擇 —— 或者用或者不用，別無他途。而「混合策略」，則是指策略人隨機地選取自己的策略。在現實生活中，採取混合策略的例子很多。

　　小朋友之間進行的「石頭－剪刀－布」的遊戲，便是一個人人皆知的使用混合策略的例子。小朋友玩遊戲時，每次都是在「石頭」、「剪刀」、「布」三者之間權衡，而不固定採取一個策略，這便是一個混合策略。對於這個遊戲而言，參與者要想獲得最好的結果，他最應該採用的混合策略（稱為「均衡策略」）。選擇「石頭」、「剪刀」、「布」策略獲勝的機率相同，均為三分之一。不然的話，如果一方選擇某個策略的機率高於其他策略，並且這個規律被對方總結出來的話，對手就會採取相應的應對策略，其獲勝的次數便會大大增加了。

　　透過猜拳這個簡單的賽局我們可以知道，參與賽局的人試圖透過選擇混合策略給對手造成不確定性，使對手不能預測自己的行動，從而使

自己獲得好處。如果參與賽局的人太有規律地行動，那麼他必定就會被對手戰勝。或者他一旦破壞了自己的隨機策略，那麼他就會失敗。

很早的時候曾經看過吳孟達和童星郝紹文主演的一部影片，故事記不得了，但有個情節印象挺深刻：吳孟達和郝紹文要透過猜「剪刀，石頭，布」來決定最後 10 塊錢的歸屬。吳孟達的做法是：給郝紹文一枚硬幣讓他攥在手裡然後划拳。郝紹文是小孩子，理所當然地按照吳孟達的預期出了「石頭」（因為郝只有出石頭才能確保手中的硬幣不至丟落），吳孟達自然是出了「布」贏得了 10 塊錢。吳為了防止郝的混合策略，採取了一種作弊的手段，雖然手段不夠光彩，但是結果卻讓自己很滿意。不讓對手洞悉自己，而採取混合策略的做法，在某些對抗中非常普遍。玩牌，划拳以及足球、籃球等比賽中都是如此。

我們大家都知道「田忌賽馬」的故事：戰國時期，齊威王與大將田忌賽馬，每次都派出一匹不同等級的馬。在三場比賽中，由於齊威王的馬都比田忌的馬要好，所以全部獲勝。田忌的謀士、傑出的軍事家孫臏發現，田忌的上馬雖然不如齊王的上馬，但比齊王的中馬更強，而田忌的中馬也比齊王的下馬強。而且，齊王的馬每次都是按照上、中、下來安排出場順序的。於是在下一次比賽的時候。孫臏讓田忌把馬的出場順序改為：下、上、中，但齊王的馬的出場順序仍舊是：上、中、下。結果，田忌以 2 比 1 在比賽中獲勝。

在這裡，齊王的失敗在於他運用了純策略：他每一次出場的馬都是固定的，而且這一點也為田忌和孫臏所知。如果齊王不這麼做，而是採取混合策略，即在每一次比賽中。隨機選擇出場的馬，孫臏的策略將難以施展，齊王也就不一定輸。事實上，由於齊王的馬總體上比田忌的馬跑得快，齊王贏田忌的可能性還是要大得多。只要計算一下就可以知

道,假如齊王運用的是混合策略,這時田忌也只能用混合策略進行回應。這樣每個人的馬出場順序均有 6 種可能,共有 36 種可能組合。如果齊王隱瞞自己的策略,不讓田忌知道馬的出場順序,田忌贏的可能性只有六分之一,而齊王贏的可能性為六分之五。

在戰爭中,軍事家實施混合策略。是讓敵人「知道」自己可能採取任何一個備選策略,但卻不讓對方猜到自己究竟要採取哪一個策略,即只讓敵人「知道」自己所選策略的一個機率分布。戰爭中的一方對另一方進行轟炸時,一般不會向對方透露轟炸的具體日期,因為將被轟炸的一方如果知道對方的轟炸日期,就會採取對付空襲的措施。而一旦後者做好了準備,轟炸方的目的就難以完成。在「轟炸—被轟炸」的賽局中。轟炸一方的時間是隨機的,防炸方也是時刻準備著,這就是混合策略。

國際政治生活中也不乏混合策略的例子。

比方說,美國正在和恐怖分子進行一場反恐戰爭。他們之間玩的也是混合策略。恐怖分子要對美國進行襲擊,而美國要防止恐怖分子的襲擊。恐怖分子勝利果實的大小,等於被襲擊方美國的損失。恐怖分子不能預先告訴美國,他們將何時何地以何種方式襲擊何處目標。如果美國政府事先已經得知恐怖分子的計畫,肯定會採取措施進行防範,恐怖分子的襲擊將難以得手。

因此,恐怖分子採取的是混合策略:任何時間、任何地點均可對美國進行襲擊。而對於美國政府來說,他們的任何一個目標,無論是民用的還是軍用的,均有可能成為恐怖分子的襲擊目標,因而不能放鬆對任何一處目標的保衛。

品牌決定市場地位

　　在現今企業競爭中，無論是規模經濟還是區域經濟，大部分企業都還是在圍繞著產品做文章。而在現代市場競爭中，比產品競爭更高層次的則是品牌的競爭。對於那些成熟行業來說，品牌競爭的高境界不是你死我活，比如某個品牌在市場上一枝獨秀，而應該是幾個各具特色的品牌，彼此相互依存地形成品牌的賽局。從許多成熟產品的市場中可以發現，往往同類別的成功品牌都有一個以上的優秀的競爭對手存在著，他們彼此間在策略戰術上針鋒相對，但又同時不斷拓展該產品的總體市場容量，在品牌賽局過程中不斷完善自己、超越自己。賽局參與者雙方或多方的相互作用，而並非是非此即彼的淘汰與生存。

　　賽局的精髓並不是拚個你死我活的，而是在於參與者互相依存的關係。一個真正的賽局參與者清楚地明白彼此間處於一種什麼狀態，在品牌的賽局中雙方共同成長、不斷完善，把一些跟進者遠遠地甩在後面。所以說，在競爭激烈的行業中，尤其是行業的領導品牌間，如何能在保持各自合理及最大的利潤的同時共同做大行業市場，同時避免無休止的降價等惡性競爭，相互依存共同成長。因此賽局的競爭是值得思考和提倡的。

　　雨果曾說過：「世界上先有了法律，然後有壞人。」制度是給人執行的，也是給人破壞的。有時，制度成為不能辦事的藉口。剛開始，制

度是寬鬆的，後來設的籬笆越來越多。有很多規則是潛規則，不需要說明。比如，買菜刀時，不需要說明不能把刀口對著人。有些規則不規定不行，比如開會，不規定準時就肯定永遠有人遲到。

制度還有一個給人破壞的特徵。有時破壞制度的時候反而讓人覺得親密。比如，按制度你只能住 4,000 元的房間，老闆說，我破例給你住 6,000 元的，員工覺得老闆違反制度對我特別好，而這樣員工就會在工作上付出更多的努力。

總而言之，一個良好的獎懲制度首先要選擇好對象；其次要能夠建立在員工相對表現基礎之上的報酬。簡單地說，就是實際的業績越好，獎勵越高。只有一個合適的獎罰分明的制度才能夠對員工產生出合適的激勵。因此說，一個好領導者應建立好一個管理激勵與約束員工的制度。

不同於常人的思維

生活中有很多例子與這個模型的道理是相通的，「股票買賣」、「交通堵塞」以及「樂透」等等問題都是這個模型的延伸。對這一類問題一般稱之為「少數人賽局」。「少數人賽局」是改變了形式的問題，是由一位瑞士華裔張翼成在 1997 年提出的。

在股票市場上，每個股民都在猜測其他股民的行為而努力與大多數股民不同。如果多數股民處於賣股票的位置，而你處於買的位置，股票價格低，你就是贏家；而當你處於少數的賣股票的位置，多數人想買股票，那麼你持有的股票價格將上漲，你將獲利。

在實際生活中，股民採取什麼樣的策略是多種多樣的，他們完全可以根據以往的經驗歸納得出自己的策略。在這種情況下，股市賽局也可以用少數者賽局來解釋。

「少數人賽局」中還有一個特殊的結論，即：記憶力好的人未必一定具有優勢。因為，如果確實有這樣的方法的話，在股票市場上，人們利用電腦儲存的大量的股票的歷史資料就肯定能夠賺到錢了。但是，這樣一來，人們將爭搶著去購買儲存量大、速度快的電腦了，在實際中人們還沒有發現這是一個炒股必贏的方法。

「少數人賽局」還可以應用於城市交通。現代城市越來越大，道路越來越多、越來越寬，但交通卻越來越擁擠。在這種情況下，司機選擇行

車路線就變成了一個複雜的少數人賽局問題。

雖說城市道路往往是複雜的網路。但我們可以簡化問題，假設在交通尖峰時段，司機只面臨兩條路的選擇。這個時候，往往要選擇沒有太多車的路線行走，此時他寧願多開一段路程，而不願意在塞車的地段焦急地等待。司機只能根據以往的經驗，來判斷哪條路更好走。當然，所有司機都不願意在塞車的道路上行走。因此每一個司機的選擇，必須考慮其他司機的選擇。

在司機行車的「少數者賽局」問題中，司機經過多次的選擇和學習，許多司機往往能找到規則性，這是以往成功和失敗的經驗教訓給他的指引，但這不是必然有效的規則性。

在這個過程中，司機的經驗和司機個人的性格發揮作用。有些司機因有更多的經驗而更能躲開塞車的路段；有些司機經驗不足，往往不能有效避開尖峰路段；有些司機喜歡冒險，寧願選擇短距離的路線；而有些司機因為保守而寧願選擇較不會塞車的較遠路線等等。最終，不同特點、不同經驗司機的路線選擇，決定了路線的擁擠程度。

優勢策略決定出路

無需贅言，在商業競爭中的每個人都在進行賽局。如何確定你自己的優勢策略？如何讓你的劣勢策略所帶來的不良影響降到最低？如何在優劣與均衡之間找到屬於你的黃金分割點？

在商界競爭中，會有許多企業選擇錯誤，不知道所謂的「優勢策略」中的優勢究竟是對什麼而言的。「優勢策略」是指你的策略對其他策略占有優勢，而不是無論對手採用什麼策略，都占有的策略優勢。還有一個常見的誤解是，一個優勢策略必須滿足一個條件，即採用優勢策略得到的最壞結果也要比採用另外一個策略得到的最佳結果略勝一籌。

在商業賽局競爭中，並不是所有賽局都具有優勢策略，就算在這個賽局中只有一個參與者也不是絕對的。實際上，與其說優勢是一種有利條件，還不如說是一種例外。雖然出現一個優勢策略可以大大簡化行動的規則，但並不是這些規則都適用於大多數的賽局中。這就需要採取其他原理了。

在商業賽局中，一個優勢策略可以優於其他任何策略。同樣，一個劣勢策略也會劣於其他任何策略。如果你有一個優勢策略，你可以採用它，並且知道你的對手要是有一個優勢策略的話，他也會採取。同樣，如果你有一個劣勢策略，你就必須避免採用，並且知道你的對手要是有一個劣勢策略的話，他同樣會避免。

　　如果你只可以選擇兩個策略，其中一個是劣勢，而另一個一定就是優勢策略。那麼你的策略必須建立在至少一方擁有至少三個策略的賽局基礎之上，即用與選擇優勢策略做法完全不同的規則避免劣勢策略。

　　如果你沒有優勢策略，那麼你要做的就是除去所有劣勢策略，如此一步一步做下去。如果在做的過程中，在較小的賽局裡出現了優勢策略應該一步一步挑選出來。假如這個過程以一個獨一無二的結果告終，這就代表你已經找到了參與者的行動指南以及這個賽局的結果。就算這個過程不會以一個獨一無二的結果告終，它也會縮小整個賽局的規模，同時把賽局的複雜程度降低了。

　　用優勢策略的方法與劣勢策略的方法進行簡化之後，整個賽局的複雜程度就已經降到最低限度，不能繼續簡化，而我們也不得不面對循環推理的問題。你的最佳策略要以對手的最佳策略為基礎，反過來從你的對手的角度分析也是一樣。在這場賽局競爭中，無論是具有優勢策略還是劣勢策略，其都是為了達到均衡的結果，關鍵是你如何行動了。

標新立異的促銷方法

在商場賽局中，確定最佳策略就是向前展望，倒後推理。事情不會是那麼簡單的。不過，關於同時行動必不可少的思維方式的思考可以總結為指導行動的三個簡單法則。反過來說，這些法則又基於兩個簡單概念，即優勢策略與均衡。我們可以看出，只有一方擁有優勢策略時的賽局，擁有優勢策略的一方將採用其優勢策略，而另一方會針對這個策略採用自己的最佳策略。

如果你有一個優勢策略，那麼就要選擇這個優勢策略。如果你沒有一個優勢策略，也不要擔心你的對手將會怎麼做。如果你的對手有優勢策略，那麼他就會採用這個優勢策略，你可以相應選擇自己的最好做法。

美國康乃狄克州有一家叫奧斯摩比的汽車廠，它的生意曾長期不振，使工廠面臨倒閉的局面。該廠總裁決定從推銷下手，扭轉危機。

採用什麼樣的推銷方法最好呢？總裁認真反思了該廠的情況，針對存在的問題，對競爭對手以及其他商品的推銷術進行了認真的比較分析，最後博採眾長，大膽設計了「買一送一」的推銷方法。該廠積壓著一批「托羅納多」牌轎車，未能及時脫手，資金不能回籠，倉租利息卻不斷增加。所以廣告中便特別聲明 —— 誰買一輛「托羅納多」牌轎車，就可以免費得到一輛「南方」牌轎車。

　　買一送一的推銷方法，由來已久，使用面也很廣。但一般做法只是免費贈送一些小額商品。如買電視機、送一個小玩具等等。這種給顧客一點恩惠的推銷方式，最初的確能發揮很大的促銷作用。但時間一久，使用者多了，消費者也就慢慢不感興趣了。

　　給顧客送禮給回扣的做法，也是個推銷老辦法。但是，所送禮品的價值或回扣數目同樣都較小，不可能產生引起消費者衝動的效果。

　　奧斯摩比汽車廠對各種推銷方法的長處相容並蓄，盡可能克服因方法陳舊使消費者麻木遲鈍的缺點，大膽推出買一輛轎車便送一輛轎車的「違反常理」辦法，果然一鳴驚人，使很多對廣告習以為常的人為之側目，到處奔相走告。許多人聞訊後不辭遠途也要來看個究竟，該廠的經銷部一下子門庭若市。過去無人問津的積壓轎車很快就以 21,500 美元一輛被顧客買走，該廠亦一一兌現廣告中的承諾，免費贈送一輛嶄新的「南方」牌轎車。

　　如此銷售，等於每輛轎車少賣了 5,000 美元，是不是虧了本？

　　其實不然，奧斯摩比汽車廠不僅沒有虧本，而且由此還得到了多種好處。因為這些車都是積壓的庫存車，僅以積壓一年計算，每輛車損失的利息、倉租以及保養費等就已接近了這個數目。而現在，不僅積壓的車全賣光了，而且資金迅速回籠，可以擴大再生產了。另外，隨著「托羅納多」牌轎車使用者的增多，該品牌的市場占有率迅速提高。其名聲變大的同時，另一個新的牌子「南方」牌也被帶出來了 —— 這一低檔轎車以「贈品」問世，最後開始獨立行銷。

　　奧斯摩比汽車廠從此起死回生，生意興隆。

　　在商業競爭中，如果有賽局的發生時，你一定要客觀冷靜地分析清楚什麼才是屬於你的優勢策略，什麼才是你的劣勢策略。將你的優勢策

略發揮到最大限度，這樣可以極大地提高你的競爭力。

在商場競爭中，有一個「報業賽局」就是運用了其中的妙處：1994年，傳媒大亨魯柏·梅鐸試驗性地在史泰登島把旗下的《紐約郵報》的零售價降到了 25 美分。沒過多久，競爭對手《每日新聞》作出了反應，它並沒有降低價格，而是把價格從 40 美分提高到 50 美分。這件事在他人看起來有些離譜。外界媒體《紐約時報》發表評論說：「看起來《每日新聞》是在刺激《紐約郵報》繼續在全紐約降價。」

剛開始，兩份報紙都是 40 美分的價格，但梅鐸卻認為要想減少營運負擔，報紙的零售價應該漲到 50 美分更合適，於是他便率先採取了行動。而《每日新聞》則藉機停留在 40 美分的價格上而沒有漲價，結果《紐約郵報》失去了一些訂戶，並且還帶來一些廣告收入的問題。

梅鐸當時認為這種情況不會持續多久，但是《每日新聞》卻一直處於按兵不動的狀態，梅鐸頗為惱火，認為需要顯示一下力量，讓《每日新聞》知道：如果有必要，他有能力發動一場報復性的價格戰。當然，如果真的發動一場價格戰，那麼對自己也會造成一定的損失，形成兩敗俱傷的局面。所以，他的目標是讓《每日新聞》感到威脅的可行性，又不投入真正戰鬥的費用，於是他設計了一種讓《每日新聞》漲價的戰術，進行了一次試探性的力量顯示：結果就是在史泰登島上把價格降到了 25 美分，顯然，《紐約郵報》的銷量就會立竿見影地上升，當然，《每日新聞》也認識到其用意。

對於《每日新聞》來說，利潤大幅下降是必然的結果，和這次史泰登島的行動，出於對後果的考慮，《每日新聞》放棄了投機心理，採取了明智的策略，也將報價提高了 10 美分，它既不敢也不願激怒梅鐸，但對它來說，漲價也並不吃虧。從賽局雙方的情況來看，這正是優勢策略下

雙方所得的結果。

在商業競爭中，並不是所有的人都能找到自己的最優策略。有些是因為對現有知識、資訊的認識、掌握和運用不夠，有些則是在實踐中遇到了新的問題。但無論如何，當許多相互連繫的因素存在且很難從各種判斷中選擇正確的決策時，賽局論能有效地提供幫助，並具有徹底改變人們對商業認知的潛在能力。

尋找適合自己的競爭方式

　　兩個人在原始森林中漫步，突然聽到背後傳來老虎的叫聲，兩人感到恐懼極了。這時，其中一人迅速從背包中拿出運動鞋換上。另一個人不解地問道：「你換上運動鞋有什麼用？無論如何你也跑不過老虎的。」可是換鞋的那人卻回答：「我知道自己跑不過老虎，不過只要我跑得比你快就可以逃過此劫了。」另外一個人聽到此言並沒有慌張逃命，也沒有學著同伴換上運動鞋，而是就近爬到一棵大樹上。隨著一陣勁風刮過，凶猛的老虎很快就來到了他們剛才談話的地方。透過敏銳的嗅覺，老虎感到周圍一定有人藏匿。很快老虎發現人就在前面的大樹上，可是經過幾次咆哮和碰撞，那人始終緊緊地抱著樹幹。老虎只好放棄，然後去追那個企圖跑得比同伴更快的人。結果，換鞋的那人被老虎吃掉了，而上樹的同伴卻得以倖存。

　　這個故事模型放在商場之上也同樣具有教育意義。在如今如火如荼的商場之上，作為在激烈的市場競爭中謀求生存與持續發展的企業，能否找到適合自身長期發展的競爭優勢，將決定著企業的生死存亡，企業必須選擇和運用好適合自己的競爭方式。競爭方式不當，競爭將會步步受挫，甚至有全軍覆沒的危險。

　　可口可樂和百事可樂是當今碳酸飲料的兩大巨頭，始終引領著行業潮流。但是，當初百事可樂曾針對可口可樂 6.5 盎司的包裝展開推

廣——「百事可樂真正好，12 盎司裝得滿！一分錢，兩份貨，你的飲料百事可樂！」

面對競爭對手咄咄逼人的進攻態勢，可口可樂反應迅速地撤掉了 6.5 盎司的產品，推出與百事相似的包裝來封鎖對手，優勢又重新回到了可口可樂手中。

後來，百事可樂經過調查分析終於發現了可口可樂無比強大的原因：那就是因為可樂的真正鼻祖是可口可樂，因此它被公認為老牌的正宗可樂。在找到了對手的強勢之後，百事可樂站到了完全相反的一面，將自己定位為「年輕人的可樂」、「新一代的選擇」，這種重新定義使得可口可樂成了「老一輩」的可樂。從此，百事可樂走上了成功之路。

其實，百事可樂與可口可樂的產品其實沒有太大差別，但由於可口可樂進入市場較早，且占據了廣大市場，所以百事可樂的品牌定位就變得尤為重要。在與可口可樂的賽局中，面對不利的情況，百事可樂正是找出了自己一直失敗的原因，摒棄了傳統的競爭方式，才得以從可口可樂手中奪走了一部分市場。

豐田汽車在進入美國之前，占領美國市場的是很有實力的德國福斯汽車，同時，美國的通用等品牌的汽車也有很大的市場占有率。於是豐田開始了收集資訊、調查市場的前期準備。

一次，豐田公司的資訊人員偶然聽到駕駛福斯汽車的車主埋怨引擎難以啟動。他立即委託一家美國市場行銷調查公司去訪問福斯汽車用戶，了解他們對福斯汽車的意見。調查結果顯示：那些福斯汽車的使用者普遍希望車在冬天能夠容易啟動，後座的空間要大一點等。於是，針對這些需求，豐田公司很快就設計出一種比福斯汽車更適合美國使用者的豐田汽車，並以更低的價格和大力的廣告宣傳，迅速排擠了福斯汽

車，從而位居小型汽車市場銷售之冠。

　　從百事可樂和豐田汽車賽局成功的案例中，我們不難看出在市場競爭過程中，企業為了占領同一市場，實現同一類產品的價值，維護自身利益，就需要與對手賽局較量。在這裡競爭的方式表現為「進攻」和「防守」。由於競爭中每個企業公司的規模、資金、技術等隨著經濟的發展，也在不斷變化，這就促使企業公司需要結合自身實際，制定適合自己的競爭方式。

　　值得注意的是，企業在採取自己的競爭方式的時候，既要準確了解和掌握市場，並根據條件準確選擇「突破點」，同時又要「兵貴神速」，抓住一切有利時機，再加上全面運用技巧，並靈活機動地加以實施，方能擊敗對手。

第九章

鷹鴿賽局 —— 動作快才能吃上熱豆腐

不要輕易亮出底牌

　　過早將自己的底牌亮出去，往往會在以後的賽局中失敗。羽翼未豐滿時，更不可四處張揚。《易經》乾卦中的「潛龍在淵」，就是指君子應待時而動，要善於保全自己，不可輕舉妄動。

　　五代時，馮道奉後晉君主之命出使契丹，送禮給契丹皇帝。在多數人看來，此行凶多吉少，然而，沒有想到的是馮道意外受到了契丹皇帝的禮遇，契丹皇帝還有意留用他。馮道內心其實不願留在契丹，但又不敢直接拒絕。於是，他一面上奏契丹皇帝，說：「遼與晉有父子關係，事子若事父，這樣看來，我現在實際上等於出仕兩朝，留在這和回晉沒有兩樣。」這話意在博取契丹皇帝的好感；另一方面，馮道命令部下把契丹皇帝給的賞賜全部賣掉，賣得的錢都用來購置柴炭，還經常對人說：「北方嚴寒，老年人受不了，只能多備點柴炭。」表示他不敢逆旨回國，作出一副要在北方長住的打算。契丹皇帝覺得馮道是難得的「忠義」之士，且有苦衷難言，因而心生憐憫，就決定放馮道回國覆命。

　　馮道知道契丹皇帝打算放自己回晉後，卻故作姿態，滯留不走，他還三次上書說願意留下。最後，經契丹皇帝多次催促，馮道才慢慢地收拾行李，準備啟程回後晉。出發後，馮道沿路停留，以示依依之情，一行人費時一個多月才越過國界。對此，隨行人員都迷惑不解地問他：「別人能夠活著回故土，恨不得長上翅膀，你為什麼卻要慢慢走？」馮道說：

「這是我以退為進之計。我何嘗不希望早點回國呢？可是你們想過沒有，萬一契丹皇帝反悔，到時怎麼辦？而且不論我們如何趕路，契丹人只要策馬揚鞭，一日的功夫就肯定能追上我們。因此，我佯裝對遼地有不捨之情，避免對方猜透我的心思。」回國後，馮道以結得兩國之好，又以不念異國之封而毅然歸來的行動得到後晉皇帝的重用和信任。

馮道一生做了六個皇帝的宰相，可謂前無古人，後無來者。也因此被很多人對其氣節產生懷疑，但設身處地想一想，處在政權更迭的五代時期的一個「知識分子」，不學會八面玲瓏，又怎麼能保護自己。據史書記載，馮道本人一生十分勤儉，他把節省下來的錢財都施惠百姓，這在當時是極為少見的。所以，馮道不輕易亮出自己底牌的行為還是值得讚揚的。

歷史上，有很多人就因為洩露了自己的底牌，而命喪黃泉。南北朝時期的宋文帝就是一個典型。當時的太子劉劭急於篡權，經常和幾個巫師在一起求神問卜，還把文帝的玉像埋在含章殿（南朝宋宮殿名）前，詛咒宋文帝快死，自己好快點繼位。剛開始，宋文帝對這一切並不知情，完全蒙在鼓裡。

劉劭有個奴僕名叫陳天興，與東陽公主（劉劭的姐姐）的侍婢王鸚鵡私通。不久，東陽公主病死，按規矩侍婢應該出嫁。王鸚鵡害怕與陳天興私通的事情洩露，就寫信讓劉劭殺掉陳天興。陳天興被殺後，與他一起埋宋文帝玉像並施行詛咒的太監門慶國嚇壞了，誤以為自己肯定也要像陳天興一樣被滅口，於是就向宋文帝告發了太子謀逆之事。宋文帝得知後，又驚又氣，就下令搜查王鸚鵡的家，果然，查得劉劭、劉浚和嚴道育等人往來書信等罪證。

接下來在這件事中，太子的死黨小王爺劉浚發揮了關鍵性的作用。

這個劉浚的養母就是文帝寵愛的潘淑妃。而劉劭的生母元皇后正是因潘淑妃受寵而被活活氣死的。劉浚怕劉劭日後登基會拿自己開刀，就曲意逢迎，最後，兩個人成了死黨。劉浚還把一些重要的證據藏在自己家裡。

文帝知道太子劉劭之事後，就召劉浚來訓話。劉浚閉嘴不答，只是一個勁地謝罪。文帝見劉浚不開口，只好先讓他退下。

潘淑妃很愛這個養子，回宮後，哭著對劉浚說：「你們詛咒皇上的事情已經敗露，我原以為你會自行悔改，你怎麼還敢藏匿證據呢？我真不忍心看見你身敗命死的那一天啊！」劉浚十分氣憤，「天下大事不久就會有水落石出的那一天，我肯定不會連累妳的！」說完就拂袖而去。

當夜，宋文帝召見尚書僕射徐湛之，徵詢他的意見。最後，君臣達成一致意見：廢除太子，賜死劉浚。

這個看似已經是板上釘釘的事，最後卻功虧一簣。宋文帝一時酒醉，就乘興把此事告訴了潘淑妃。這個潘淑妃愛子心切，竟背著文帝，祕密派人通知劉浚，叫他趕緊逃跑。劉浚聞訊後趕緊派人馳報劉劭。劉劭連夜發難，假稱受詔入宮有急事，帶領親信直衝文帝的寢殿。文帝被弒於室內，時年四十七。接著，劉劭即皇帝位，改元太初。

宋文帝劉義隆在位三十年，聰明仁厚，躬勤政事，在其統治期間，國力達至鼎盛，史稱「元嘉之治」。可惜他在關鍵時刻暴露了自己的底牌，廢立這樣的大事隨便告訴身邊的婦人 —— 潘淑妃，最後落得身首異處，遭古今帝王少有之慘禍，確實令後人嘆惋。

俗話講：「小不忍，則亂大謀。」人們往往不能控制自己的性情，做出對大局不利的事情。善於賽局者一定要善於控制自己，不輕易亮自己底牌。

選擇做鷹還是做鴿

一般認為物競天擇、適者生存、弱肉強食這是大自然的法則，而鷹鴿賽局反映的是一種生存賽局中的演化或者演化中的均衡問題。鷹鴿賽局行為是動物界和人類社會中普遍存在的經典賽局現象。

鷹鴿賽局研究的是同一物種、種群內部競爭與衝突的策略和均衡問題。鷹鴿賽局描述了兩種動物為爭奪某一食物而爭鬥的情形，每只動物都能選擇兩種賽局策略之一，即鷹策略或者鴿策略。鷹策略和鴿策略分別代表攻擊型策略與和平型策略。鷹搏鬥起來總是凶悍霸道，全力以赴，孤注一擲，除非身負重傷，否則絕不退卻；而鴿只是以風度高雅的慣常方式進行威脅恫嚇，從不傷害其他動物，往往委曲求全。如果鷹與鴿搏鬥，鴿迅即逃跑，因此鴿不會受傷；如果是鷹與鷹進行搏鬥，就會一直打到其中一隻受重傷或者死亡才甘休；如果是鴿同鴿相遇，那就誰也不會受傷，直到其中一隻鴿做出讓步為止。假設各自事先都不知道對手是鷹還是鴿，只有在進行搏鬥時才能弄清楚，而且也記不起過去跟誰搏鬥過，以前的經驗沒有借鑑意義。

對每隻動物來說，最好的結局就是對方選擇鴿而自己選擇鷹策略，最壞的結局就是雙方都選擇鷹策略。假設賽局參與者得分標準為贏一場得 5 個單位的收益，輸一場得負 5 個單位的收益，重傷者得負 10 個單位的收益，使競賽拖長浪費時間者得負 1 個單位的收益。這個規則使得鷹

鴿賽局在重複進行中，平均收益較高的個體就會有較高的機率得以長期生存繁衍下去。

按照常理講，在鷹和鴿之間的每次戰鬥中，鷹當然永遠會取勝，但是我們最想要知道的是究竟是鷹策略還是鴿策略，屬於物種演化或者演進意義上的穩定的策略類型。鷹鴿演進賽局的穩定演進策略共有三種：一種是鷹的世界，另一種是鴿的天堂；還有一種是鷹鴿共生演進的策略，這要求混合採取強硬或者合作的策略。

在現實社會的生存賽局中，人們往往是排他性占有某種利益，圍繞人們利害關係的對立，由此形成鷹鴿賽局的模式。不同的人、不同的團體、不同的派別，由於政治地位、經濟利益、文化觀念、生活環境、個人性格等因素的不同，對同一事物有著不同甚至對立的看法，往往會採取不同的立場與策略，從而可以區分為鷹派與鴿派，分別代表強硬與溫和的策略選擇。

對於國際政治賽局而言，鷹派一般在國運昌盛、實力膨脹之際，容易驕橫自負、仗勢欺人、不可一世，而在危機四伏、局勢變化時，可能性情急躁、心生極端、鋌而走險。鷹派比較迷信實力，尤其迷信武力，認為只要有了強大的力量，就可以縱橫天下，暢行無阻，倘若有誰不服就以武力震懾而使其畏懼，再不行就乾脆出兵攻打，幹掉對手。強硬政策可能會取得立竿見影的效果，但由於手法粗糙、步驟急切，往往會留下很多麻煩。

很多時候，對於同一個問題或者事件，鷹派與鴿派的態度截然不同。

例如，對美國「911事件」，鴿派立足美國自身做出反思，主張從美國自身來尋找消除恐怖主義的途徑，在國際關係中奉行多邊合作；但是，

鷹派卻與此大相徑庭,變得更加強硬,更加咄咄逼人,堅持主張以先發制人策略消滅對美國構成威脅的力量。伊拉克戰爭正是鷹派先發制人策略的產物,但鷹派的策略使得美國變得更安全了嗎?使世界變得更安全了嗎?恐怕答案是否定的。

相比較來說,鷹派注重實力,鴿派注重道義;鷹派注重利益,鴿派注重信義;鷹派注重眼前,鴿派注重長遠;鷹派注重戰術,鴿派注重策略;鷹派傾向於求快,鴿派傾向於求穩。但是,鷹派與鴿派到底何者更好一些,恐怕難以一概而論。此一時、彼一時,此一處、彼一處,不同的條件、不同的目標等不同的因素使得鷹派、鴿派各有其存在的根據和發展的空間,應該具體情況具體對待。

當然,鷹鴿兩種策略各有利弊得失,鷹策略強硬有力但失之激進,鴿策略溫和穩健卻有些消極。因此,調和兩者而取「中庸之道」往往會成為較好的策略選擇。需要指出的是,中庸之道並不是左右之間的一條絕對中間線,並不是折中路線,而是伸屈自如、剛柔相濟、不走極端的生存賽局策略。其實,所謂黃金分割點(約等於 0.618)是處在中左或者中右的位置。

不相容時刻如何賽局

明代著名的一位政治家于謙在一首詩中這樣寫道：兩袖清風朝天去，免得閭閻話短長。從此以後，「兩袖清風」便成為清官的代名詞。清官是什麼，清官就是一個人對官僚群體的賽局，一個人對整個特定時期的官僚體制的賽局。這種賽局，對清官個人來說，顯得太崇高了，然而對整個特定的時期的官僚體制，以及對整個社會的不斷發展，顯然還並不能產生根本的促進和改善方面的作用。

海瑞可以說是一個「兩袖清風」的清官。二十多歲他中了舉人後，做過縣裡的學堂教諭，不久，就被派遣到浙江淳安做知縣。海瑞到了淳安，認真審理積案。不管什麼疑難案件，到了海瑞手裡，都一件件調查得水落石出，從不冤枉好人，孝子賢孫滿地都是。

海瑞的頂頭上司是浙江總督胡宗憲，是嚴嵩的同黨。有一次，胡宗憲的兒子帶了一大批隨從經過淳安，住在縣裡的官驛裡。胡公子平時養尊處優慣了，看到驛吏送上來的飯菜，認為是有意怠慢的差役趕快報告海瑞。海瑞知道胡公子招搖過境，本來已經感到厭煩，現在竟吊打起驛吏來，就覺得非管不可了。海瑞聽完差役的報告，裝作鎮靜地說：「總督是個清廉的大臣。他早有吩咐，要各縣招待過往官吏，不得鋪張浪費。如今來的那個花花公子，排場闊綽，態度驕橫，肯定不會是胡大人的公子吧。一定是什麼方的壞人冒充公子，到本縣來招搖撞騙的。」說著，他

立刻帶了一大批差役趕到驛館，把胡宗憲的兒子和他的隨從統統抓了起來，帶回縣衙審訊。一開始，那個胡公子仗著父親的官勢，暴跳如雷，但海瑞一口咬定他是假冒公子，還要說把他重辦，他才洩了氣。海瑞又從他的行裝裡，搜出千兩銀子，統統沒收充公，還把他狠狠地教訓一頓，攆出縣境。等胡公子回到杭州向他父親哭訴的時候，海瑞的報告也已經送到巡撫衙門，說有人冒充公子，非法吊打驛吏。胡宗憲明知道他兒子吃了大虧，然而海瑞信裡也寫信給他，假如把這件事傳出去的話，相反會失了自己的臉面，只好打落門牙往自己肚子裡吞了。

在這一事件中，海瑞掌握了賽局的主動權利，因為我們的「胡公子」把事情鬧得越來越大了，已經傷了知縣太爺的面子，到了非處理不可的地步。因此，在海瑞是處理還是睜隻眼閉隻眼的選擇中，海知縣只能是處理。好在他機智地把握了一個前提，就是一口咬定，上司是好人，所謂「龍生龍，鳳生鳳，老鼠的兒子會打洞」，此人招搖撞騙，絕非上司公子。事實上也是設計了一個兩難選擇讓上司往火坑裡跳：承認他是自己的少爺，損傷自己的威嚴；不承認他是自己的少爺，傷害了兒子的利益。好在這位胡總督是一位丟車保帥的高手，兩相權衡，反正海瑞已經該打的打了，該沒收的也沒收了，其實兒子的利益已經多多少少受到一些損害，那麼這也就是假戲真做了，把一位真正的公子當作假少爺來進行處理了。

可以這樣來說，海青天掌握了官場上文人「豹死留皮，人死留名」，也就是貪汙歸貪汙。表面文章還得做的心理，在與上司的這場賽局中，選擇了點到為止、雙方都能接受的均衡點，因此，取得了競爭的勝利。

過了不久，又有一位名叫鄢懋卿的人被派到浙江來視察情況。鄢懋卿是嚴嵩認的乾兒子，敲詐勒索的手段更狠。然而鄢懋卿做了婊子還要

立牌坊，偏要裝出一副奉公守法的樣子，通知各地一切從簡，這可真是此地無銀三百兩。海瑞卻是假戲真做，送了一封信給鄢懋卿，信裡這樣說道：「當我們接到通知的那一剎那，很顯然是需要我們招待從簡。但是據我們了解情況得知，您每到一個地方都是大擺筵席，花天酒地。這就叫我們為難呀！要按通知辦事，就怠慢了你；要是像別的地方一樣鋪張，只怕違背您的意思。請問該怎麼辦才好呀？」這依然是一個兩難的選擇：需要按照要求辦事，與你的表現不合的地方，怕委屈你；如果不按照你的要求去辦事的話，且又不符合你的要求，那麼這就沒有尊重上司的建議了。鄢懋卿恨得咬牙切齒，然而對於這個兩難問題只好保持避而不談，繞過淳安，就到別處罷了，但是到最後海瑞也被撤了淳安知縣的職務。

在賽局當中，因為海瑞的對手選擇了不一樣的手段，所以海瑞的結局就不一樣了。當嚴嵩倒臺後，海瑞就恢復了原來的職務，後來又被調到京城。海瑞做了京官後最著名的事情就是罵皇帝。天下人民就用你改元後的年號「嘉靖」，取這兩個字的諧音說，嘉靖就是家家皆淨，沒有財用了。其實這正是明朝的清官與明朝最大的腐敗分子 —— 也就是皇帝的一次最直接賽局。

於是到最後海瑞把這道奏章送上去之後，估計著自己會觸犯明世宗，自己可能也保不住性命。在回家的路上，他隨便就買了一口棺材，並且把他死後的事一件件交代好，把家裡的僕人也都打發走了，準備隨時被捕處死。

當期望收益過大時，而且需要付出的成本會更高，那怎樣做出選擇呢？是堅持到底還是改弦更張？也許這個問題對每個人來說都有不同的答案，然而在賽局論中，以局勢的關鍵點作為策略選擇的基礎，是非常

重要的一點。

　　果然，嘉靖看到了，就開始發大怒，把奏本丟到地下，叫左右立刻逮捕，不要讓他跑了。宦官黃錦在旁邊說：「聽說這人自知活不了。已和妻子告別，託人準備後事，家裡的傭人都跑光了。此人秉性剛直，名聲很大，居官清廉，不取官家一絲一粟，是個好官呢！」嘉靖一聽海瑞不怕死，倒遲疑起來了，又把奏本撿起來，一面讀，一面嘆氣，自言自語地說：「這人真比得上比干，不過我還不是紂王。」

　　他的名字叫海瑞，一想起來這個人就想發脾氣，拍桌子罵人。無論在哪一天一旦發怒時就打宮婢，宮婢私下哭著說：「皇帝挨了海瑞的罵，卻拿我們來出氣。」後來，明世宗還是下令把海瑞抓了起來，刑部論處海瑞死刑，嘉靖也不批復。直到明世宗死去，海瑞才得到釋放。在這場與皇權直接交鋒的賽局中，海瑞自認為是清官，清官就要做他該做的事情，他上書勸諫皇帝處理朝政，事實上也是明知其不可為而為之。無論他勸罵也好，不勸罵也好，但都不能改變事情的向前發展，而海瑞不怕死，所謂「捨得一身剮，敢把皇帝拉下馬」，對他來說已經作了最壞的打算。這也是海瑞勇於抗爭和善於抗爭的表現，抬棺進諫，表明自己不怕死的底線。但對於明世宗而言就犯難了，不處理海瑞。還顯得他不是一個昏庸透頂的糊塗蛋，但心裡憤恨難平；處理海瑞，罵都被罵了，還會更加遭受天下的責難。當然，前提是皇帝還不至愚昧到了一句忠言都聽不進的地步。所以，嘉靖對海瑞的種種表現，事實上就是進退兩難矛盾心理上面的反映。

　　1585年，海瑞被重新起用，這時，海瑞向萬曆提出了一個反貪建議：要杜絕官吏的貪汙，除了採用重典以外別無他途。他提到太祖當皇帝時的嚴刑峻法，凡貪贓在八十貫以上的官員都要處以剝皮實革的極刑。按

黃仁宇的說法：這一犯眾怒的提議在文官中造成了一陣騷動。海瑞這一提議，估計能把大明的官員全體「消滅」掉，貪贓八十貫，可以這樣說，除了海瑞外，其他官員沒有不達標的。所以，海瑞此後遭遇同僚參劾也就不足為怪了。參劾的結果，萬曆皇帝給海瑞下的評語中有這樣一段：雖當局任事，恐非所長，而用以鎮雅俗、勵頹風，未為無補，會令本官照舊供職。

雖然在皇帝心目中，海瑞的作用無非是個道德模範官僚，成事不足，但卻不會敗事的。最後，皇帝給了他閒職。在他去世時，令人想不到的是，在他家中使用的是連貧寒的文人也不願使用東西 —— 用葛布製成的幃帳和破爛的竹椅。家裡僅有十一兩白銀，辦理喪事還是靠同僚捐的錢。這真可謂是到了兩袖清風的地步呀！

海瑞的一生可以說是與上司、皇帝賽局的一生特是最後提出的重典治吏，無一不是將自己放在與全體同僚賽局的對立面。從表面上看，他的同僚為之側目，連皇上也讓他三分，對他也是無可奈何的。但實際上，就是所謂的「過猶不及」，正直過了頭，反而樹立了很多敵人。無論在什麼樣的社會中，如果把希望寄託在一兩個明君或者一兩個清官上，那麼這個社會就會變得不正常。在這個社會中做一個清官是會失敗的，因為他的賽局對象是體制，是他根本無法改變的賽局規則，所以賽局的這一方成了弱者。對於弱者來說，要想扭轉趨勢只有適應賽局另一方制定的規則。

保持中立還是加入戰鬥

在兩營對壘的大格局已經形成時，多方賽局中更為弱小的一方可以採取兩種策略，保持中立或加入某一陣營。

要想保持中立是需要有一些條件的，第一，保持中立必須滿足於較少的收益。因為在賽局中只有透過攻擊對手從對手的損失中獲取收益才能獲得更大的利益。保持中立不與人爭，則只能得到賽局的平均收益，在零和賽局時，這個平均收益是 0。如果不能滿足於這個收益，則不能保持中立了。

第二，即便你不與別人爭別人也可能會與你爭，特別是在賽局較為激烈的時候，保持中立就更難。所以，保持中立的第二個條件是所爭的資源較豐富，爭奪不太激烈，對抗性不強，這種賽局態勢下中立派有較大的生存空間。

比如印度，氣候溫暖，四季如春，物產豐富，優越的環境使得其國土上難以發生曠日持久的激烈競爭，養成了其人民溫和柔軟的性格，形成了宗教得以發達的良好土壤。這種溫和的競爭環境給中立路線留下了廣大的空間，賽局中的各方容易透過中立策略求得生存，使得大的對抗陣營難以形成，造成其境內邦國林立的局面，這種分散的局面至今仍然是印度政治的一個特徵。

第三，在兩大陣營形成後想繼續保持中立必須以一定的實力做後

盾，使對陣的雙方都不敢主動對他發動攻擊，打破對陣態勢。所以，保持中立的一方其實力必須大到一旦加盟某一陣營就會打破兩大陣營力量對比的平衡，這樣才能在雙方對陣的局勢中作為協力廠商存在。

第四，中立地位是以雙方對陣處於基本平衡的態勢為條件的，一旦對陣雙方決出勝負，對陣格局發生重大改變，原來中立的一方就可能成為下一個目標。所以中立位置不是一個穩定狀態，只能作為過渡，隨著局勢的改變最終必然要調整。

更為弱小的沒有實力保持中立的賽局者，或不滿意於保持中立所得收益的賽局者，或曾經保持中立但已不能繼續保持下去的賽局者，都要面臨一次選擇，加入某一個陣營。在選擇時有一些基本的原則：第一，陣營中的合作者尤其是陣營的主要組織者必須能夠容人，如果有虎狼之心，意在最終消滅所有其他賽局方則不能與之合作；第二，要選擇有希望的陣營。怎樣挑選有希望的陣營呢？有兩條基本思路，選擇強者和選擇主義。

選擇強者容易理解，因為強者更有希望在賽局中取勝。

選擇主義也就是選擇有正確的策略的一方。行動綱領是抽象的，但從長遠看，現在的一切力量不管多麼強大都會隨著時間推移而衰退，而真理不變，所以真理最終將是最強大的。所謂「得道多助，失道寡助」，道就是賽局中正確的策略，在政治鬥爭中就是正確的政治綱領，有了符合民心的政治綱領自然會團結起各方的力量，因而選擇具有正確策略的一方是最明智的選擇。

這兩種選擇陣營的思路對賽局策略是有指導意義的，生活中的我們經常會遇到的就是一個要參加某個陣營的問題，兩種基本的選擇思路對應了分析此類問題的方法。

誰先強硬誰就可能占有先機

　　所謂「狹路相逢勇者勝」，面對對自己不利的環境或形勢的時候，只有果敢堅決、勇往直前，不畏首畏尾，才能夠獲得勝利。相反，那些畏畏縮縮、猶豫不決、軟弱無力的人，很難取得勝利。

　　西元 73 年，大將軍竇固出兵攻打匈奴，班超投筆從戎，隨軍參加了對匈奴的戰鬥。他堅毅果敢的作風使他在戰場上屢建功勳。後來，為了聯合西域各國共同抗禦匈奴的侵擾，竇固派遣班超作為使節出使西域。

　　班超手持漢朝的節杖，帶領著由 36 人組成的使團出發了。他們首先來到了鄯善國。班超晉見鄯善國王，說：「尊敬的國王陛下，我們漢朝的皇帝派我來，是希望聯合貴國共同對付匈奴。我們吃過很多匈奴入侵的苦，應該攜起手來，同仇敵愾，匈奴才不敢倡狂肆虐呀！」鄯善國王早就知道漢朝是一個泱泱大國，國力強盛，人口眾多，不容小視；現在又見漢朝的使者莊重威儀，頗有大國之風，果然名不虛傳，於是連連點頭道：「說得太對了，請您先在鄙國住幾天，聯合抵抗匈奴之事，容過兩天再具體商議。」

　　於是班超他們就住下來了。開始幾天，鄯善國王待他們還挺熱情，可是沒過多久，班超便察覺國王對他們越來越冷淡，不但常找藉口有意避開他們，就是好不容易見到了，他也絕口不提聯合抗擊匈奴之事。班超有了一種不祥的預感，他召集使團的人分析說：「鄯善國王對我們的態

度越來越不友好了，我估計是匈奴也派了人來遊說他，我們必須去探察一番，搞清事情的真相。」夜裡，班超派人潛進王宮，果然發現國王正陪著匈奴的使者喝酒談笑，看樣子很是投機。接下來的幾天，班超又設法從接待他們的人那裡打聽到，匈奴不但派來了使節，而且還帶了 100 多個全副武裝的隨從和護衛。他立刻意識到事態已經發展到很嚴重的地步，馬上召集使團研究對策。

班超對大家說：「匈奴果然已經派來了使者，現在我們極其危險，如果再不採取有效措施，等鄯善國王被說服，我們就會成為他和匈奴結盟的犧牲品。到時候，我們自身難保是小事，國家交給的使命也就完不成了。大家說該怎麼辦？」大家齊聲答道：「我們服從您的命令！」班超猛擊了一下桌子，果斷他說：「不入虎穴，焉得虎子！現在我們只有下決心消滅匈奴使團，才能完成我們的使命！」當夜，班超就帶人衝進匈奴所駐的營壘，趁他們沒有防備，以少勝多，終於把 100 多個匈奴人全部消滅。

在和匈奴針對鄯善國的賽局大戰中，班超正是採取了強硬的措施，果斷行事，才避免了滅頂之滅。

第二天，班超提著匈奴使者的頭去見鄯善國王，當面指責他說：「您太不像話了，既然已經答應和我們結盟，又為何背地裡和匈奴接觸？現在匈奴使者已全被我們殺死了，您自己看著辦吧。」鄯善國王又吃驚又害怕，很快就和漢朝簽訂了同盟協議。班超的舉動震動了西域，其他國家也紛紛和漢朝結盟，很多小國也表示和漢朝永久修好。班超終於圓滿地完成了使命。

在危急的情境之下，只有像班超一樣果斷，勇於冒必要的危險，才能夠獲得成功。如果在危險面前猶猶豫豫、畏縮不前，後果就不堪設想了。

莫讓無窮的後悔導致錯上加錯

一位母親讓孩子拿著一個大碗去買醬油。孩子來到商店，付給賣醬油的人 10 元，醬油裝滿了碗，還剩了一些。賣醬油的人問這個孩子：「孩子，剩下的這一點醬油往哪兒倒？」「請您往碗底倒吧！」說著，孩子把裝滿醬油的碗倒過來，用碗底裝回剩下的醬油。碗裡的醬油全灑在了地上，可是他全然不知，捧著碗底的那一點醬油回家了。

孩子端著一碗底的醬油回到家裡，母親問道：「孩子，10 元就買這麼點醬油嗎？」他很得意地說：「碗裡裝不下，我把剩下的裝碗底了。您急什麼呀，這裡還有呢！」說著，孩子把碗翻過來，碗底的那一點醬油也灑光了。

實際上，很多人都在扮演這個故事中的孩子，在已經犯了一個錯誤時，卻沒有及時地意識到並改正自己的錯誤，以至於讓這個錯誤衍生了更多的錯誤，從而陷入困境。

這種因一個錯誤而誘發更多錯誤的困境叫做「協和謬誤」，就是前面所說的協和客機案例。協和謬誤給我們的啟示在於：在錯誤已經發生的情況下，我們要做的不是讓追悔導致錯上加錯，而是認賠服輸，儘早出局以減少損失。

古人說，人非聖賢，孰能無過。意思是說每個人都會犯錯，即使聖賢如孔子，也還是犯過「以貌取人，失之子羽」的錯誤。可是做錯了以

後應該如何面對，卻直接關係到為錯誤付出的代價。

一旦做錯了一件事，這件事也就算結束了。我們在檢討之後，就必須全力以赴地去做下一件事。人生就像跨欄賽，我們不應該碰倒欄杆，但是少碰倒一個欄杆也不會有額外的加分，我們只要在最短的時間內跳過去就行了。如果一味地為碰倒的欄杆而惋惜和後悔，最終的成績必然會大受影響。

曾有這樣一個發人沉思的故事。

一個年輕人離開故鄉，開始創造自己的未來。動身前，他去拜訪本族的族長，請求指點。老族長聽說本族有位後輩開始踏上人生的征途，就寫了三個字：不要怕。然後望著年輕人說：「孩子，人生的祕訣只有六個字，今天先告訴你三個，供你半生受用。」

30 年後，這個從前的年輕人已是人到中年，有了一些成就，也添了很多傷心事。回到家鄉，他又去拜訪那位族長，才知道老人家幾年前已經去世。老族長的家人取出一個密封的信封對他說：「這是族長生前留給你的，他說有一天你會再來。」他拆開信封，裡面赫然又是三個大字：不要悔。

既然已經錯了，就不要一味地懊悔，在錯誤中不停地纏綿，而必須要有「不悔」的勇氣與智慧，放棄那些已經無可挽回的東西。要幫助自己作出這樣的決定，需要轉換一個角度來看問題，考慮在沒有付出成本或者付出成本比較小的情況下如何決策，這是一個很有效的「藥方」。

你以每股 8 元買進一檔股票，但現在價格是每股 6 元，你應該拋售嗎？做這個決策時，你要換位思考一下：假如我是以每股 4 元或者每股 2 元買入這檔股票的，我會如何決策呢？如果打算賣掉的話，就證明你對這檔股票的前景並不看好，所以最好還是拋售它。如果你看好這檔股

票的前景，那你現在就不應出手賣掉。在一些大的項目上面，實際上也應該動用這種思維方式。

當你知道已經做了一個錯誤的決策時，就不要再對已經投入的成本斤斤計較，而要看對前景的預期如何。對前景的觀望，使張果喜作出了一個明智的決定：暫時放棄。

當你知道有些醬油已經灑掉了，無法挽回了的時候，最明智的就是認賠服輸，抑制住把碗再翻過來的衝動。因為這種衝動，有可能把你剩在碗底的那一點醬油也賠進去。

先吃「好蘋果」，還是先吃「爛蘋果」

陳蕃，字仲舉，東漢人士，少年時期曾經在外地求學，獨居一室，整天讀書交友而顧不得收拾屋子，院子裡長滿了雜草。有一次，他父親的一個朋友薛勤前來看望他，問他：「你為什麼不把院子打掃乾淨來迎接賓客呢？」陳蕃笑了笑說道：「大丈夫處世，當掃除天下，安事一屋？」薛勤聽了很生氣地反駁道：「一屋不掃，何以掃天下？」

一般人講這個故事，就到此為止了，教育人做大事要從做小事做起，把陳蕃當做了反面的典型。

然而事實上呢？據《世說新語》記載：「陳仲舉言為士則，行為士範，登車攬轡頭，有澄清天下之志。」

陳蕃後來官至太傅，為人耿直，為官勇於堅持原則，並廣為搜羅人才，士人有才德者皆大膽起用，一時間政事為之一新。陳蕃確實將天下掃得不錯。

反倒是那位因批評陳蕃而留下「一屋不掃，何以掃天下」千古名言的薛勤，我們卻不知道他後來完成了什麼事業。

為什麼陳蕃不掃一屋卻掃了天下呢？就在於他懂得考慮賽局時候的機會成本。

同學之間經常會問這樣一個問題：兩箱蘋果，一箱是又大又鮮，另一箱由於放得久了，有一些已經變質了，問先吃哪箱，即先吃好的還是壞的？

最典型的吃法有兩種：第一種是先從爛的吃起，把爛的部分削掉。這種吃法的結局往往就是要吃很長一段時間的爛蘋果，因為等你把面前的爛蘋果吃完的時候，原本好端端的蘋果又放爛了。第二種是先從最好的吃起，吃完再吃次好的。這種吃法往往不可能把全部的蘋果都吃掉，因為吃到最後的爛蘋果實在是爛得沒法吃了，就只好扔了，造成了一定的浪費。但好處是畢竟吃到了好蘋果，享受到了好蘋果的好滋味。

兩種吃法，各有各的道理。在實際生活中，究竟先吃哪個蘋果，對個人其實沒有太大的影響。但從經濟學的角度，先吃哪個蘋果的選擇，就如陳蕃是先掃小屋還是先掃天下一樣，蘊含著深刻的賽局論思想。

賽局論認為，人的任何選擇都有機會成本。機會成本的概念突顯了這樣一個事實：任何選擇都要「耗費」若干其他事物 —— 其他必須被放棄的替代選擇。在實際生活中，對被放棄的機會，不同的人會有不同的預期和評價，這取決於他們的主觀判斷（主觀的機會成本）。具體到先吃哪個蘋果的問題上，兩種吃法，代表的實際上是兩種觀念，兩種對機會成本的主觀判斷。第一種吃法的主觀判斷是浪費的機會成本大於好蘋果味道變差的機會成本，第二種吃法的主觀判斷是味道變差的機會成本大於浪費的機會成本。

在我們的日常生活中，經常都要面對「先吃哪個蘋果」的選擇，我們每天都要自覺不自覺地對各種機會成本進行比較。

個人對機會成本的感覺會有偏差，這給人的啟示是：要善待自己，也要善待他人；既要尊重自己的感覺和選擇，也要尊重他人的感覺和選擇。每當遇到純屬個人的選擇時，在決策上，應盡可能地由自己作出，而不要由他人或集體作出，因為只有自己才了解自己的主觀機會，而別人和集體決策者卻缺少充分的資訊。

第十章

誠信賽局 —— 掌握賽局的主動權

得饒人處且饒人

古人說：寧可毀人，不可毀譽。這個規律不可否定，因為自我防衛心理、關注自我形象是人的天性。正由於如此，我們才應當樹立容納意識，選擇讓雙方皆贏，正確面對分歧，容納別人的缺點，諒解別人的過錯。

話又說回來了，我們自己可以照顧別人的情面，可是別人做了錯事，傷害了我們，我們的情面也重要，怎麼能不計較呢？一般說來，我們不傷害別人，別人也不會傷害我們。如果是別人主動發起攻擊，挑起戰火，我們也可以避免爭論，採取坦誠而直率的方式表達分歧，提出忠告，使問題得以解決，避免雙方皆輸。

布希是俄羅斯聖彼德堡的一名建材商人，他的公司由於另一位對手的競爭而陷入困境之中。對方經常在他的經銷區域內走訪建築師與承包商，並且造謠說，「布希的公司不可靠，他的建材不好」。

布希並不認為對手會嚴重傷害到他的生意，但是對手的造謠行為讓他十分惱火，有時候真想狠狠地教訓一下這個不知廉恥的傢伙。

在一個週末的早晨，布希像平常一樣到教堂做彌撒，那天牧師講道的主題是：要施恩給那些故意跟你為難的人。布希覺得對自己很有用，於是聽得很認真。布希還把這件事告訴了牧師，他說：「就在上個星期三，那傢伙使我失去了一份 50 萬盧布的訂單。我真想教訓他一頓。」牧

師笑著說：「你不覺得我們要以德報怨、化敵為友嗎？冤冤相報何時了？得饒人處且饒人。這是一種寬容，也是一種博大的胸懷。」

第二天，布希在安排下週日程表時，發現住在莫斯科的他的一位顧客，因為蓋一間辦公大樓需要一批建材，而所指定的建材型號卻不是他們公司能製造供應的，但他的競爭對手出售此類產品。同時，他的競爭者完全不知道有這筆生意。這使布希感到為難，是遵從牧師的忠告，告訴對手這項生意；還是按自己的意思去做，讓對方永遠也得不到這筆生意呢？布希的內心掙扎了很長一段時間。最後，他終於拿起電話撥到競爭對手公司。

接電話的人正是布希的對手。當時他拿著電話，難堪得一句話也說不出來，但布希還是禮貌地告訴了他那筆生意。那個對手非常感激布希。

布希說：「我得到了驚人的效果，他不但停止散布有關我的謊言，而且甚至還把他無法處理的一些生意轉給我做。」布希的心裡比以前舒暢多了，他與對手的關係就這樣得到了改善。

在這場賽局戰中，布希正是以寬容之心，諒解了對手對自己的汙蔑和誹謗，並把自己的客戶介紹給了對手。這是布希的高明之處，他懂得每個人，即使最強硬最凶狠的人都有自己最「柔軟」的部分。布希正是抓住了這點，在寬容這個使自己陷入困境的對手的同時，也感動了這個對手，獲得了對手的尊重。

我們都知道比海洋更寬闊的是人的胸懷，然而要做到卻並非易事。人與人之間，發生爭執和碰撞在所難免。一旦有了紛爭，即使認為自己一方在理，也應避免過分地數落、指責對方。作為一個人，誰能一點錯誤都不犯呢？殺人不過頭點地，得饒人處且饒人。

　　辦公室的一位副理喜歡閒談說笑，有時候還扯到男女私情的內容，話語不夠健康。另一位副理聽了很反感，便義正詞嚴地對他提出了批評，告訴他辦公室裡不要胡言亂語，不要談論與工作無關的事情。這樣一來，兩個人的關係弄得有點僵。為此，經理批判了批評者做得不好。這使得他有些想不明白：分明是對方的錯，經理反倒責罵了自己，這不是顛倒是非嗎？

　　這類事情在公司裡面並不少見。有的人一旦看到同事，尤其是較熟識的同事有錯誤或缺點，就義正詞嚴地指出來。我們不能否認也不能懷疑他們的意見是正確的，但他們在語氣和言辭上又確實尖銳了些。某位同事說了一些不夠健康的話是缺點毛病，你可以不贊成、有意見，但在表明自己態度時應當注意語氣。因為這類缺點過錯畢竟不是重大原則問題，而只是一般問題。與其使兩人關係搞僵，還不如容忍對方亂說幾句。

　　當你和同事發生爭執時，當你對同事所做的事情看不順眼準備提出批評時，一定要想想，是爭孰是孰非重要，還是照顧對方的情面，維護人際關係更重要。

　　某哲人說，寬容和忍讓的痛苦，可以換來甜蜜的幸福。一個人經歷一次忍讓，會獲得一次人生的亮麗；經歷一次寬容，會打開一道愛的大門。當你不給別人留一點活路的時候，對方會進行頑強的反抗，這使雙方都不會有什麼好結果。

　　A 和 B 是鄰居。有一天夜裡，A 偷偷地把 B 家的籬笆拔起來，往後挪了挪。這事被 B 發現後，他不動聲色，等 A 走後，又把籬笆往後挪了一丈。天亮後，A 發現自家的地又寬出許多，知道是 B 在讓他。他心中很慚愧，主動找到 B 道歉，把多侵占的地統統還給了他。

　　《寓圃雜記》也有類似記載，楊翥的鄰人丟失了一隻雞，以為是楊翥偷了，於是背地裡大罵楊翥。有人把這事告訴了楊翥，他只是一笑了之，沒有計較。楊翥的鄰居，每遇下雨天，便將自家院中的積水排放到楊翥家中，使楊家深受髒汙潮溼之苦。這一切楊翥都看在眼裡，但他也沒有斤斤計較，只是說：「總是晴天乾燥的時日多，落雨的日子少。」久而久之，鄰居被楊翥的忍讓所感動。有一年，鄰人得知一群盜賊密謀搶楊家東西，於是主動召集鄰居幫楊家守夜防賊，使楊家免去了這場災禍。

　　在這場楊翥與鄰居的賽局中，楊翥的寬容和忍讓贏得了鄰居的尊重。寬容是制止報復的良方，經常帶著這個「護身符」，會保你一生平安。因為善於寬容和忍讓的人，不會被世上不平之事所擺弄，即使受了他人的傷害，也決不會冤冤相報。

　　「退一步天地寬，讓一招前途廣。」你在給別人機會或退路的同時也是給自己機會和退路，善待別人也是在善待自己。有朋友在人生路上，才會有關愛和扶持，才不會有寂寞和孤獨。寬容永遠都是一片晴天。

信用是賽局的資本

　　信用在賽局中，主要是在多次的重複賽局中，當事人謀求長期利益最大化的手段，賽局即是雙方「鬥智鬥勇」的過程。在一種較為完善的經濟制度下，若賽局會重複發生，則人們會更傾向於相互信任。

　　這可以用一個簡單的賽局模型來解釋。假設有甲乙兩人，甲出售產品，乙是否付貨款（商業信用問題），或甲借錢給乙，乙是否還錢（銀行信用問題）。剛開始，甲有兩種選擇：信任乙或不信任乙，乙也有兩種選擇：守信或不守信。如果賽局只進行一次，對乙來說，一旦借到錢最佳選擇是不還。甲當然知道乙會這樣做，甲的最佳選擇是不信任。結果是，甲不信任乙，乙不守信，這樣的結果是最糟糕的，雙方想達成有效交易是非常難的。

　　那麼應該怎樣建立起信用關係呢？假定賽局可以進行多次，甲採取一種這樣的策略：我先信任你，只要你沒有欺騙我，我將一直信賴你，但一旦你欺騙了我，我再也不會相信你。這樣乙有相應的兩種選擇，如果守信，得到的利益是長遠的，如果不守信，得到的利益是一次性的。因此，守信是乙自己的利益所在。這樣雙方都會處於一種均衡狀態，這種均衡的出現是因為乙謀求長遠利益而犧牲眼前利益（當然是不當得利）。

　　所以當一個人有積極性考慮長遠利益時，自己的信用關係就會被其塑造出來。

　　如果要加入機率因素，上述賽局就會存在以下三種問題：

▸ 或許會存在多個均衡。比如乙對甲說：「如果你信任我，我三次中會守信兩次，只有一次不守信；但是如果你有任何一次不信任我，那麼我就會永遠不守信於你。」這樣甲的最優策略仍是信任。

▸ 賽局是無限的。在有限的賽局次數中，大部分人都會在最後一次欺騙，於是在倒數第二次也會欺騙。據此類推，仍然不會出現信用關係。解決的辦法是引入不同類型的乙：可以假定一些人是天生守信的，儘管另外的人天生不守信，從上述假定的規範可以看出，如：如果有足夠長的賽局次數的話，或許他會「守信」。

▸ 資訊的重要性。如果甲觀察不到乙的行為，從而不能根據乙過去的行為而選擇相應的行動，也很難產生信用關係。

在現實生活中，上述模型可以解釋幾種情況。如在一個較小的競爭中，如果乙經常向多個不同的甲借錢，而每個甲都根據乙過去的行為而選擇是否信任他，並且關於乙的資訊能在甲之間很快地傳遞，如果乙積極地建立一個守信的聲譽，那麼社會的信用關係就可以建立起來。

假設市場上的商品只有兩個企業來提供，如果每一個企業具有相同的成本和需求結構，那麼每個企業都將考慮是採用正常價格，還是抬高價格形成壟斷，並盡力獲取壟斷利潤。

在這一例子中由於甲選擇了正常價格的占優性策略，無論乙怎樣做，甲都會獲利較多。另一方面，乙沒有占優性策略。這是因為如果甲採用正常價格策略，乙也要採用正常價格。如果甲實行高價，乙也要實行高價。乙現在處在「兩難處境」之中。那麼乙是否會採用高價策略，並希望甲也緊隨其後或者為了安全而採用正常價格出售，可以肯定地說，乙還是應該以正常價格出售。這是因為乙會站在甲的立場上來考慮。無論乙採取何種策略，甲都會採用正常價格策略。這是甲的占優策略。因此乙會假定甲將採取其占優策略方式以找出自己的最佳策略。

誠信是獲勝的關鍵

誠信，是做人處事的基本原則，又是治理國家必須遵守的規範，它調節著人與人之間的關係，維繫著社會秩序。做人需要誠信，誠信贏得尊嚴；經商同樣需要誠信，誠信贏得市場。在你與對手進行的賽局時，誠信便成為對方對你採取策略的重要依據。

在你與對手進行多回合的囚徒困境的重複賽局之時，恪守誠信便為你帶來更大的收益。我們在上文中已經了解到「一報還一報」將是每個參加「囚徒賽局」的人的最佳選擇，而你恪守誠信，對方也勢必會用同樣的方式來回報你，從而達到雙贏的局面。

恪守誠信，就要對自己講的話承擔責任和義務，言必有信，一諾千金。答應他人的事，一定要做到。同他人約定見面，一定要準時赴約。要知道，許諾是非常慎重的行為，對不應辦或辦不到的事情，不能輕易許諾，一旦許諾，就要努力兌現。如果我們失信於人，就等於貶低了自己。從古到今，人們這麼重視誠信原則，其原因就是誠實和信用都是人與人發生關係所要遵循的基本道德規範。沒有誠信，也就不可能有道德，所以誠信是支撐社會的道德的支點。

但是有一個問題我們不得不認真面對，現實生活中為什麼會出現誠信危機？

這是因為誠信是相對的，當誠信的成本與其價值相對失衡時，就會

誘使人們做出某種不誠信的行為。當然，在一定的道德規範、市場規則和社會監督下，有時即便誠信的成本高於其價值，某些違背誠信原則的動機，還是受到諸多社會因素的制約而不會變為實際行動。

單以交易來說，缺乏誠信會提高了交易成本，妨礙交易活動的正常進行。經濟學家奧立佛·威廉遜認為，由於利己主義動機，商人在交易時會表現出機會主義傾向，總是想透過投機取巧獲取私利，如故意不履行合約中規定的義務，曲解合約條款，以不對等資訊欺騙對方等等。這樣一來，為了盡量使自己不吃虧，在交易時就得討價還價、調查對方的信用、想方設法確保合約的履行。於是，商業談判、征信、訂立合約等活動的複雜程度越高，交易成本就越高。當交易成本過高時，就不值得交易了。可見，只有交易雙方彼此誠信，才能降低交易費用和提高交易的效率。

作為「經濟人」，一個企業家誠實守信的品行也會給他帶來好處，因為口碑較好的商人相對而言更容易得到商業夥伴的信任，從而以較低成本實現交易，最終獲取相對多的利潤。

誠信並非「免費的午餐」，維持誠信會付出代價。譬如企業家要保持良好的商譽，哪怕自己遇到重重困難，也要盡可能按照約定條件付款或交貨；即使投資遭受損失，也要想辦法先償還銀行貸款；即使遭遇新冠肺炎這樣的突發性危機，也不隨便把自己的損失轉嫁給客戶。一般來說，企業家原有的誠信度越高，維持誠信的成本也越高。

1968 年，美國石油公司向日商藤田訂購了 300 萬把餐刀和叉子，交貨日期為 9 月 1 日，交貨地點在芝加哥。藤田立即請岐阜縣關市的廠商為他趕製。餐刀和叉子的生產廠商都集中在關市，且各廠商都具有信心。

「放心吧，藤田先生。這兒才是日本的中心，關市以東叫關東，以西叫關西。把東京看作中心是大錯而特錯了。」廠商們紛紛這麼說。

這樣看來，準時交貨是錯不了，藤田作了這樣的估計。藤田的打算是，8月1日由橫濱發貨，9月1日可以在芝加哥交貨。出貨時間離交貨日有充足的時間。

然而，為慎重起見，其間藤田特地到廠商看看生產的過程，誰知結果竟使藤田差點氣暈過去了。

「都忙著趕插秧了。」滿不在乎的給藤田作這樣的解釋。藤田不禁為之火冒三丈：「不管你說哪天交貨，按常識來說，現在是無法趕上的。」

藤田對他們講，對方是猶太商人，可是廠商卻說：「稍微晚一點交貨，對方也不至於會發火吧？」

要8月1日從橫濱發貨，就必須在7月中旬從關市發貨，否則來不及裝船，然而廠商在7月中旬根本無法交貨。9月1日必須運到芝加哥交貨，除依賴飛機而外，別無他策。而租一架飛東京芝加哥的飛機需3萬美元，300萬把餐刀和叉子的價值是無論如何也賺不回來的。

儘管如此，藤田仍然賠本租用了飛機。因為是跟猶太人打交道，所以藤田絕無不按期交貨的道理。只要你不守約，哪怕僅僅是那麼一次，猶太人可是不聽辯解的，他們的慣例是：無需辯解。

藤田爭取即使虧損1,000萬日元，也絕不喪失猶太人對藤田的信任。

藤田租下泛美航空公司的波音707貨機。該航空公司是一家極有頭腦的公司，如不提前10天預付款，飛機是不會動的。另外，羽田機場的保衛又過於嚴密，飛機只能在機場停5個小時。5個小時一過，不管貨物裝運完與否，飛機都得飛離機場。因此，在這5小時之內，藤田必須負責將300萬把餐刀和叉子裝上飛機。

　　飛機定於 8 月 31 日下午 5 時到達羽田，晚上 10 點起程返航。由於時差的關係，即使在 8 月 31 日晚上 10 點起飛，也能趕上交貨的時間。

　　幸運的是，藤田將全部刀叉準時地裝上了飛機。

　　藤田想，藤田租用飛機以按期交貨一事，在日本定會傳為佳話，說不定買主還會因感激而負擔部分飛機租金。

　　然而。買主是猶太人，他們完全不理會這一套。

　　「按期交貨，OK！聽說了關於你租用飛機的事了，了不起。」

　　僅此而已。但租用飛機來確保交貨期的錢沒有白花。次年，美國石油公司向藤田訂購了 600 萬把餐刀和叉子。600 萬把，這在關市還是有史以來最大的一次訂貨。全市都清一色承接了藤田的美國石油公司訂單。

　　然而，這批貨又不能按期完成。交貨日與上年相同，仍是 9 月 1 日。裝船期限為 7 月中旬，無法趕上裝船時間。

　　藤田再次租用了飛機。美國石油公司也照例：「按期交貨，OK！」藤田到底沉不住氣了，於是便把關市的廠商叫到一起，要求他們分擔部分飛機租金。廠商好像多少感到有些責任！

　　「可以！」

　　答應得漂亮，卻只願出 2,007 日元，而不是 207 萬日元，藤田為此而感到目瞪口呆。

　　兩次租用飛機，使藤田蒙受了極大的損失。然而，飛機的租金，使藤田買到了用錢買不到的猶太商人的信任。

　　企業家的誠信，更主要的是考察他們作為「經濟人」的特性。作為一個「經濟人」，他必然追求金錢或物質利益，而誠信是獲得財富的手段之一。從經濟學原理來分析，企業家是否誠信或在多大程度上堅守誠信，取決於他們對誠信投入的成本與相關收益的比較。

　　如果雙方之間的交易是一次性的，結果一定會造成誠信缺失；如果交易是經常性連續進行的，則誠信程度就會高得多。連續的交易又因無限重複和有限重複而不同。如果 A 和 B 之間的交易是無限次數的，商界就會對不守誠信行為懲罰及給予信守諾言的行為以更多的回報。

　　設想賽局以 A 違約開始，到第二次交易時，B 會不信任 A，要麼放棄交易，要麼附加更多的條件，但這對雙方都不利。他們會意識到，從靜態來看的損人利己行為，在動態中將導致雙方利益受損。如果交易繼續進行下去，出於對合作終止可能給自己帶來損失之擔憂，到第三次交易時，A 會嘗試著遵守遊戲規則。「你投我以桃，我必報之以李」，故在第四次交易中，B 就會信任對方。反之，如果 A 在第四次交易中對 B 第三次交易中發出的善意信號置若罔聞，則他必然會「你做初一，我做十五」，B 也會在第五次交易中將繼續違約，結果大家都討不到好，則賽局再度限於「囚徒困境」的僵局。

　　既然賽局要不斷地進行下去，則「囚徒困境」結局決非均衡。市場會透過不斷自發進行的懲罰與激勵，促使交易雙方調整心態，爭取透過「雙贏」達成長期合作關係。每個正常的人和企業都會理性地作上述演繹推理。於是我們可以發現，與其在第二次交易中遵守規則，還不如在第一次交易中遵守規則。因此我們可以得出結論：對於無限連續交易的賽局而言，每次交易的均衡表現為雙方都遵守規則、堅守誠信，因而其結局最佳。

　　值得注意的是，連續交易應劃分有限連續和無限連續。就有限連續交易而言，雖然交易是重複進行的，但因次數有限，則每一次交易的均衡仍然與一次性的交易賽局相同，是「囚徒困境」式的次優結局。道理很簡單。既然次數有限，則必定存在著最後一次的交易賽局。而在最後

一次賽局中，不管你一諾千金也好，偷搶拐騙也好，既不會遭受懲罰和損失，也不會獲得獎勵和利益，因為此次賽局結束後彼此就不再往來。

我們可以設想一下，當一個人知道明天就要死去，他今天的守法動機還會像以往那樣強嗎？如此看來，最後一次的交易賽局的情形幾乎等同於一次性的交易賽局。那麼倒數第二次交易賽局又如何呢？因為最後一次交易賽局已經確定就是「囚徒困境」式的結局，倒數第二次交易賽局不受最後一次賽局的約束。當你遵守規則時，不會在下一次受到獎勵；當你違背規則時，也不存在著受罰。因此，倒數第二次的交易賽局同樣與一次性的交易賽局的性質無異，其均衡過程也必將出現「囚徒困境」。

在現實生活中，人們常常把「百年企業」、「老字號」作為誠信企業的代名詞。其實，所謂「百年」和「老」的意思，從本質上看就是「無窮多的重複」，這也反證了真正的誠信是建立在無限重複的交易賽局基礎之上的，類似「同仁堂」、「胡慶餘堂」這樣的金字招牌，就是以無數次守信經營的代價和口碑所鑄就的。

莫讓誠信受到威脅

　　走在大街上，朋友們只要稍一留意，就會發現數量眾多的特許經營連鎖店，涉及的行業也相當廣泛：超市、餐飲、洗衣、汽修、美容等。作為一種利用品牌經營來獲利的經營方式，特許經營在給聯盟的品牌擁有者帶來了豐厚收益的同時，也使之面臨著巨大挑戰 —— 如何管理數量眾多的加盟店。不過，儘管雙方簽訂的加盟合約中列舉了責任和義務，但在實踐中，「盟主」經常會發現，不少加盟商還是會做出各種違規行為 —— 沒有按照規定的價格出售產品，或者沒有按照標準進行生產等等。與此同時，很多加盟商則在抱怨，「盟主」並沒有按合約條款的規定向他們提供足夠的服務。

　　在這個案例中，雙方既然簽訂了合約。從形式上講，就已經進入了不確定次數的重複賽局，但是不誠信行為還是不斷發生，究其原因，其實只有一點，那就是違約方心裡很清楚。只要不是頻繁違約，他的短期不講信用的做法不會得到太多懲罰，因為對方會顧及長期利益而選擇忍讓。

　　另外一個典型的案例是大零售商和廠商之間的違約促銷。「過年」、「中秋」等促銷時節，我們常常會透過新聞媒體得知，某某廠商抱怨某大零售商為吸引消費者眼光，使該廠商的部分產品售價低於最低價格要求。但是，多數廠商不會因為一年或幾年中遇到的幾次受騙行為而貿然

退出與銷售商的利益共同體。即使在一個家庭中，夫妻間偶爾也會發生一些欺瞞行為。這種欺騙雖然可能會損害雙方的短期關係，但是，只要欺騙行為發生的次數不是太頻繁，對長期利益沒有造成根本性損害，夫妻雙方總歸還是會言歸於好的。因為雙方都清楚，長期的不合作或者背叛對雙方都不好。

這些例子表明，將單次賽局或確定次數的重複賽局轉化為不確定次數重複賽局，並不能一勞永逸，使雙方建立持久誠信的關係，因為不確定次數的重複賽局本身就包含著特殊的「不確定性」。

在企業的相互競爭中，如果雙方都意識到，彼此的競爭關係將一直持續或者無法確定何時結束時，雙方事實上就進入了不確定次數的重複賽局中，此時，理性的企業可能就會選擇長期互相合作而不是競爭策略。因為如果一家企業採取不合作的策略，另一家也會採取相同的策略進行報復性競爭，長期下去。雙方都得不償失。因此，雙方都不會為了占一次便宜而犧牲繼續合作、長期獲利的機會。

我們都聽說過「OPEC」——石油輸出國組織，它的成立本身就是合作的產物。因為它的使命就是限制各石油生產國的產量，以保持石油價格，從而使所有成員國都能從中獲取利益。顯然，OPEC 之所以能夠成立，各組織成員圍之間之所以能夠合作，是因為各成員國之間進行的是一種重複賽局，所有成員國都明白，合作才能使大家的利益最大化。因此，他們才會達成一致協議，讓大家都維持一定的石油產量。不過，這種合作注定是脆弱的。事實上，OPEC 組織經常會有成員國不遵守協定，私自增加石油產量。因為如果其他國家都維持本身的石油產量，那麼作弊的國家生產的石油越多，從中獲得的好處自然也就越大。所以，大家都會有這種不遵守協定的衝動。

那麼，為什麼 OPEC 組織還能夠基本正常地發揮作用呢？這是因為如果每個成員國都想偷偷增加石油產量，市場上的石油供應就會大增，結果必然造成石油價格下跌，從而使所有成員國的利潤都受到損失。因此，權衡利弊之下，大家最後還是會回到 OPEC 的談判桌前，重新制定出一個限產協定。在現實生活當中，我們遇到的不會都是「囚徒困境」。無論在自然界還是人類社會，「合作」都是一種隨處可見的現象。那麼，採用什麼樣的策略才能使合作成為賽局的主基調呢？

為了回答這個問題，美國科學院院士、行為分析專家羅伯特·阿克塞爾羅教授曾專門設計了一個試驗。他邀請了來自經濟學、社會學、數學等領域的 14 位專家，讓他們選擇扮演「囚徒困境」模型中的一個囚犯，每個人都要在合作與背叛之間做出選擇。所有的參賽者都要把自己在這種多次進行的重複賽局中選擇策略的方法編成電腦程式。然後，這些程式被成雙成對地編入不同的組合，分組完畢後即開始遊戲。

參賽者所提出的程式雖然五花八門，但大致可以分為三類：一類是所謂「善良策略」，也就是以合作為主；一類是「邪惡策略」，以占便宜為主；最後一類則是隨意選擇合作或者背叛的「隨機策略」。

從前面的敘述中我們知道，誠信危機發生的根源，主要在於很多時候不確定次數賽局各方間缺乏一個有利於建立並保持誠信的科學交易規則。上面這個試驗啟發我們，在參與不確定次數重複賽局時，任何一個參與者都應遵循以下幾條原則：

首先，「人不犯我，我不犯人」。成為一個善意的交易者，永遠不要先欺騙對方。雖然欺騙或許會得到短期的利益，但為此而破壞甚至中止長期交易，是完全得不償失的。對於許多高級商品的銷售者來說，欺騙一個客戶，可能會使你失去很多潛在客戶。此外，在行銷學中有一種說

法：開發一個新客戶的成本是保留一個老客戶的 5～6 倍。這些都說明，不要因為短期的利益而去欺騙你長期的合作對象，除非你不打算再幹這一行。

其次，「人若犯我，我必犯人」。成為一個堅持原則的交易者，對對方的故意欺騙行為做出及時的強烈反應（必要時甚至可以以牙還牙）。因為，此時的猶豫和軟弱只會使對方更加得寸進尺，使用這條原則可能會使對方盡快回到合作的道路上去。當然，使用這條規則風險較大，因為也可能出現雙方都不願意看到的局面。因此，除了自身必須具備一定實力外，還要看外部的市場環境。如果在近似完全競爭的市場上採用上述策略，就很容易導致不理想的局面發生。

此外，一定要記住「人非聖賢，孰能無過」，成為一個寬容的交易者。所謂「冤冤相報何時了」，對於對方由於資訊溝通失誤或判斷錯誤等原因造成的非敵意失信行為，尤其在對方已做出和解的表示時，應給予及時的和解回應。不要因為一時的意氣用事，造成兩敗俱傷的結局，畢竟長期的合作，才能造就真正的雙贏。

從出老千談道德風險

喜愛劉德華的影迷都看過《賭俠 1999》及其續集《賭俠大戰拉斯維加斯》。在這兩部片子中劉德華飾演成熟內斂的 King，他頭腦靈活、重義氣、機智過人，憑著其銳利的眼光、十足的把握，在賭場叱吒一時，無人能及，被譽為賭俠。兩部戲從劉德華在賭場出老千被人拆穿，失手殺人被判入獄，造成妻離子散的情節開始直到大賭於拉斯維加斯結束，處處都充斥著出老千的情節。

那些被蒙在鼓裡的輸家，往往不是認為自己牌技不好，就是認為自己運氣不好，從不認為對方在搞什麼鬼把戲。他們發現一些破綻，老千們也早已逃之夭夭，不知所蹤。

這種情況和證券市場倒有幾分驚人的相似之處：有的上市公司道德水準低下，拿假消息餵股民，踐踏股東權益，以圈錢為目的，重大事件不及時披露，透明度只對莊家「暗送秋波」，對股民採取虛假及誤導性陳述，隨心所欲編造業績，或製造概念。

那麼，什麼是「道德風險」（moral hazard）？

所謂道德風險，就是人們利用市場的不成熟或者市場的扭曲，違背一般社會道德規範而作出符合經濟理性的舉動。當然，從事經濟活動的人並不總是在最大限度地增進自身效用時，非要作出不利於他人的行動。

　　概括來說，道德風險一般存在於下列情況：由於不確定性、不完全的合約使負有責任的代理方不能承擔全部損失（或利益），因而他們不承受他們的行動的全部後果。同樣地，也不享有行動的所有好處。顯而易見，許多不同的外部因素，可能導致不存在均衡狀態的結果；或者均衡狀態即使存在，也是沒有效率的。

　　道德風險始終存在，一個保過險的人在避免風險方面的積極性普遍有降低的可能性。如果一個人對於他的行為後果只承擔一部分責任，或者根本就不承擔任何責任，那他的行為動機就被徹底改變了。

　　一般地，當交易雙方簽約後，如果代理人的行動選擇會影響委託人的利益，而代理人選擇了什麼行動委託人又不知道，委託人利益的實現就有可能面臨「道德風險」。道德風險是指代理人在使其自身效用最大化的同時損害委託人利益的行為，而代理人並不承擔他們行為的全部後果。

　　「道德風險」這一專業術語產生於保險業。在保險市場上，購買了財產保險的人將不再像以前那樣仔細地看管家裡的財物。購買了醫療保險的人，可能讓醫生多開一些不必要的貴重藥品。購買了汽車保險的人可能更不注意保管自己的汽車。

　　在這裡，因為人們在投保後的行為保險公司無法觀測到，從而產生了「隱藏行動」。保險公司面臨著投保人鬆懈責任，甚至採取「不道德」行為而導致的損失。

　　在人身意外傷害保險市場上，誰也不敢保證投保的人為了獲得保險賠償，而不對自己的手腳四肢或眼睛「下手」。在人壽保險上也是如此，一個購買了大額保險的老人如果知道，萬一他在保險期內去世，可以使子女得到一大筆補償，他要動「死」的念頭，誰也沒辦法。

保險公司在制度設計上只是應當盡量避免那些可能出現。在這種情況下，保險公司將很可能由於多數的投保人是高風險類型人士而破產關門。

比如很容易得病的人才投保健康保險，不容易得病的人不參加保險，於是保險公司需要賠給保戶的錢將遠遠高於他們按照平均得病率計收的保費，從而帶來損失。這裡，私有資訊的存在，使得投保人可以就他們本身的身體情況或風險程度說謊。

這樣一來，從保險公司的角度看，他們得到很多「逆向選擇」得來的投保人。平常人們說「選擇」，都是往好的方面選。保險公司的上述市場活動帶來的選擇，「選」出來的是比較不那麼好的一群。所以這種選擇叫做「逆向選擇」。逆向選擇會導致保險公司因風險過高而破產。

實際上，「道德風險」在現實生活中是普遍存在的現象。

病人到醫院看病動手術，手術能否成功，醫師在手術過程中的盡心盡責非常重要。醫師不用心可能導致手術失敗。如果不能將正常的手術風險和醫療事故區分開來，醫師將不承擔「不用心」行為導致的全部後果。這時，病人面臨著來自醫師的「道德風險」。

學生選修某門課程，任課老師是否認真負責，這些行動的選擇取決於老師，而這些行動又會影響到學生對知識的掌握。這時，學生即面臨來自老師的「道德風險」。

誠信獲得利益比生意大

在明朝劉基所著《郁離子》裡有這樣一個寓言故事：一位商人過河時觸礁翻船，他大呼救命，嘴裡還說：「誰能救我，我就給他一百兩金子！」一個漁夫救他上岸後，他只給了漁夫八十兩金子。漁夫責怪商人不講信用，商人則訓斥漁夫貪婪。後來，這個商人在乘船的時候又掉到了河裡，他還像上次一樣喊：「誰能救我，我給他一百兩金子！」碰巧上次救他的那個漁夫也在，他對周圍的人說：「這個人言而無信。」人們聽了漁夫的話，都沒有去救那個商人，結果商人就被水淹死了。

從這則寓言故事不難看出商人之所以會淹死，就是因為他言而無信，他為什麼會言而無信呢？顯然是為了一時的利益，為了二十兩金子，可以說，商人用二十兩金子，賣斷了自己的性命。事實真的是這樣嗎？透過賽局論去分析商人的死，就會得出商人是死於誠信，而非死於二十兩金子。人生風雲變幻難以預測，對於理性的人，當然首先想到的是自己的利益，但是，利益也分長久與非長久，如果為了眼前利益而破誠信，則會得不償失。因此，對於明智的決策者來說，在賽局的時候，他會選擇誠信而非破壞誠信。

事實上，在人生中處處存在著賽局，其賽局的過程就是一個永無止息的決策過程，而人們所決定的某個策略，其本身就是為了謀求個人利益的最大化，誠信也一樣，它是人們在重複賽局、反覆切磋過程中謀求長期

的、穩定的物質利益的一種手段；誠信首先是基於利益需要而作出的一種策略選擇，而不是基於心理需要而作出的道德選擇。所以對於賽局者來講，如果雙方都想長久的得到利益，就必須建立長久的重複賽局，誠然，也重複賽局的過程中也得講誠信賽局的過程，這樣才能實現雙方的利益最大化。

在生活中，我們通常會碰到這種情況，當你去市場買東西的時候，比如你去買一件衣服，當你走到店裡，看中了一件很漂亮的上衣，但由於不常來這裡買又害怕會上當受騙，正在猶豫不絕之時，店老闆開口了：「小姐（帥哥）妳（你）眼光真好，這件衣服真的滿不錯，這款賣得非常好，品質絕對沒問題，放心吧，如果有品質問題可以來換，我天天在這裡賣衣服，還害怕跑了不成？」其實，在這裡他強調「我天天在這裡賣衣服」，你便會放下心來，與之成交，因為他的這句話，「翻譯」成商業語言就是「誠信」。

其賽局本身是「賭博」與「下棋」，其結果是你贏我輸或我贏你輸，但這只是在單獨的一次賽局中所呈現出來的，也就是只要有可能，每個人都傾向於利用自身的優勢為自己謀求最大化的利益，但這就可能給對方帶來損失，而對方也是同樣的人，只要有機會也會這麼做，於是雙方都要採取措施來防範對方，白白增加了很多「交易成本」。所以，在賽局中講究誠信可以減少欺騙，增加相互的信任，因為上當受騙的人能夠來進行「一報還一報」的報復行動，報復來報復去的長期結果是，理性的人們會了解到，這樣大家誰也沒有好處，於是就把相互欺騙減少了，所以也只有在賽局中運用誠信，才能獲得更大的利益。

所以，對於誠信，我們不妨用賽局論來分析一下其在為人處事中發揮重要性。假定小郭是一名生產商，小張是銷售商，此時小郭小張雙方互為賽局對手，這樣就會出現以下 4 種賽局的可能性，如下面表示：

誠信／效用值	小張	小郭
雙方誠信	10	10
小張誠信，小郭不誠信	負10	15
小郭誠信，小張不誠信	15	負10
雙方不誠信	0	0

▸ 雙方都講誠信，小郭按約交貨，小張按約付款，各得其所，每人得到的效用值都是 10；

▸ 小郭不誠信而小張誠信，即小郭收了錢而不發貨，則小郭的利益實現了最大化，得 15，而小張吃虧，得到 -10；

▸ 小郭誠信而小張不誠信，小郭交了貨而小張不付款，那麼小張可以獲得自己的最大利益，得 15，而小郭吃虧了，得到 -10；

▸ 小郭小張雙方互不信任，也互不守信，生意泡湯了，各自的效用都為 0。

從上述分析中可以看出，為了追求自身的最大利益，小郭小張雙方都希望對方講誠信，而自己則不願意講誠信，因為只有在不誠信的時候才有機會實現自己利益的最大化，而講誠信的人則很有可能吃虧。於是，合理的結果必然是：雙方都選擇不誠信，出現的賽局結果為生意泡湯。這個結果很糟糕，因為雙方的綜合效用為 0，是所有選擇中最差的。這種互不信任、互不合作的對策均衡，被稱作「納許均衡」，也叫不合作均衡。

事實上，這種不合作均衡賽局只是「一次性買賣」所以，對於那些有長期合作關係的人來說，為了使自己的利益最大化，他會選擇合作性賽局，而非合作性賽局，如果上面小郭和小張約定的是長期合作關係，

那麼無論是小郭還是小張都不會為了占一次便宜而犧牲掉繼續合作、長期獲利的機會，而且如果有哪一方犯「過錯」，另一方也總會有機會懲罰他。這樣，為了獲得更長期、更穩定的利益，雙方都會理性地克制投機行為，小郭會按約交貨，小張會按約付款，雙方都會選擇誠信與合作，於是必然出現上述第 1 種賽局結果。這時雙方的綜合利益最大化，實現了策略上的「合作均衡」。由此可見，在雙方進行重複賽局的時候，一般都會主動的選擇誠信和合作。

在生活中關於誠信的例子有很多，比如銀行貸款的也是如此，如果銀行和企業都不講信用，銀行存款貸不出去而收不到利息，企業因貸不到款而不能發展，因此，只有雙方都講信用，才能實現雙贏的目的。

利益從誠信開始。李嘉誠是香港首富，關於他的成功之道，已有洋洋大書記載。但其實他的核心成功祕訣只有「誠信」二字。正如他所說：「我絕不同意為了成功而不擇手段，如果這樣，即使僥倖略有所得，也必不能長久。」這可謂是一句經典著的話，對於賽局者來說，只有懂得合作，以誠信待人，在與人互惠互利的同時，也實現了自己的利益最大化。

李嘉誠馳騁商界，是從生產塑膠花開始的。當初，曾有一位外商希望大量訂貨。為確證李嘉誠有供貨能力，外商提出須有富裕的廠商作擔保。李嘉誠白手起家，沒有背景，他跑了幾天，磨破了嘴皮子，也沒人願意為他作擔保，無奈之下，李嘉誠只得對外商如實相告。

李嘉誠的誠實感動了對方，外商對他說：「從你坦白之言中可以看出，你是一位誠實君子。誠信乃做人之道，亦是經營之本，不必用其他廠商作保了，現在我們就簽合約吧。」沒想到李嘉誠卻拒絕了對方的好意，他對外商說：「先生，能受到如此信任，我不勝榮幸之至！可是，因為資金有限，一時無法完成您這麼多的訂貨。所以，我還是很遺憾地不

能與你簽約。」

李嘉誠這番實話實說使外商內心大受震動，他沒想到，在「無商不奸，無奸不商」的說法為人們廣泛接受時，竟然還有這樣一位「出淤泥而不染」的誠信商人，於是，外商決定，即使冒再大的風險，他也要與這位具有罕見有誠信的人合作一回。李嘉誠值得他破一次例，他對李嘉誠說：「你是一位令人尊敬的可信賴之人。為此，我預付貨款，以便為你擴大生產提供資金。」

外商的鼎立相助，使得李嘉誠既擴大了生產規模，又拓寬了銷路，李嘉誠由此發展成為塑膠花大王。也是在李嘉誠創業初期，他因資金不足，只僱用了一些經過短暫培訓的工人進行生產，結果，產品的品質極為粗劣，很多客戶前來退貨，要求賠償；原料商聞訊也揚言停止供應原料，銀行這時也派人來催貸款。李嘉誠的塑膠石遇到前所未有的困難。

「四面楚歌」的李嘉誠真誠地一一向銀行、原料商、客戶負荊請罪，該賠的賠，該退貨的退貨。正是因為李嘉誠一貫誠信，口碑極好，人們才寬容地接受了他的道歉，大度地原諒了他的過錯。李嘉誠有驚無險地度過了這次難關。

可以設想，如果李嘉誠早先沒有將誠信的種子播在他人心中，那他這一次的過失或許就斷送了他的前程，也就沒有今天的香港首富李嘉誠。

在賽局看來，人的誠信是為了自己利益最大化，其賽局的結果意在擴大自己的利益，那麼對於賽局者來說，運用誠信使利益最大化不失為贏得對手的最優策略。

賽局中的「退貨廣告」。在澳洲，曾有一些廠商或商家在報紙上登一些「退貨廣告」，即通知消費者把不合格商品退回。這種做法令人耳目一

新，其實，在賽局看來這只是利用誠信所策劃的一個贏得人心的策略。

澳洲的「退貨廣告」有統一的專用標誌，即都以很粗的斜條線作為廣告的邊框，目的以醒目而引起消費者的關注。例如，一家電器公司在多家報紙上刊登「退貨廣告」，回收該公司出售的熨衣板，其廣告詞寫道：「經過最近一次熨衣板例行技術品質檢查，我們發現該產品一根電線的長度超出了規定標準，容易導致電線絕緣體損傷而引起電源短路，發生危險。作為一家有責任感的供應商，本公司呼籲在此廣告刊登前購買本公司熨衣板的顧客，立即停止使用這種熨衣板，並將其退回就近的代理零售商，免費換取一個完全符合安全標準的全新熨衣板，或者直接與本公司聯絡，以安排換取新熨衣板。」廣告下方有該公司的位址、郵遞區號和聯絡電話。

透過賽局論分析，就會發現這種「退貨廣告」正展現了商家講信用、守信譽的一種誠信，以自己的實際行動真心實意地為「消費者」著想。而這樣做的結果，必然會獲得廣大消費者的信賴，進而贏得更多的顧客。這大概也是商家的精明之所在。

可以說，對於廣大消費者「退貨廣告」不僅極為鮮見，就是對商家而言，缺乏的也恰恰是為消費者著想的這種誠信。且不說許多產品廠商、經銷商生產、經營假冒偽劣商品，僅就「退貨」而言，許多商家就拿不出這種「勇氣」。他們往往是眼睛只盯著錢，不管商品品質如何，只要能推銷出去就成。至於顧客發現商品品質有問題要求退貨，恐怕比登天還難。這樣做的結果，不僅使一些商家信譽掃地，而且失去了許多顧客。顯然，這是一種短視行為，遲早會被市場所淘汰。

所以，營造一個良好的信譽環境，是市場經濟的必然要求，只有把誠信變為一種自覺行為。才能使自己的利益得到長久的最大化。

道德是維繫均衡的天平

　　在與對手進行無限次的重複賽局之時，道德是用來維持均衡的重要環節。如果一個正常的「社會人」，他在心理上會有一種良好的自我感受，畢竟每個人都有追求高尚的動機。此時，誠信也就成為其道德昇華的內在動力。在更多的情況下，你可能找不到更適合的法律法規來約束與你賽局的對手，此時此刻道德即成為維繫均衡的重要因素。

　　西元 1809 年 2 月 12 日，亞伯拉罕‧林肯出生在一個農民的家庭。林肯小時候，家裡很窮，他沒機會上學，每天跟著父親在西部荒原上開墾、勞動。他自己說：「我一生中進學校的時間，加在一起總共不到一年。」但林肯勤奮好學，一有機會就向別人請教。沒錢買紙、筆，他放牛、砍柴、挖地時懷裡也總帶著一本書，休息的時候，一邊啃著粗硬冰涼的麵包，一邊津津有味地看書。晚上，他在小油燈下常讀書讀到深夜。

　　長大後，林肯離開家鄉獨自一人外出謀生。他什麼工作都做，打過零工，當過水手、店員、鄉村郵遞員、土地測量員，還做過劈木頭的苦力。不管做什麼，他都非常認真負責，誠實而且守信用。他十幾歲時當過村裡雜貨店的店員，有一次，一個顧客多付了幾分錢，他為了將這幾分錢退還給顧客跑了十幾里路。還有一次，他發現少給了顧客二兩茶葉，就跑了幾里路把茶葉送到那人家中。他誠實、好學、謙虛，每到一

處，都受到周圍人的喜愛。

1834 年，25 歲的林肯當選為伊利諾州議員，開始了他的政治生涯。1836 年，他又通過考試當上了律師。

當律師以後，由於他精通法律，口才很好，在當地很有聲望，很多人都來找他幫著打官司。但是他為當事人辯護有一個條件，就是當事人必須是正義的一方。許多窮人沒有錢付給他勞務費，但是只要告訴林肯：「我是正義的，請你幫我討回公道。」林肯就會免費為他辯護。

一次，一個很有錢的人請林肯為他辯護。林肯聽了那個客戶的陳述，發現那個人是在誣陷好人，於是就說：「很抱歉，我不能替您辯護，因為您的行為是非正義的。」

那人說：「林肯先生，我就是想請您幫我打這場不正義的官司，只要我勝訴，您要多少酬勞都可以。」

林肯嚴肅地說：「只要使用一點點法庭辯護的技巧，您的案子很容易勝訴，但是案子本身是不公平的。假如我接了您的案子，當我站在法官面前講話的時候，我會對自己說：『林肯，你在撒謊。』謊話只有在丟掉良心的時候，才能大聲地說出口。我不能丟掉良心，也不可能講出謊話。所以，請您另請高明，我沒有能力為您效勞。」

那個人聽了，什麼也沒說，默默地離開了林肯的辦公室。

這個故事清楚地告訴我們，在現實環境中，確實存在著一些道德因素可以化解個人理性與群體理性的矛盾，維繫整個社會的穩定。與法律法規一樣，道德也是對某些行為可以構成懲罰的機制。這種機制使得人類可以自發地從囚徒困境之中走出來。道德感自然地使得人們對不道德的或不正義的行為進行譴責或者對不道德人採取不合作的態度，從而使得不道德的人遭受損失。這樣，社會上的不道德的行為就會受到抑制。

因此，只要社會形成了不道德或不正義的觀念，道德就自動對其行為產生調節作用。

　　需要注意的是，在你的生活之中，僅僅憑藉對手的道德觀念來對其約束的話，這是具有一定風險的。針對這個問題，我們可以透過對道德因素的考慮，對賽局策略進行相應的調整，把賽局變成長期的、多邊的，從而形成對遵守道德規範的動力與壓力。

行動比口頭承諾更重要

　　有時候賽局中的承諾也是不可相信的，這樣的承諾被稱為口頭承諾。口頭承諾之所以難以令人相信，是因為它太廉價，人們沒有理由去相信。如果一個空口的承諾本身不符合承諾者的利益，那我們就不應指望他會遵守承諾。因為，背叛是人的天性，從亞當和夏娃開始，人類就學會了背叛。

　　孔子曾經生活在陳國，後來離開陳國時途經蒲地，正好遇到公叔氏在蒲地叛亂，蒲地人將孔子扣留起來，不允許其離開。在孔子的請求下，他們提出條件：假如孔子不去衛國，他們就讓孔子離開。孔子對天發誓不會去衛國，於是他們放了孔子。結果，一出東門，孔子就直奔衛國而去。到了衛國後，子貢問孔子：「誓言可以背叛嗎？」孔子說：「被迫立下的誓言，神靈是不會聽的。」聖人都可以背叛口頭承諾，何況凡夫俗子。

　　廉價的口頭承諾是不可置信的，賽局論講究的就是看一個人的實際行動。這是一個基本的原則，這個原則在生活中是廣泛適用的。

　　比如一個男孩子對一個女孩子許諾會愛她一生一世，如果女孩子就這樣相信了他的話，那就太不理性了。因為，說一句愛是非常容易的事，僅僅是嘴裡說出的誓言是非常廉價的。如果男孩子更願意在女孩身上花錢，花費更多的精力關心女孩子，那麼他的承諾就更為可信，因為

他為他的承諾付出了代價。

我們再設想一個很小的承諾與威脅。比如，參加考試的學生承諾在沒有老師的情況下絕不作弊，但卻不難想像在考場裡沒有監考老師的時候，會是一種什麼樣的景象。學生並不都是道德高尚、具有自制力的人，即使在有老師監督考場，並威脅如果有學生勇於頂風作案，必然嚴懲不貸，比如考試卷直接作廢、找家長等。設想一下，如果這些威脅僅僅是威脅，在學生作弊後沒有認真採取什麼嚴懲的行動，那麼學生作弊的風險非常小，考場紀律依然與沒有老師一樣。由此可見，有些時候，監考老師不得不對學生進行專制式的懲罰。

賽局的參與者發出威脅的時候，首先考慮的問題可能恰恰相反，認為威脅必須足夠大，大到足以阻嚇或者強迫對方的地步。接下來要考慮的則是可信度，即能不能讓對方相信，假如他不肯從命，一定逃脫不了威脅中假定的結果。若是在理想狀況下，就沒有別的需要考慮的相關因素了。假如受到威脅的參與者知道反抗的下場，並且感到害怕，他就會乖乖就範。問題在於，在這個方面，我們永遠不會遇到理想狀況。只要我們仔細考察美國不能威脅動武的理由，我們就會看得更清楚，現實與理想狀況究竟有什麼區別。

首先，發出威脅的行動本身就可能代價不菲。國家、企業乃至個人都參加著許多不同的賽局，他們在一個賽局中的行動會對所有其他賽局產生影響。再次，發出威脅，而威脅行動完全不必實施的情況，只在我們絕對有把握不會發生不可預見的意外的前提下成立。

蘇聯在赫魯雪夫的領導下，開始在古巴裝設核彈，那兒距離美國本土很近，美國當即宣布要對古巴實施海上封鎖。假如蘇聯當時接受這一挑戰，此次危機很有可能升級為超級大國之間一場傾巢而出的核戰爭。

不過，經過幾天的公開表態和祕密談判，赫魯雪夫最後還是決定避免正面衝突。為挽回赫魯雪夫的面子，美國做了一些妥協，包括最終從土耳其撤走美國導彈。作為回報，赫魯雪夫則下令拆除蘇聯在古巴裝備的導彈，並且裝運回國。你可以說赫魯雪夫貿然在古巴部署飛彈是魯莽的，但不能不說他的妥協是明智的（據說那些日子，甘迺迪緊張得幾乎崩潰，如果赫魯雪夫不肯退讓，一場核戰爭似乎不可避免）。但是反過來說，既然赫魯雪夫最終只有退讓這一個明智的選擇，那麼他最初的冒進就是魯莽的。

在這些案例中，雙方其實都會用到邊緣政策，他們故意創造和操縱著一個有著在雙方看來同樣糟糕的結局的風險，引誘對方妥協。邊緣政策是一個充滿危險的微妙策略，假如你想成功地運用這個策略，你必須深諳邊緣策略的奧妙。邊緣策略的本質在於故意創造風險。這個風險應該大到讓你的對手難以承受的地步，從而迫使他按照你的意願行事，以化解這個風險。邊緣策略行動的目的是透過改變對方的期望來影響他的行動。實際上，邊緣策略是一種威脅，只不過屬於非常特殊的類型。運用邊緣策略時同樣要注意發出的威脅要大而恰當。運用邊緣策略不僅在於創造風險，還在於小心控制這個風險的程度。如果威脅過了一定的程度，就變成一個冒險經歷，把自己也帶入危險的邊緣。下面這個故事就很好地說明了這個問題。

有本偵探小說叫《馬爾他之鷹》，這本書裡有這樣的情節：偵探藏了那隻價值連城的鳥，而歹徒則絞盡腦汁要找出鳥藏在哪裡。偵探說：「你想要那隻鳥吧，牠在我的手裡……假如你現在殺了我，你又怎能找到那隻鳥？假如我知道你在得到那隻鳥之前殺不了我，你又怎能指望透過威脅讓我交出來？」歹徒的回應是解釋他打算怎樣使自己的威脅變得令人

信服。「我明白你的意思。這需要雙方拿出最明智的判斷，因為你也知道，先生，男人若是急了，很快就會忘掉自己的最大利益究竟是什麼，那就什麼事都做得出來了。」

歹徒承認他不能以處死的辦法威脅偵探。不過，他可以讓偵探面對一種風險，即局勢可能在僵持到極點的時候超出控制，結果會是什麼就說不定了。也就是說，「我不是存心要殺你，可是你要找死我就沒辦法了。」歹徒不能承諾假如偵探不肯招供，他就一定大開殺戒。但他可以威脅說要讓偵探處於一種境地，在這種境地下歹徒自己也不能保證是不是可以防止偵探遇害。這種讓某人了解自己遭受懲罰的機率的本事應該足以使這個威脅奏效，假如懲罰足夠嚇人的話。

這樣，偵探喪命的風險越大，這個威脅就越管用。不過，與此同時，這個風險也會讓歹徒感到越來越難以承受，從而變得越來越難以置信。歹徒的邊緣策略在並且只在一個條件下奏效：存在一個中等程度的風險機率，它使這個風險大到足以迫使偵探說出那隻鳥的藏身之處，卻又小到讓歹徒覺得可以接受。這個範圍只在偵探重視自己的生命勝過於歹徒重視那隻鳥的時候存在。

做生意不能做一次性買賣

買過保險的朋友可能都有過下面的感受：當我們初次購買諸如汽車保險等保險產品時，常常會猶豫不決，不知該如何選擇保險公司和保險產品。一方面是擔心花冤枉錢買了沒必要的產品，另一方面又害怕一旦意外發生，保險公司找出一大堆理由來推卸責任不予理賠。當我們正在艱難地權衡時，保險公司的經紀人往往會信誓旦旦地說：「請放心，為了留住客戶，我們公司一定會提供最優質的服務。而且，我們公司非常注重培育老客戶，一旦你成為老客戶，將會享受到更大的優惠！」與此同時，我們也常常會對經紀人說上一句：「如果你能夠提供更優惠的產品和服務，我會每年都在你這裡買的。否則，我就要考慮換一家保險公司了。」

相信上面的場景，許多朋友或多或少都經歷過：一個說會照顧老客戶，另一個說自己打算做長期客戶。雙方用來談判的核心，都是圍繞每年買保險費來展開的。用賽局語言來說，他們進行的是一個「重複賽局」。接下來，我們就來看看何謂「重複賽局」，我們又該如何將「重複賽局」進行到底呢？在賽局論中，按照賽局的次數多少，賽局行為可分為有限次數賽局和無限次數賽局兩大類。所謂無限次數賽局，就是賽局雙方會把一個賽局行為重複無限多次。由於賽局雙方都將顧及長遠利益，雙方在賽局中往往會採取盡量與對方合作的態度，所以在所有的賽

局行為中，雙方的誠信度最高。但這種類型的賽局，在實際生活中極為罕見。

如果賽局雙方的賽局行為只會進行有限多次，這就是有限次數賽局。它又可分為單次賽局、確定次數的重複賽局和不確定次數的重複賽局三類。其中單次賽局非常容易理解，它就是俗稱單次買賣的一次性交易。「囚徒困境」，就是典型的單次賽局。在單次賽局中，交易雙方都只需考慮在這次賽局中自身利益的最大化。為了達到這一目的，雙方都會使出渾身解數。由於賽局行為只有一次，之後雙方就各走各的路，老死不相往來了，因此誰都不必擔心背叛或欺詐所引發的報復性行為，爾虞我詐之類的行為也就會屢見不鮮了。在這種情形下，雙方面臨的誠信危機問題最為嚴重。

與單次賽局不同，確定次數的重複賽局中雙方將會進行確定次數的賽局行為。在實際交易活動中，這種賽局占有相當比重。有意思的是，這種賽局雖然是雙方之間的重複賽局，但產生的誠信問題卻和單次賽局一樣嚴重，也就是說，雙方都有在賽局中弄虛作假、投機取巧的衝動。

為了更直觀地說明這個結果，有人曾專門做過一個實驗，讓參與者進行重複多次的「囚徒困境」選擇。試驗結果表明，在確定賽局會重複10次、20次或100次的情況下，只要兩個參與者仍然是理性人，賽局的最佳結果仍然是雙方都招供 —— 這個結果可能令不少人覺得意外。下面，我們就來看看為什麼會有這種結局。以次數為2的賽局為例。先看第二次賽局的情況，由於這是最後一次賽局，不必再為將來打算，因此每個人都只追求此次賽局的最大利益，於是，第二次賽局的結果就是雙方都坦白。然後，我們再來看第一次賽局的情況。由於雙方都很清楚在最後一次賽局裡雙方都一定會招供。也就是說，第一次賽局的結果對下

一次賽局沒有任何影響，因此雙方一定還是會選擇坦白。

　　事實上，在這個遊戲中，不論賽局的次數是兩次，還是三次，甚至是上百次，只要是確定次數的賽局，其結果都是一樣的。只要採用倒推法來進行推理，你就會發現，確定次數的重複賽局的實質與單次賽局一致（尤其在賽局次數較少的情況下）。也就是說，確定次數的重複賽局所面臨的誠信危機與單次賽局同樣嚴重。

胡雪巖重義守信，以誠招財

　　「做生意要有靠山」，這句話展現了胡雪巖對於他所處的那個時代的生意場能取得成功的關鍵的深刻理解。因為在一個有著幾千年封建文化傳統的社會中，無論是做官還是做生意，都離不開有力靠山的支撐。對於胡雪巖來說，有了靠山，也就有了保護傘，買賣也就可以做得順暢而得心應手。而另一方面，胡雪巖一直都堅信，只有真正將做人擺在首位的老闆，才能贏得別人的信任，生意才能越做越大，自己才能取得真正的成功。胡雪巖將做人看得很重要，他重義、守信，在商界史上也是一位出名的人物。

　　胡雪巖在經商之初結識了落魄文人王有齡。王有齡是官宦世家，但到他父親時，家道敗落。為替祖上「爭氣」，王家變賣了所有家當，為王有齡捐了個「鹽大使」的虛銜。胡雪巖覺得他是個人才，為了讓王有齡盡快得到重用，胡雪巖將他討回的一筆「壞帳」—— 五百兩銀子，交給王有齡。正是憑著這筆錢，王有齡很快就被安排在浙江省海運局當「坐辦」，不久又做了湖州知府。

　　胡雪巖剛創業的時候，想開自己的錢莊，至少需要五萬兩銀子，而此時的胡雪巖卻身無分文。胡雪巖於是找王有齡商議，用信和錢莊墊付給浙江海運局支付漕米的二十萬兩銀子。海運局主管浙江漕米轉運，是糧帳公款食用大戶。浙江每年向京城提供的漕糧和專門用於二品以上官

員俸祿及供宮廷食用的白米百萬石，全由海運局接替。對於信和來說，能為海運局代理公款必然有賺頭。

同時胡雪巖料定好友王有齡很快就會升任州縣長官，各級政府機構的錢稅徵收、災害賑濟等各種款項都需要代理，州縣公款不是小數目，這自然可以由錢莊支配。就這樣，胡雪巖借用和王有齡的關係，從海運局借得了銀子，開辦了自己的錢莊。

錢莊創辦不久，生意興隆，招牌也越來越響。綠營軍軍官羅尚德因為相信胡雪巖錢莊的信譽，他的同鄉劉慶生經常在他面前對胡雪巖讚不絕口，加上因為自己要上戰場，生死未卜，存摺帶在身上也是一個麻煩，便將銀子存入胡雪巖的阜康錢莊，既不要利息，也不要存摺。

胡雪巖作為商人，見到了利，卻沒有忘義。他當即決定：對方不要利息，自己也仍然以三年定期存款的利息照算。若三年之後來取，本息付給一萬五千兩銀子；對方不要存摺，也仍然要立一個存摺，交由劉慶生代管，做生意一定要照規矩來。

羅尚德後來在戰場上陣亡了。臨死之前，他委託兩位同鄉將自己在胡雪巖錢莊的存款提出，轉給老家的親戚。兩位同鄉沒有任何憑據就來到阜康錢莊，認為不是件容易的事。一來羅尚德已死；二來自己手中又沒有存摺，恐怕胡雪巖錢莊會就此賴掉這筆帳。但出乎意料的是，胡雪巖讓羅尚德同鄉請劉慶生出面證明他們的身分後，就辦了手續，將這筆存款與利息一同付上。

羅尚德手中沒有存摺，倘若否認這筆存款，當然是別無人證。這樣做法雖然不仁不義，但事實上在商場中也並不是沒有。然而胡雪巖卻不肯這樣做。當時羅尚德並沒要利息，可胡雪巖卻把利息照付了。就是從這一點上，也能看到胡雪巖是按原則辦事的人，展現了他仗義而守信。

　　講信義，還表現在對自己的許諾的慎重上。在商場上，講究的就是乾脆漂亮，可以不答應人家，但一旦答應，就一定要做到。

　　還有一次，浙江藩司麟桂想向胡雪巖的錢莊借五萬兩銀子。對於剛開業的錢莊來說，這是筆數目不小的借款。胡雪巖考慮到自己和麟桂的交往也不深，最重要的是麟桂即將調離浙江，有損失的風險；但據胡雪巖的了解，麟桂並不是借錢不還的小人。權衡利弊之後，胡雪巖決定冒險把銀子借給麟桂。麟桂沒想到，此前從來沒有打過交道的胡雪巖如此慷慨，於是告訴胡雪巖，自己即將調任江蘇負責江南、江北大營的軍餉籌集，到時候胡雪巖可以到上海開個分店，以後各省的餉銀都經過胡雪巖的錢莊兌換到江蘇。正是因為這件事，讓剛剛開辦的胡雪巖的錢莊得以發展壯大，同時胡雪巖也把自己的勢力發展到了上海。

　　時局不利，對於當時的社會形勢，胡雪巖非常了解。首要的就是太平天國的「洪楊之亂」。胡雪巖認為，由此而引起的整個社會的人口流動和財富大變遷，非一時可以安頓。其次是海禁大開，眼看著洋槍洋炮挾著西方的工業品滾滾流人中國市場，中國和西方的巨大差距，也非一時可以彌補。胡雪巖看准了外國侵略者兩面三刀、投機取巧的本質，因此他決定幫助官軍打勝仗。因為在他的思想裡，只要官軍打了勝仗，時勢太平，什麼生意都好做。

　　同治三年（西元 1864 年）左宗棠進攻杭州。胡雪巖找到軍中，將王有齡生前交給他的兩萬兩銀票還給左宗棠，並表示將送兩萬擔大米「勞軍」，因此胡雪巖受到了左宗棠的器重。1866 年，左宗棠調任陝甘總督，出關西征。胡雪巖借助自己在商場上的優勢，很快為左宗棠籌集到了足夠的軍費。毫無疑問，胡雪巖的雪中送炭讓左宗棠感動不已，他也由此更加得到左宗棠的賞識和器重。胡雪巖也以左宗棠為靠山，在經營藥

店、開辦錢莊及錢莊分號等方面,得到左宗棠的大力扶持。

重承諾、講信譽,胡雪巖稱得上真正成功的商人。他的做法,證明中國社會上一向流傳的「無商不奸」的看法是錯誤的。

「沒有權,就沒有勢;沒有勢,也就沒有利。勢利,勢利,利與勢是分不開的,有勢就有利。」胡雪巖看出了利勢不分家的道理,從而就有了一代官商出神入化的取勢得利行為。這正是胡雪巖賽局成功的精髓所在,這也正是胡雪巖在商場的賽局大戰中取得極大成功的關鍵因素。

第十一章

鬥雞賽局 —— 衝突中應進退自如

雀巢翻身之術

1970 年代，全球規模最大的跨國食品公司 —— 雀巢公司遭遇嚴重的危機，險些消失在 1970 年代。

雀巢的危機來自於當時的一種輿論，一些人認為雀巢食品的競銷，導致了開發中國家母乳哺育率下降，從而導致了嬰兒死亡率的上升。但是由於當時雀巢的決策者拒絕考慮輿論，繼續我行我素，加上競爭對手的煽風點火，到了 1980 年代，竟形成了一場世界性的抵制雀巢奶粉、巧克力及其他食品的運動。雀巢產品幾乎在歐美市場上無立足之地，雀巢岌岌可危。

面對如此危機，管理層不再強勢推翻反抗輿論，而是積極尋求策略。在經過公共關係專家帕根的調查後指出，雀巢長期以來以大品牌自居拒絕接受公共意見是造成這場重大危機的根源。總之，雀巢在公共關係方面存在重大的缺陷。之後，雀巢擬定出詳細的公共關係計畫，先進行美國市場的修補，虛心聽取社會各界對雀巢公司的批評意見，開展大規模的遊說活動，成立有權威的聽證委員會、審查雀巢公司的銷售行為等，使輿論逐漸改變了態度。

在接下來的計畫中，雀巢公司開闢開發中國家市場。在開拓市場過程中，雀巢公司吸取了以往的教訓，不是把第三世界的開發中國家單純看作雀巢產品的市場，而是從建立互利的夥伴關係著手。每年雀巢都聘

請專家幫助開發中國家普及技術，提高產量，甚至是直接投資興建各種加工廠。

這樣，一系列改善雀巢公共關係的措施在有條不紊的實施中，雀巢公司全球市場上不斷收回「失地」，同時也在開發中國家樹立了良好的形象。

到 1984 年，雀巢公司的年營業額高達 311 億瑞士法郎，雄居世界食品工業之首。雀巢在逐漸發展中也犯了一些大企業容易犯的錯誤，壟斷專行，不聽取其他意見，引起同行以及消費者的反感，造成輿論危機，致使公司陷入生死存亡的困境。而且在危機開始之初，一路與輿論硬拼，我行我素，致使公司產生更大的危機。

雀巢公司在找到這次輿論危機發生的根源後，終於果斷採取措施。先是近距離的安撫輿論，獲得喘息空間，然後做長遠打算，積極發展和開發中國家的夥伴關係。使輿論危機徹底解除，度過這次危機。

用小錢做大買賣

在處於對立狀態的鬥雞賽局中，一般而言，實力相對弱小的一方占下風的時候比較多，這是因為賽局雙方如果都採取主動，就會變成一場消耗戰，而弱者的實力有限，經不起長期的折騰，最後總會在不損害自己根本利益的前提下作出讓步，從而形成一種納許均衡。對於強的一方來說，所謂殺敵一萬，自損八千，雖然家大業大，經得起折騰，但無休無止的消耗，也必然得不償失，因此也寧肯犧牲小部分利益，甚至作出讓步來換取避免長期的消耗。

所以，在實力不相當的鬥雞賽局中，雖然雙方都是大打出手，但雙方意識到誰也不能徹底打垮對手的時候，就會尋求解決辦法。而有趣的是，在經濟學上常說的「船小好調頭」，在賽局學中同樣適用。

在歷史上大小鬥雞賽局中，用小本錢做出大買賣最成功的，當屬西夏王朝的開國皇帝李元昊。他用自己僅有的本錢，遊刃於大國之間，為自己和子孫套取了最大的利益。

李元昊的崛起可謂趕上了好時機，他遇到了一個重文輕武的對手。由於宋太祖趙匡胤憑藉武力從孤兒寡母手中奪取了政權，怕人家東施效顰，所以宋朝立國後就奉行「重文輕武，重內輕外」的國策，不重視武備和外敵，而是牢牢地盯著自己的臣子。

李元昊的祖父和父親兩代時，黨項族實力還比較弱小，鑑於宋朝實

力強大，還不敢有什麼較大的野心，僅滿足在邊陲稱王稱霸，因此利用遼和北宋的對立和戰爭，兩邊討好，接受金錢和財物的饋贈，不斷發展壯大。而宋朝也樂意用金錢來換取邊境安定，然而，到李元昊的時候，他不僅極力反對對宋稱臣，而且還主張走上民族獨立，要與宋朝平起平坐，這樣就不可避免地走向了零和賽局。

我們可以看出，一旦李元昊決定用武力來掠奪土地和財富，就形成了一種鬥雞賽局。從賽局理論上來說，宋朝是大國，黨項是小族，如果雙方都主張戰爭，李元昊的損失會比宋朝大。但為什麼李元昊還是能夠以小本錢做出大買賣，關鍵就在於他看出了北宋的弱點。

宋朝雖然是個大國，卻是一個武備不修的大國。西元 1038 年，李元昊正式宣布即位稱帝，國號大夏，建都興慶。李元昊即位以後，上表要求宋朝承認。宋朝君臣認為這是李元昊反宋的表示，就下令削去李元昊西平王爵位，斷絕貿易往來，還在邊境關卡上張榜懸賞捉拿李元昊。李元昊決定大舉進攻。那時候，宋軍在西北駐防兵士有三四十萬，但是這些兵士分散在二十四個州的幾百個堡壘，而且各州人馬，都直接由朝廷指揮，互相不配合。這就為李元昊以小搏大創造了條件。

1040 年正月，李元昊先派親信率部向宋金明寨部都監李士彬詐降，然後用突襲戰術圍攻金明寨，裡應外合，一夜之間就攻破寨城，俘虜李士彬。接著李元昊假裝進圍延州，引誘駐守慶州的劉平和石元孫率軍赴援，等宋軍趕到延川、宜川、洛水三河的匯合處三川口時，已經人困馬乏。西夏兵以逸待勞，四出合擊，將宋軍萬餘人消滅殆盡。

1041 年 2 月，李元昊又一次向宋發動進攻。李元昊了解宋軍將領任福求勝心切，先派小股部隊入寇，遇任福大軍後即佯裝敗北。任福不知是計，率數千輕騎追擊。進入好水川口後，宋軍發現路上擺著不少封閉

的泥盒子，用手一拍，裡面有躍動之聲。任福命令士卒將盒砸開，裝在裡面的鴿子受驚騰起，直飛谷頂，這正是宋軍進入埋伏的信號。夏軍得到信號，十萬人馬一起從山頭出擊，將宋軍壓在谷地。此戰宋軍一萬多精銳全部喪命疆場。縱觀幾次會戰，李元昊之所以能夠取得勝利，關鍵在於能夠集中兵力，在局部戰場上形成優勢，以大博小。由於宋軍在整體上占優勢，所以在三川口和好水川口兩次會戰中，李元昊都是集中自己的力量而分散對手的力量，同時利用遊牧民族騎兵多，擅長野戰的特點，引誘宋軍出堅城用步兵與騎兵進行野戰，從而取得了戰爭的勝利。

在與宋作戰的同時，李元昊請求遼國發兵從北方牽制宋朝。遼沒有積極配合，引起李元昊不滿，煽動、引誘遼統治下的山南黨項各部及呆兒族叛遼歸西夏，這一連串的摩擦，終於引發了西夏和遼的大戰。

1044 年 10 月，遼興宗親自統領十萬騎兵向李元昊發起大規模進攻，於賀蘭山北擊敗西夏兵。李元昊見遼軍來勢凶猛，便以緩兵之計，遣使向遼上表謝罪，請遼退兵。遼興宗不肯，率軍繼續進軍。

李元昊見議和不成。遂退兵近百里。每退三十里，便將方圓數十里田園燒盡。遼軍所到之處兵馬無所食。李元昊估計遼軍草盡糧絕、人乏馬飢，又有意拖延，然後率兵反攻，將遼軍大敗於河曲。

在給予遼軍重創之後，李元昊再次派人向遼請和，並願歸還俘獲。遼興宗無力再與李元昊戰，只得與夏講和，並派人送還先前扣押的西夏使者。遼、西夏衝突，暫告結束。遼和西夏這場戰爭，由於遼國的實力強於西夏，而且遼國也是以騎兵為主，所以要進行正面決戰，西夏的損失會很巨大，李元昊很可能將自己僅有的一點家當輸得精光。

但是，任何一支軍隊都需要大量的給養，騎兵也不例外，而遊牧民族的習慣是就糧於敵，主要靠掠奪敵人的物資補充自己。對這一點李元

昊非常清楚，在敵強我弱的形式下，採取堅壁清野，使對手陷入缺乏食物的境地，然後再展開反撲，局部勝利後，再與對手言和。

之所以如此，李元昊知道，西夏實力有限，打不起消耗戰，持久大戰，對西夏不利，而遼也不想和西夏拚個你死我活，雙方的戰鬥意圖都不明朗，因為戰爭的目的就是為了財富。對兩國來說，國力萎靡不振的宋朝才是主要目標，才是遼、西夏掠奪財富的主要來源，所以雙方能夠迅速罷兵言和。

在李元昊與遼國戰爭的時期，宋朝意識到西北防務非常棘手，啟用當時的名臣范仲淹主持西北防務。范仲淹認識到，宋軍人數雖多，但缺乏強將精兵，戰鬥力差；西夏軍人數較少，但兵精馬勁，戰鬥力強，加上西夏境內山川險惡，沙漠廣袤，其都城又遠在黃河以北的興慶府。所以，宋不宜採取深入敵境大舉進攻的方針。但是，西夏國經濟力量薄弱，糧食不足，絹帛、瓷器、茶葉等都需從宋朝輸入，這又是它的致命弱點。只要宋軍實行堅壁清野的政策，使西夏軍無隙可乘，本國的經濟就會十分貧乏，軍隊的鬥志也會逐漸消失。

在范仲淹的主持下，宋與西夏展開持久消耗戰。宋以防禦為主，深溝壁壘，與西夏打城池攻防戰。這就使李元昊透過戰爭奪取財富的目的達不到，自己有限的本錢眼看著一點點消失。在宋與李元吳這場賽局中，宋在最後把握住了對方的命門，不能速戰速決，就打消耗戰。雖然這是無可奈何的選擇，但比的就是綜合實力。這樣，處於整體劣勢的李元昊不得不與宋言和。而宋的最高決策者本身也無心作戰，所以，李元昊也算掌握了宋的命門。

1044 年，宋夏達成協議，北宋每年給西夏銀七萬二千兩，絹十五萬二千匹，茶三萬斤。宋夏重新恢復了和平，對宋統治者而言，可以歌舞昇平了，對西夏而言，從此，西夏取得了與宋和遼平等的地位。李元昊以小本錢為自己和子孫謀求了一份最大的產業。

後發制人的潛規則

「後發制人」就是等對方先動手，再抓住有利時機反擊，制服對方。

遇到難以應付的對手，我們總是想逃避，離得越遠越好。這種想法如果占據你的心靈，那你就永遠無法消除畏懼的意識。而解決的辦法之一，就是先發制人。但這並不是說，什麼事情都不分青紅皂白，一律採用「先發制人」的手段和方式。因為這種手段無論在事業還是在生活上，很容易得罪人，對自己造成不利。有時候，後發制人，也能起到出奇制勝的效果。

小王和小李是中學同學，所不同的是，小王來自一個貧困的鄉下，小李來自都市。小李作為都市人，很有優越感，於是常譏笑小王不如自己聰明，小王總是笑笑，不吭聲。「你不信是嗎？我們來打賭！我們相互提問，你贏了我付給你 100 塊，你輸了給我 100 塊。」小李有些急了。小王笑著說：「既然你們都市人比我們鄉下人聰明，這樣賭我要吃虧。你說你比我聰明多少吧？」小李得意地說：「我的智力至少是你的三倍！」「我來提問，你不知道你輸我 100 塊；反之我輸給你 35 塊。」小王說。「就這樣吧！」小李自恃見多識廣，爽快地答應了。於是小王問了一個不合邏輯的問題，小李答不上來，輸了 100 塊。隨後，小李也向小王提這個問題。「我也不知道，」小王老實地承認，「這 35 塊給你。」

在小王與小李的賽局中，小王讓對方先「發」，然後巧妙地把對方引

入圈套，再按照小李的「都市人比鄉下人聰明」的思想進行推論，反而證明了小李的愚蠢。這之中隱藏著一種以退為進的賽局之術。在生活或是事業中，當你對對手的情況不太了解，或者當你不能預測對手會採取什麼策略時，最好「請對方先發」，先讓對方闡述利益要求，然後在此基礎上謹慎地提出自己的要求。這種後發制人的方式，常常能收到奇效。因為「後發制人」才有迴旋的餘地。

日本松下電器公司的創始人松下幸之助，在創業之初由於資金和設備有限，如自己研製生產新產品，不僅時間長，費用也特別多，對於他來說很不現實，於是專門分析競爭對手的新產品，並在此基礎上，取長補短，最終使自己的產品品質和性能比所仿製的產品更臻完善。

放映機本是 Sony 製造的，特別是 Sony 的「Beta」放影機剛上市的時候，銷售非常火爆。於是，松下也決定生產這種產品，經過市場調查了解到，消費者希望放影機放映時間更長一些，體積小一些，重量輕一點。於是松下公司在「Beta」的基礎上，迅速推出了放映時間長、體積小、重量輕，而且價格低的新產品。松下的產品一經推出，就以絕對的優勢壓倒了「Betamax」，為松下公司賺得了巨額利潤。

松下幸之助正是使用這種後發制人的策略，使自己的公司在與眾多強大的對手的競爭中立於不敗之地。

在不知道對方的實力以及其他資訊時，己方最好沉住氣，等對方先行動，然後再了解對手的底細，做到「知彼」，再後發制人，才能實現自己利益的最大化。

退一步為了進兩步

　　英國有一家友尼利福公司，二戰前就在非洲東海岸設有大規模子公司，子公司依靠英國在非洲的大量殖民地種植花生，在非洲發展得很好，並逐漸成為友尼利福的主要收入來源。

　　二戰後，世界上的殖民主義國家開始興起了殖民主義運動。老牌殖民主義國家例如英國開始失去原料產地，他們在殖民地國家的企業受到了嚴重的打擊，友尼利福也不例外。

　　針對這種形勢，友尼利福的領導層對非洲子公司發出了六條指令：第一，非洲各地所有子公司系統的首席經理人員，迅速啟用非洲人；第二，取消黑人與白人的薪資差異，實行同工同酬；第三，在奈及利亞設立經營幹部養成所，培養非洲人幹部；第四，採取互相受益的政策；第五，逐步尋求生存之道；第六，不可拘束體面問題，應以創造最大利益為要務。友尼利福在與迦納政府的交涉中，為了表示尊重對方的利益，主動把自己的栽培地提供給迦納政府，從而獲得迦納政府的好感。

　　後來，為了報答他，迦納指定友尼利福公司為迦納政府食用油原料買賣的代理人，這就使友尼利福在迦納獨占專利權。在與幾內亞政府的交涉中，友尼利福表示自行撤走公司，它的這種坦誠的態度反而使幾內亞受到感動，因而允許友尼利福的公司留在幾內亞。在與其他幾個國家的交涉中，友尼利福也都採用了這種「水道以迂為直」的政策，從而使

公司平安地度過了難關。

英國友尼利福公司經理柯爾在企業經營中，有一個基本的信條，即「不拘束於體面，而以相互利益為前提」。依據這一信條，他在企業經營和生意談判中常常採用退讓策略。在一定情況下，甘願妥協退步，以贏得時機發展自己，結果可能是退一步，進兩步，實質上還是自身獲益。

大多數賽局都是重複長期的賽局，有時候，賽局中的「退」是為了未來的「進」。

糊塗之中隱藏大智慧

糊塗其實就是一種智慧。人不是神，每個人都有犯錯的時候，因而很多時候要順其自然，裝裝糊塗。不過，在生活中由糊塗變聰明難，由聰明變糊塗更難。故意糊塗一點，其實不是真糊塗，而是真智慧，是聰明的最高境界。

美國總統威爾遜小時候比較木訥，鎮上很多人都喜歡和他開玩笑，或者戲弄他。一天，他的一個同學一手拿著 1 美元，一手拿著 5 美分，問小威爾遜會選擇拿哪一個。威爾遜回答：「我要 5 美分。」「哈哈，他放著 1 美元不要，卻要 5 美分。」同伴們哈哈大笑，並把這個笑話四處傳播。許多人不信小威爾遜竟有這麼傻，紛紛拿著錢來試。然而屢試不爽，每次小威爾遜都回答：「我要 5 美分。」整個學校都傳遍了這個笑話，每天都有人用同樣的方法愚弄他，然後笑呵呵地走開。

終於有一天，他的老師忍不住了，當面問小威爾遜：「難道你連 1 美元和 5 美分都分不清大小嗎？」小威爾遜回答：「我當然知道。可是，我如果要了 1 美元的話，就沒人願意再來試了，我以後就連 5 美分也賺不到了。」

在這個關於是要 1 美元還是要 5 美分的賽局中，威爾遜沒有把心思放在貪圖小利的小聰明上，而是著眼於大智慧。

糊塗是一種智慧，這種智慧可以成就大事業，能經受時間的考驗。充分地認識自己，明確自己的能力，面對問題冷靜判斷，量力而行，才

是聰明的人應該做的。

　　糊塗不是沒有智慧，相反它是人類隱藏著的智慧。做人要學會糊塗，鄭板橋說：「人生在世，難得糊塗。」但「難得糊塗」的鄭板橋，其實是個明白人。看破官場腐敗的他，辭官回鄉，寫詩作畫為生。能看破，但就是不說出來或做出來，這其實是一種揣著明白裝糊塗的智慧。

　　聰明人總愛裝糊塗，因為糊塗能夠展現一個人的智慧。有很多場合，常常會出現意外事件，如果不能妥善處理，就會發生難以預料的結果。這時不妨糊塗一下，就坡打滾，常能挽回看似無法挽回的局面。

　　一位銀行家帶著一筆鉅款快步走在回家的路上。在經過一段黑暗的樹林的時候，突然竄出一個瘦小的匪徒，用槍頂住銀行家的前額，要他把錢都交出來。

　　銀行家裝出渾身發抖的樣子，戰戰兢兢地說：「這錢不是我的，我回去不好交待，你能不能在我的帽子上打兩槍？」

　　匪徒把他的帽子接了過去，「砰砰」地打了兩槍。銀行家又央求再朝他的褲腳打兩槍，這樣就更逼真。匪徒不耐煩地拉起他的褲腳打了幾槍。

　　銀行家又說：「請再朝衣襟上打幾個洞吧。」匪徒勃然大怒，扣動扳機，但已經沒子彈了。銀行家趁機連忙衝出了樹林。

　　生活中我們難免會遭遇這樣或那樣的危險，就像這位林中遇劫的銀行家，只要你保持鎮定，控制好情緒，「糊塗」面對，就有可能化險為夷。

　　大凡立身處世，必然要經歷一場又一場的賽局，這時最需要聰明和智慧，但聰明與智慧有時候只有依賴糊塗才能得以展現。鄭板橋說：「聰明有大小之分，糊塗有真假之分，所謂小聰明大糊塗是真糊塗假智慧，而大聰明小糊塗乃假糊塗真智慧。所謂做人難得糊塗，正是大智慧隱藏於難得的糊塗之中。」

退是策略進才是目的

有一次，世界著名滑稽演員胡珀在表演時說：「我住的旅館房間又小又矮，連老鼠都是駝背的。」旅館老闆知道後十分生氣，認為胡珀詆毀了旅館的聲譽，要控告他。

胡珀決定用一種奇特的辦法，既要堅持自己的看法，又可避免不必要的麻煩。於是在電視臺發表了一個聲明，向對方表示歉意：「我曾經說過，我住的旅館房間裡的老鼠都是駝背的，這句話說錯了。我現在鄭重更正：那裡的老鼠沒有一隻是駝背的。」

「連那裡的老鼠都是駝背的」，意在說明旅館小且矮；「那裡的老鼠沒有一隻是駝背的」，雖然否定了旅館的小和矮，但還是肯定了旅館裡有老鼠，而且很多。胡珀的道歉，明是更正，實是批評旅館的衛生情況，不但堅持了以前的所有看法，而且諷刺程度更深刻有力。

英國牛津大學有個名叫艾爾‧弗雷特的學生。因能寫點詩而在學校小有名氣。一天，他在同學面前朗誦自己的詩。有個叫查理的同學說：「艾爾‧弗雷特的詩讓我非常感興趣，它是從一本書裡偷來的。」艾爾‧弗雷特非常惱火，要求查理當眾向他道歉。

查理想了想，答應了。他說：「我以前很少認同自己講過的話。但這一次，我認錯了。我本來以為艾爾‧弗雷特的詩是從我讀的那本書裡偷來的，但我到房裡翻開那本書一看，發現那首詩仍然在那裡。」

　　兩句話表面上不同。「艾爾‧弗雷特的詩是從我讀的那本書裡偷來的」，也就是指艾爾‧弗雷特抄襲了那首詩；「那首詩仍然在那裡」，指的是被艾爾‧弗雷特抄襲的那首詩還在書中。意思沒有變，而且進一步肯定了那首詩是抄襲的，這種嘲諷，程度更深了一層。

　　兵法中有一招是「以退為進」，上面兩個故事中的主角深諳此道。作戰如治水一樣，須避開強敵的鋒頭，就如疏導水流；對弱敵進攻其弱點，就如築堤堵流。「退」是策略，「進」才是目的，在生活中運用很廣。

　　與人有分歧時，先退一步承認對方說的對，而後抓住機遇進攻駁斥對方不對，這種說話的方法就是以退為進。

　　某公司推銷員 W。想去老客戶處再推銷一批新型引擎。誰知，才到一家公司，該公司的總工程師劈頭就是一句：「你還指望我們買你們的引擎？」一了解，原來總工程師認為他們公司的引擎發熱超標，因為引擎用手一摸非常燙手。W 無法知道詳情，就退讓一步說：「先生，我的意見和你相同，若引擎發熱過高，別說買，還應該退貨！」「當然。」總工程師緩和多了。W 乘機問道「按標準，引擎的溫度要比室內高出 70 度，對嗎？」總工程師答道：「但你們的產品已超出這個溫度。」推銷員 W 反問：「生產線溫度多少？」當聽說也是 70 T時，W 轉退為攻：「好極啦！生產線 70 度，加上應有的 70 度，一共 140 度左右，如果用手觸摸勢必會燙傷啊！」總工程師點頭稱是，W 立即補上：「今後可不要用手去摸引擎了。放心！那是完全正常的。」結果，W 又做了第二筆買賣。

　　推銷員 W 先讓一步，同意對方看法，然後從具體數字下手進行反攻，一舉成功。

　　晉朝時，許允娶了阮家醜女。行過大禮之後，進入洞房，許允見到新娘貌醜，立即轉身，想奪門而出。新娘料到會出現這一幕，故許允才

轉身，就一把抓住了他，否則，一旦離去，很難返回。

許允被拉住後，沒好氣地問道：「女子應有四種德行，妳具備幾種？」新娘從容地回答道：「孝順父母，尊重丈夫，是其一；說話和氣，是其二；能織絲紡麻是其三；貌美，是其四。前三條我都能做到，我所缺少的只是貌美罷了。」說完便反問道：「然而讀書人應有許多好品德，你又具備幾條呢？」許允自傲而輕率地回答：「都具備！」新娘聽後，直言不諱道：「各種品德中，應把以德取人放在第一位，可是你卻注重美色，重貌輕德，怎能說都具備了呢？」許允聽罷，頓覺慚愧。之後，夫妻互敬互愛，白頭偕老。

醜婦先承認自己是醜，而後反將一軍，擊中對方要害，因為重貌不重德，是封建社會的大忌，所以許允被說服了。

古人深諳此道，再來看一則故事：

漢代公孫弘年輕時家貧，後來貴為丞相，但生活依然十分儉樸，吃飯只有一個葷菜，睡覺只蓋普通棉被。就因為這樣，大臣汲黯向漢武帝奏了一本，批評公孫弘位列三公，有相當可觀的俸祿，卻只蓋普通棉被，實質上是使詐以沽名釣譽，目的是為了騙取儉樸清廉的美名。

漢武帝便問公孫弘：「汲黯所說的都是事實嗎？」公孫弘回答道：「汲黯說得一點沒錯。滿朝大臣中，他與我交情最好，也最了解我。今天他當著眾人的面指責我，正是切中了我的要害。我位列三公而只蓋棉被，生活水準和普通百姓一樣，確實是故意裝得清廉以沽名釣譽。如果不是汲黯忠心耿耿，陛下怎麼會聽到對我的這種批評呢？」漢武帝聽了公孫弘的這一番話，反倒覺得他為人謙讓，就更加尊重他了。

公孫弘面對汲黯的指責和漢武帝的詢問，一句也不辯解，並全都承認。這是何等的智慧呀！汲黯指責他「使詐以沽名釣譽」，無論他如何辯

解，旁觀者都已先人為主地認為他也許在繼續「使詐」。公孫弘深知這個指責的分量，採取了十分高明的一招，不作任何辯解，承認自己沽名釣譽。這其實表明自己至少「現在沒有使詐」。由於「現在沒有使詐」被指責者及旁觀者都認可了，也就減輕了罪名的分量。

公孫弘的高明之處，還在於對指責自己的人大加讚揚，認為他是「忠心耿耿」。這樣一來，便給皇帝及同僚們這樣的印象：公孫弘確實是「宰相肚裡能撐船」。既然眾人有了這樣的心態，那麼公孫弘就用不著去辯解沽名釣譽了，因為這不是什麼政治野心，對皇帝構不成威脅，對同僚構不成傷害，只是個人對清名的一種癖好，無傷大雅。

以退為進，這是一種大智慧。在這方面如果運用得好，更能受益匪淺。對沒有的事情不置可否，事情終會有水落石出的一天，那時候你不是可以得到更多人的尊敬嗎？有什麼小錯就承認了也沒什麼大不了，人家反而會覺得你人格高尚，勇於承認錯誤更易得到大家的諒解，而且一個光明磊落的人即使錯又能錯到哪裡去呢？

不辯自明，是一種極好的公關技巧。同樣，如果能夠掌握以退為進的法則，在生意場上也可以取得豐厚的利潤。

被譽為「日本繩索大王」的島村寧次在幾年前還是一個窮光蛋，他的成功也是有賴於以退為進的「原價銷售法」。其主要原則就是開始時吃虧，而後便占大便宜。

首先，他在麻的產地將 5 角錢一條長 45 公分的麻繩大量買進來後，又照原價一條 5 角錢賣給東京一帶的紙袋工廠。完全無利潤反而賠本的生意做了一年之後，「島村的繩索確實便宜」的名聲揚四方，訂貨單從各地像雪片飛般地源源而來。於是，島村又按部就班地採取了第二步行動，他拿著購物收據前去與訂貨客戶說；「到現在為止，我是 1 分錢也沒

賺你們的，但如若長此下去，我只有破產的一條路了。」他的誠實感動了客戶。客戶心甘情願地把貨價提高到了 5 角 5 分錢。

與此同時，他又跟供應商說：「您賣給我 5 角錢一條的麻繩，我是原價賣出的，照此才有了這麼多的訂貨。這種無利而賠本的生意，我是不能再做下去了。」廠商看到他給客戶開的收據發票，便大吃一驚，頭一次遇到這種甘願不賺錢的生意人。廠商感動不已，於是一口答應以後每條繩索以 4 角 5 分的價格供應。

這樣兩頭一交涉，一條繩索就賺了 1 角錢。他當時一年有 1,000 份訂貨單，利潤就相當可觀。幾年後島村從一個窮光蛋搖身一變成為日本繩索大王。

經商的目的就是為了賺錢，其要旨則為用最短的時間賺到最多的錢。然而島村卻反其道而行之，以賠錢的「原價銷售法」開始他的繩索經營事業，從他後來取得的巨大成功來看，這一經營策略確實奏效。

秉承同樣理念的日本人松本清創造了「犧牲商法」，他將當年售價為 200 日元的膏藥以 80 日元的低價賣出。膏藥賣得越多，虧損就越大，但整個藥店的經營卻有了很大起色。因為，買膏藥的顧客大都還要買其他藥品，而其他藥品卻是不讓利的。松本清的做法使消費者對藥店產生了一種信賴感，於是藥店的生意越來越紅火。

「犧牲商法」以抓住顧客貪小便宜的心理來「套牢」顧客，透過部分商品的低價賠本銷售來擴大企業的知名度，從而達到招徠顧客、留住回頭客的經營目的。他們未賺先「賠」，未盈先「虧」，適當付出了一點代價，犧牲了一點利益，取得消費者的信任後，經營效果會更好。他們也想賺錢，但他們卻先做賠錢的事情。這才是精明的商人。

精明的商人往往有長遠的眼光，他們為了賺錢，可以以退為進，讓

出部分利益。如今，曉得「以退為進」的推銷員已經很多了，什麼「試銷產品不要錢」啦，什麼「商場開展贈送活動」啦⋯⋯然而他們太心急了，還沒有讓人感到他們後退的誠意就急於轉身朝前（錢）走，故而不能達到「以退為進」的真正目的。

威脅只會讓自己很受傷

在生活中，人們慣用威脅和恐嚇來達到自己的目的。但是，理性的參與者會發現某些賽局中威脅是不可置信的，即所謂的「空洞威脅」。

比如有一個壟斷市場，唯一的壟斷者獨占市場每年可獲得 100 萬元的利潤。現在有一個新的企業準備進入這個市場，如果壟斷者對進入者採取打擊政策，那麼進入者就將每年虧損 10 萬元，同時壟斷者的利潤也下降為 30 萬元，如果壟斷者對進入者實行默認政策，那麼進入者和壟斷者將各自得到 50 萬元利潤。現在，為了防止進入者進入，這家壟斷企業宣稱：如果進入者進入，那麼它就會選擇打擊政策。

但是，我們會發現均衡路徑是進入者進入，而在位者默認。在位者的威脅將是不可置信的，因為假定進入者真的進入了，在位者選擇默認而不是打擊將更符合其利益，所以在位者宣稱要實施打擊，也只是說說而已。不可置信的威脅的產生，是因為威脅者選擇其威脅所宣稱的行動時，對其自己並沒有好處，因此威脅不可置信。這裡，對自己並沒有好處應當做一個稍廣泛的理解，有時候它可能並不是表示對自己傷害更多，而是因為實施該行動的成本太高而使之無法實施。無法實施的威脅行動，自然就是不可置信的威脅。這一觀念可以解釋生活中的諸多現象。

在一堂賽局論課上，一名教授對學生們說：「你們每個人需要給我

10 元，否則我就要去自殺。學生們哄堂大笑，因為他們覺得他在開玩笑，他的威脅是不可置信的。如果他真要以自殺威脅來訛詐學生的錢財，他該怎麼才能成功？那他可不能簡單地口頭說說而已。賽局論中是否相信一個人，不是看他說了什麼，而是看他做了什麼 —— 行勝於言。所以教授應該爬到高高的教學樓頂，翻到欄杆外，站在危險的邊緣，然後再提出每人給他 10 塊錢，這時候（至少是大部分）學生們會乖乖地掏出 10 塊錢來。因為他威脅變得可信了 —— 他現在隨時有生命危險。

在賽局中，威脅、承諾，還包括報復，都是慣用伎倆，這些內容也是要探討的主題。大家會發現，賽局論思維的確有助於我們洞悉某些不可置信的威脅、不可置信的承諾等。在家庭裡，也經常出現不可置信的威脅。因為家庭的成員彼此利害相關，懲罰一個家庭成員也會給懲罰者帶來負效用，結果就使得懲罰常常並不是很可信。父親常常會恐嚇在牆壁上亂畫的孩子，說如果孩子繼續亂寫亂畫就把他耳朵割掉。但是聰明的孩子對此毫不理會，因為他知道父親不會割掉他的耳朵。是的，父親怎麼可能會割掉他的耳朵呢，這樣做對父親本身來說也是非常不利的事情啊！管教孩子是父母深感頭痛的事情，因為對孩子沒有什麼可置信的威脅。不給他飯吃？不給他衣穿？不讓他上學？這些都只是說說而已。即便家長威脅要揍孩子一頓，甚至他真的揍了孩子，可是這揍一頓又算什麼呢？

父母關心子女的婚事，乃人之常情，通常還是好事。我們所謂干涉，不是一般的關心，而是家長不喜歡子女的心上人，並且採用威脅和各種手段企圖以自己的意願改變子女的選擇。家長為什麼反對孩子自己的選擇，情況非常複雜，「理由」千差萬別，我們這裡就不費筆墨了。設想父親不喜歡女兒嫁給她的心上人，最嚴重的情況，會首先試圖禁止他

們來往。「再跟他往來，我就打斷妳的腿！」這是文學作品上一再出現的句子。這就是威脅。

這個威脅是否可信，女兒多半心中有數，會採取相應的對策。通常，這是父親對女兒婚事態度的聲明，父親並不是真要打斷女兒的腿。除非父親不近人性。事實上，我們很難想像打斷女兒的腿對做父親的會有什麼好處。如果女兒相信父親的話，她大概會中斷與戀人的關係，因為戀人是可以重新選擇的，而父親則無法重新選擇。問題是，假使女兒真的與戀人結婚了，父親難道真的會走斷絕父女關係這一步嗎？一般來說是不會的，因為斷絕父女關係對父親的損害更大。這就是說，父親的威脅是不可置信的。聰明的女兒當然明白這一點，她知道，一旦生米煮成熟飯，父親只好吞下去。結果通常是女兒會勇敢地戀愛下去直到結婚，父親最終承認那個最初並不喜歡的女婿。

按照賽局論和資訊經濟學，原則上威脅只有在如果不實行的話當事人將遭受更大的損失時，才是可信的。威脅一般採用「如果你那樣做，我就這樣做」的形式。所謂更大損失，就是說在你真的那樣做的條件下我不這樣做我的損失會更大。女兒真的和那個年輕人結婚了，在這個既成事實之下，父親再斷絕父女關係只會更加損害自己，所以父親的威脅不可信。許諾，就是當事人使自己的威脅變得比較可信的一種辦法。既然許諾了，但如果當事人不施行發出的威脅，他就要為自己的失信付出代價。信譽的代價也許不能馬上計算出來，但是後果明顯。

顯而易見，在你作出一個許諾的時候，你不應讓自己的許諾超過必要的範圍。假如這個許諾成功地影響了對方的行為，你就要準備實踐自己的諾言。這件事做起來應該是代價越小越好，因此也意味著許諾的時候只要達到必要的最低限度就行了。不那麼容易看到的是，適度原則其

實同樣適用於威脅。你不應讓自己的威脅超過必要的範圍。

在公司裡，員工常常會策略性地提出加薪，而威脅老闆加薪的一個常見版本就是「如果不加薪，那我就會離職」。問題是，老闆會不會理睬員工的威脅呢？一個顯然的事實是，老闆可不像小孩那樣缺乏理性。如果員工並沒有其他的去處，老闆就不會理睬員工的加薪要求。只有老闆相信員工會離去，並且他覺得多花點錢留住員工是值得的時候，他才會幫員工加薪。

譬如，兩個國家之間沒有犯罪引渡條約，一個罪犯若在一國犯罪而又能成功潛逃到另一國，那麼儘管前一個國家有明確的法律制裁規定，但是它對罪犯將沒有太大的約束力。對於罪犯來說，那只是一個不可置信的威脅，他可以成功地逃避懲罰。這可能就是劫機之類的犯罪更多地發生在缺乏引渡條約國家之間的原因。如果存在引渡，那麼懲罰威脅將是可信的。這樣的道理也適用於貪汙犯的外逃。由於有外逃的路線，因此法律懲罰的可信性大打折扣。貪汙的行為並不會因法律如何嚴厲的規定而有所收斂。顯然，法律懲罰要成為可置信的威脅，關鍵不在於是否嚴厲地規定，而在於是否嚴厲地執行。

拋開國家層面，在個體的經濟單元比如企業中，一樣存在著大量的不可置信的威脅成為企業經營中的麻煩。眾所周知，家族企業很難制度化管理，為何？原因也在於不可置信的威脅。公司對待違反制度和紀律的員工，常常以處分、開除為威脅，重者觸犯法律還可能遭到起訴。但是，對於公司中的家族成員，這些威脅似乎都是不可信的 —— 無法開除家族成員。因為如果家族成員減少，則勢必引入外人來經營企業，信任度低了；當家族成員侵犯了公司的權益時，公司也並不會真的起訴，因為公司中的領導者並不願把家族成員推上法庭。因此，在家族企業中，

更多是靠血親文化而不是靠制度來維繫其運轉的。因為制度所規定的懲罰是不可置信的，因此制度就沒有威力。

在師生之間，有時也會存在不可置信的威脅。教師為了讓學生更加努力讀書，有時會故意誇大命題和閱卷的嚴格程度。但是，學生很清楚的是教師不可能讓大部分的學生不及格，所以他們就不會理會試題的難度。如果他們預計95％的學生會及格，那麼他們就只需要讓自己進入那95％就行了，並不會擔心絕對分數是否會達到60分。如果教師真的想透過考試壓力來迫使學生努力用功，那麼他應當公布更低的相對及格標準，比如無論考多少分，都只有70％的同學才算及格。但是，幾乎沒有老師會這樣公布，因為如果他真的公布了這樣一個過低的相對及格率，那麼學生會向校方投訴教師強行規定了不合理的及格率。

MBA學員的錄取中同樣有不可置信的威脅。儘管大學的商學院常常是按照招生計畫的一定比例（如1：1.2）來確定面試人選，即應有20％左右的面試參加者將不被錄取。這樣的壓力之下，理應是大家為面試充分準備，激烈競爭。但實際上，似乎並沒有哪個MBA學員將這當回事。原因是MBA高額的學費是大學商學院的高額收入。少錄取一名學員，就損失數萬元的收入（要知道，這是淨收入，因為無論增加不增加這名學員，學校的成本都是一樣的）。結果，面試淘汰就是不可置信的威脅。相反的結果是，大學總會爭取到更多的名額將參加面試的學員一網打盡。

報復是人類最基本的本性

雖然寬恕是一種美德，但是人們有時採取絕不原諒的方式也很有利的。

當然，也並不絕對如此，因為有時絕不原諒也有麻煩的時候。諾貝爾經濟學獎得主湯瑪斯‧謝林在《衝突的策略》中曾提到一個竊賊的故事：

一天，一個持槍的竊賊潛入一所房子行竊，房主聽到樓下的聲響之後，同樣持槍一步步向樓下走來。於是，危機和衝突發生了。不排除一種可能結果是竊賊成功逃逸，雙方均沒有傷亡和財產損失。但是，也有可能出現這樣的結果：主人擔心竊賊會先開槍而率先向竊賊射擊，致使竊賊身亡；另一種可能的結果是，竊賊擔心主人會開槍射擊，而首先射殺主人。但是，還有一種通常的形勢是雙方拔槍對峙，互相探測著對方的意圖，誰也沒有先開槍。

畢竟，主人只是想趕走竊賊而不是要其性命，只要他相信竊賊不會對他下毒手，那麼他就沒有必要把竊賊推上絕路。要知道，竊賊的行為正好是跟他對主人的意圖判斷連繫在一起的：如果他發現主人試圖置其於死地，那麼他就會嘗試先置主人於死地；而如果他發現主人僅僅是想趕走他，那麼他一般就並不會想射殺主人，畢竟盜竊未遂的罪名比殺人搶劫的罪名要輕得多，何況他可以安全離開呢？即便主人想要竊賊的性

命，那麼他也必須對自己的槍法充滿自信（確信可以一槍打死竊賊），他才可能表示出射殺竊賊的意圖，否則一旦他表示出這種意圖（即使先開槍），那麼竊賊也有機會對主人進行報復性射殺。同樣的邏輯推理過程也適用於竊賊。

在這樣的對峙中，除非一方確有把握一招制敵，否則誰也不想先動 —— 沒有一個人先動，那麼危機就不會升級，這對雙方都是相對較好的結果。任何一方都很清楚，一旦自己先動而又未能一招制敵，對方會瘋狂反撲，危機因此升級。此時不管誰勝誰負，雙方的結果其實都比大家不動的狀態要糟糕。

在這樣的拔槍對峙中，對槍法自信的一方率先開槍的可能性的確是有的，但這對其本人來說實際上增加了危險，因為對方可能也會因為擔心他會開槍而率先開槍。相比較而言，如果雙方只是手中持刀，那麼對峙就更容易形成，因為誰都明白自己難以一刀令對方斃命，只要一方先揮刀，那麼結果就是雙方都會受傷。還不如在對峙下逐漸緩和，而竊賊慢慢退向門外並逃逸。

在這個例子中，對峙的危機常常並不會演化成血案，原因在於每個局中人都知道對方具有報復能力，從而誰也不願去加劇危機。正因為如此，在賽局中，報復能力常常比攻擊能力更重要。因為報復能力所形成的震懾往往約束了局中人，使其不會去採取攻擊行為來惡化對峙危機。

比如，在幼稚園中，力氣大的小朋友可能會欺負力氣小的小朋友，但是，如果力氣小的小朋友有一個能力更強的哥哥會在他受欺負時為他出頭，那麼力氣大的小朋友實際上就不會去欺負力氣小的小朋友，因為他知道這樣做無異於討打。

在影視作品中經常可以看到借助於報復能力來增加談判籌碼的情

況。比如兩個人，其中叫張三的人掌握叫李四的人的某些不可告人的祕密證據，足以令李四終身入獄。然後張三提出一筆交易，若李四給他100萬元，他就銷毀證據。然而李四在約見張三時常常會設下圈套，試圖殺人滅口。電影中常見的結果是，聰明的張三並不會帶去證據，而是把它保管在協力廠商，且他告訴李四，如果自己死在他手上，那麼祕密證據馬上就會出現在警察局 —— 這就是一種報復力量。因為這種報復威脅的存在，李四將無法處置張三，而只好將錢給張三，讓他銷毀證據。當然，讀者會問，他怎麼可以輕信張三會銷毀證據而將錢付給張三呢？原因在於，一方面張三要在道上長期混，就有動機實踐自己的諾言而保住其在「江湖」的誠信。更重要的是另一方面，李四也會告訴張三，如果張三拿了錢但是又沒銷毀證據的話，那麼他會將張三碎屍萬段 —— 這也是一種報復力量。

不少人認為，軍備競賽加劇了世界上爆發戰爭的危險。核武器是人類安全的最大威脅。但是，冷戰以來及冷戰後的世界發展現實表明，核武器的威脅似乎沒有人們想像的那麼嚴重。因為擁有核武器的目的並不是用它來先發制人，而是將它作為一種報復威懾力量，只是為了展現國家軍事實力，而一個擁有核武器的國家，也正因為其巨大的報復能力而使其他國家不敢對它動之以武。當然，這也告訴我們，來自於策略應用的智慧，更來自於實力。

不過，也正是由於核武器的巨大威懾力，所以各個國家都會試圖去擁有這種巨大的報復能力作為保證自己安全的手段。因為從個體理性出發，自己首先發展核武器的策略利益要高於信守承諾的利益。結果就導致了著名的「囚徒困境」出現：每個人都不遵守承諾，陷入無休止的軍備競賽中。儘管存在各種限制發展核武器的公約和組織，但無論是在目

前的朝鮮半島和伊朗，還是再之前的伊拉克，這種遊戲反覆出現，甚至成為一些國家發動戰爭的藉口。

從對報復能力的討論中，我們可以獲得的啟示是：作為房子的主人，如果我們不僅具有充分的打擊報復能力和實力（一旦竊賊行凶，我們可以將其繩之以法），同時向周邊的人（包括竊賊）示善，如果足夠幸運生活在一個崇尚和平的社會，則竊賊即使闖入房子也將平靜地離開。一個人如此，一個國家同樣如此；看守一所房子如此，保衛一個國家同樣如此。

人們常常在教育孩子時告訴他們要學會寬恕和容忍。因為，當一個人傷害了你的時候，你即使報復了他，也不能消除對你已形成的傷害。如果你還希望兩個人的關係能夠繼續，那麼最好是寬恕他。但是，從賽局論的角度來說，這並不是一個好策略，更好的策略應該是不寬恕。

其中的原因在於寬恕某個對手等於向其他人宣布你的報復威懾是不可置信的，因為你不會採用它，另一方面在於，這個被寬恕的對手在以後就會得寸進尺，可能一直有意無意地、不停地傷害你。為了使你的報復可信，為了使你避免遭受無休止的傷害，因此你應當學會不寬恕。

有許多教授一直被學生認為「心太狠」，因為如果學生沒有按時交作業或參加考試，那就鐵定不及格了。事實上，絕大多數教授是宅心仁厚、寬大為懷的。那麼，究竟是什麼讓教授變得鐵石心腸呢？原因在於：聰明的教授知道，如果他原諒了一個遲交作業的學生，那麼這個學生下一次作業也可能遲交，而且其他的學生都有可能仿效這個學生，不斷編造美麗的藉口來獲取教授的原諒。既然教授無法區別哪些理由是事實而哪些理由只是藉口，所以，「概不留情」成為教授避免麻煩的一個最好的策略。

　　就像我們在一些影片中看到某些心地善良卻遇人不淑的女子，她們一次又一次原諒胡作非為的丈夫，希望用真情感動他回心轉意，但結果是丈夫反而得寸進尺，因為他知道無論如何，只要說一些花言巧語、扮一扮可憐就會獲得寬恕。

　　所以有時候，人們會對傷害選擇報復。當別人打你一拳，你若打回一拳，這本身並不能減輕你已挨那一拳的疼痛，而且用力打回一拳通常也得不到快感。那為什麼還會回擊呢？原因在於，你知道打不還手只會讓對手更加倡狂，而選擇回擊是遏制對方進一步侵犯的方式。

　　有些人主張廢除死刑，理由是處死一個殺人犯並不能挽回被害者的性命，即犯罪的後果已經無法事後補救，因此這個殺人犯不必也去死。若是為了這樣的理由，那麼犯罪分子就不會對犯罪產生一種威懾感。但如果有死刑的威懾，至少讓那些犯罪的念頭會多權衡幾次。作為一種威懾力量，它至少在一定程度上遏制了潛在的犯罪。比如說，大學對博士生教育的規定是：凡是有一門學位課不及格就自動退學。很多人認為這樣的規定太過分，而且對學生的壓力也太大了。但事實是，學生的壓力反而輕了，因為不及格足以讓學生退學，所以教師在評分時通常就更為寬鬆。相反，倒是那些允許補考的學校，看來規定寬鬆，但教師評判正考成績時往往並不留情。

　　所以，有些時候寬大為懷不一定好，有些時候毫無迴旋餘地也不見得更差，這就是奇妙的人類世界。

適度的坦承讓缺點變成優點

經營房地產推銷的大衛先生，有一次承擔了一項艱巨的推銷任務。因為他要推銷的那塊土地緊鄰一家木材加工廠，電鋸鋸木的噪音使一般人難以忍受，雖然這片土地接近火車站，交通便利。

接連見了幾個客戶，雖然大衛先生把噪音這一要素說得盡量隱晦，希望減少負面影響，但客戶還是因為雜訊的原因而拒絕了。

這一天，大衛先生想起有一位顧客想買塊土地，其價格標準和這塊地大體相同，而且這位顧客以前也住在一家工廠附近，整天噪音不絕於耳。於是，大衛先生拜訪了這位顧客。這一次，他沒有像以前那樣對噪音的問題盡量不提，而是開門見山就主動坦承。

「這塊土地處於交通便利地段，比附近的土地價格便宜多了。當然，它緊鄰一家木材加工廠，噪音比較大。」大衛先生如實地對這塊土地做了認真的介紹。

不久，這位顧客去現場實地考察，結果非常滿意：「我去觀察了一天，發現那裡噪音的程度對我來說不算什麼，所以我很滿意。你這麼坦誠，反而使我放心。」

就這樣，大衛先生順利地做成了這筆難做的生意。

由此可以看出，做生意並不是一定要有三寸不爛之舌，說出你商品的缺點，並不吃虧，它會使你及你的商品更具魅力。適度坦承，從而變

你的弱點為優點，這其實也是一種鬥雞賽局的智慧。

　　兩隻鬥雞相遇，如果一隻鬥雞能夠放下面子，向對方坦承自己的缺點，另一隻鬥雞自然會放棄爭鬥，說不定還會像故事中的顧客一樣欣賞其坦誠。坦承缺點的鬥雞由此一舉兩得。

　　在別人面前坦承自己的缺點，需要一定的勇氣，但這也是辦事制勝的絕招。現實生活中，「要面子」是許多人的通病，這是因為虛榮心所致，他們擔心如果別人知道了自己的缺點，自己就會失去些什麼。真正會辦事的人懂得一點，適當地坦承缺點，別人會更相信你，事情會辦得更順利。

　　一般人總以為承認自己的錯誤是件很丟臉的事，其實事情並非如此，認錯也是一門學問。如果你知道別人要批評你，不妨在他說出之前，自己先主動地做一番自我批評。這樣一來，十有八九別人會採取寬容的態度，原諒你的過錯。要想真正看清自己的缺點，就必須接受別人對自己提出的建議，諸如：當別人說「這件事這樣做比較好一點」，而你為了面子往往不聽他的忠告，也許他的忠告恰恰是金玉良言，聽之，你將改變一切。

用你的行動贏得一切，而不是用爭辯

一位推銷員為了推銷一套可供 50 層辦公大樓使用的空調系統，與建設公司周旋了幾個月也沒有結果。每一次洽談最終都成為一場噩夢似的爭辯，該公司的董事會對產品百般挑剔，這個推銷員也是個爭強好勝之人，馬上反唇相譏，口舌上占了不少便宜，生意卻一直做不下去。

推銷員自己也很苦惱，他求助一位頗有經驗的前輩。前輩只說了一句話：「你看我怎麼做，先不要急著開口。」

在該公司，董事們一如既往，連珠炮似的提了一大堆問題，用外行話問內行人，擺明了就是刁難。推銷員按捺不住，正待發作，前輩制止了他，繼續面帶微笑聽著。

這天天氣比較悶熱，幾位董事的臉上都滲出了汗珠，有一位還不知不覺拿起了手邊的一本小冊子搧起風來。就在這時候，前輩微微起身，很自然地說：「太熱了！請允許我脫去西裝吧！」說完，還掏出手帕，煞有介事地擦擦額頭的汗水。

也許這是一種強烈的暗示作用，董事們一個接一個地脫下了西裝，擦拭著汗水，終於，一位董事用抱怨的口吻說：「別折騰了，到現在還沒裝冷氣，熱死了！」

董事們從心理上開始考慮購買空調的問題了，前輩這才讓推銷員再次認真地介紹產品。十幾分鐘後，董事們簽了購買合約。

同樣是與董事們這群「鬥雞」進行賽局，為什麼推銷員屢屢敗北，而前輩卻一擊制勝？原因就在於前輩懂得用行動贏得一切。

當雙方針鋒相對時，你不可能在爭辯中獲勝，因為即使你勝了，還是跟失敗一樣。為什麼？假定你辯論勝了對方，把對方的意見批得體無完膚，你自然很高興，可是對方會如何呢？你使他感覺到自卑，你傷了他的尊嚴，他對你獲得勝利，心中感到不滿。

你必須明白，當人們逆著自己的意見，被人家說服時，他仍然會固執地堅持自己是對的。

那位推銷員每次逞口舌之勇，表面上占了風頭，卻只會讓董事們更固執，更不能接受，結果是損害了自己的利益，回過頭來再想想，爭辯是為了什麼？是為了讓自己一時痛快嗎？例中前輩的賽局戰術之所以高明，在於他深諳「無聲勝有聲」的真諦，對客戶的心理揣摩得十分到位，什麼時候保持沉默，什麼時候開始行動都拿捏得恰到好處。他只用了脫衣、擦汗這兩個小動作就傳達出一個心理暗示：「這裡太熱了，是該買冷氣的時候了。」果然很奏效，解決了困擾推銷員幾個月之久的難題。

富蘭克林說過：「如果你辯論、反駁，或許你會得到勝利，可是那勝利是短暫的、空虛的，你永遠得不到對方給你的好感。」

你不妨替自己作這樣的衡量，你想得到的是空虛的勝利，抑或是人們賦予你的好感？這兩件東西，很少能同時得到。

你在進行辯論時或許你是對的，可是你要改變一個人的意志時，即使是你對了，也跟不對一樣。不說一句話，透過你的行動就能得到別人的認同，會讓你更有影響力。記住，要用行動去證明，而不是用言辭去辯解。

第十二章

思維賽局 —— 創新是企業的靈魂

不妄求，不妄取

一股細細的山泉，沿著窄窄的石縫，叮咚叮咚地往下流淌。多年後，在岩石上沖出了三個小坑，而且還被泉水帶來的金砂填滿了。

有一天，一位砍柴的老漢來喝山泉水，偶然發現了清洌泉水中閃閃的金砂。驚喜之下，他小心翼翼地捧走了金砂。

從此老漢不再受苦受窮，不再翻山越嶺砍柴。過個十天半月的，他就來取一次金砂，日子很快富裕起來。

人們很奇怪，不知老漢從哪裡發了財。

老漢的兒子跟蹤窺視，發現了爹的祕密。兒子認真看了看窄窄的石縫，細細的山泉，還有淺淺的小坑，他埋怨老漢不該將這事瞞著，不然早發大財了。兒子向老漢建議：「拓寬石縫，擴大山泉，不是能沖來更多的金砂嗎？」

老漢想了想，自己真是聰明一世，糊塗一時，怎麼就沒有想到這一點？

坐而言不如起而行，父子倆把窄窄的石縫拓寬了，山泉比原來大了好幾倍，又鑿大鑿深石坑。

父子倆累得半死，卻非常高興。

父子倆天天跑來看，卻天天失望而歸，金砂不但沒有增多，反而從此消失得無影無蹤，父子倆百思不得其解。

因為一時的貪婪，父子倆連最基本的小金坑都沒有了。因為水流太大，金砂就沉不下來了。

我們經常說：「欲望是無底深淵。」是的，究其一生，我們都在和自己的欲望進行賽局。人，是欲望的動物，總是得隴望蜀，永遠得不到滿足；永遠在為自己攫取著，所以最容易淪為貪婪的奴隸，把自己的心靈變成地獄。權錢交易的根源也是人類自身的貪婪，正是因為貪婪，心智為之蒙蔽，剛正之氣由此消除。所以這些本應有大好前途的人，結果毀了自己的一生。

如果我們在生活中，處處克制自己的貪婪，那麼我們也就掌控了自己的人生。在與貪婪賽局的時候，選擇的策略就是無欲則剛。不管外在的誘惑有多麼大，動也不動，即使錯過時機也不後悔。因為我們對事物的真實情況了解得很少，在不了解真相的情況下，我們盡量不要被一時的貪婪所蒙蔽，就像金砂一樣，雖然表面看來是因為水流沖下來的，但這只是假象而已，迷惑了這對父子。在不確定一個事物的情況下，只靠想當然和表面現象是不行的，我們只能防止自己的貪欲膨大，不妄求，不妄取。

莫做刀口舔血的狼

北極的因紐特人利用獨特的氣候條件，發明了一種獨特的捕狼方法。

方法其實很簡單，是在冰原上鑿一個坑，把一把尖刀的刀柄放進去並略作固定，往刀子上灑上一些鮮血，然後用冰雪把刀子埋好。不一會兒，寒冷的天氣就把這個小雪堆凍成了一個冰疙瘩，最後，他們再往冰堆上灑一點血，就大功告成了，剩下要做的只是到時候來收穫獵物。

在冰原上四處覓食的餓狼聞到血腥味後，就會來到這個冰疙瘩前，牠以為這裡面會有一隻受傷倒斃的小動物。狼於是開始用自己的舌頭舔冰堆上的血跡，並希望將冰堆舔開，以吃到埋在裡面的食物。不一會兒，牠就舔到了刀尖。但這時，牠的舌頭因為舔了半天的冰塊，已經被凍得麻木了，沒有了痛覺，只有嗅覺在告訴牠：血腥味越來越濃，美味的食物已經馬上就要到口了。

於是，飢餓的狼繼續用舌頭在刀尖上舔來舔去，牠自己的血越流越多，血腥味又刺激著牠更加賣力地舔下去……最終，失血過多的狼倒在雪地裡，成為因紐特人的美食！

在這場狼與人的鬥雞賽局中，人用了一點點計謀就讓狼喪失了對風險的警惕，從而「乖乖」躺在了地上。這就提醒我們，在賽局的過程中，要時刻保持對風險的「痛覺」，莫做刀口舔血的狼。

　　有人說，生存本身就是一種風險。在我們生活的世界裡，風險就像空氣般充斥在我們的周圍；街道、家裡、辦公場所，時時刻刻隱藏著許多我們無法預知的風險。每一場風險的應對都是我們與他人的一場鬥雞賽局，在這種賽局中，有人扮演著因紐特人，有人扮演著冰原上的狼。

　　譬如有一則廣告上說：你匯款 10 塊錢，就能得到賺 1,000 塊錢的最佳方法。一位讀者按地址匯去了錢，他得到一封回信，信中只有一句話：找 100 個像你這樣的傻瓜。

　　再如，去中國旅行在觀光地區常會碰到的事：有一個人在街上攔住你，說他挖到了古物而無法出手，以低廉的價格賣給你，你一轉手就能賺多少等等。你心中暗喜，以為發財的希望就在眼前。但是 —— 他既然能挖到古物，想必他的文物知識比你豐富多了，他都無法高價出手了，何況你這個外行人？

　　例如，有人就出了關於如何買樂透中大獎的書 —— 買樂透完全是賭運氣，作者要是發現了規律，還捨得教你？他買樂透拿大獎不是比寫書容易？這種例子真是舉不勝舉。

　　為什麼在與這些「因紐特人」的賽局中，我們總會成為那隻愚蠢而可憐的狼？其實，他們的智商不見得有多高，手法沒有多先進，但他們都是人性弱點的專家和好演員，他們抓住了那種嘗到一點「甜頭」就喪失風險意識的人性弱點。

　　因此，在與這些「因紐特人」賽局時，我們無論如何不能失去「痛覺」，被「血腥味」刺激得有進無退。要知道，「血腥味」最濃的時候，就是風險最大的時候。

洛克斐勒的慷慨贈予

　　二戰時，洛克斐勒在紐約市郊買了一大片荒地，按常規地產開發辦法，此地可建設一個獨立的社區，可作商用也可作住宅區。但無論如何規劃，開發這麼一大塊地需要巨額資金，並且由於不在黃金地段，也不太可能賣出好價格，所以當時許多人認為這是個投資敗筆，至少從目前來看不是個好專案。但在此時，洛克斐勒已投入了數億美元，取得了這大片土地的獨家開發權，專案已走上了不歸路。

　　二戰後，聯合國在美國宣告成立，但一直沒有一個氣派的、有規模、夠體面的總部辦公大樓。洛克斐勒得知這個消息後，對聯合國的情況進行了全方位的調查。儘管當時聯合國還處於艱難維持的初期，但它必定會成為未來的國際政治中心。做出這個判斷之後，洛克斐勒從他那片紐約的土地之中，分割出價值 3,800 萬美元的一小片，以 1 美元的價格「出售」給了聯合國。這樣，相當於洛克斐勒將土地贈送給了聯合國，這對於尚無安身之地的聯合國來說的確是雪中送炭，於是聯合國決定在洛克斐勒的土地上安營紮寨。聯合國擁有這塊土地以後就在此建立了龐大的聯合國總部，包括大會大廈、會議大廈、39 層高的祕書處大樓和達格·哈馬舍爾德圖書館等四棟大樓。由此，世界各成員國都必須在聯合國的周邊建立常設機構和代辦處。他們就必須從洛克斐勒手中購買在聯合國總部周邊的地，這樣使得周邊的土地價格出現了飛速的成長，

從而帶旺整塊土地的開發。

美國早期的資本家，多半靠機遇成功，但石油大王約翰·洛克斐勒是一個例外。他並非多才多藝，但異常冷靜、精明，富有遠見，憑藉自己獨有的魄力和手段，白手起家，一步一步地建立起他那龐大的石油帝國。對聯合國的慷慨贈予無疑就是一個很好的例子。

在一開始，紐約的這一塊土地是洛克斐勒的一道難題，這塊土地猶如「雞肋」，棄之可惜，食之無味。但是洛克斐勒率先預見聯合國不可限量的未來趨勢，將這塊「雞肋」的一部分作為禮物贈予了聯合國，洛克斐勒以卓越的經營頭腦，引入聯合國這個不同尋常的「標的」。很少有人會有這樣的手筆，用價值 3,800 萬美元的地換 1 美元，引入一個非盈利機構。但利潤可以透過別的方式實現，周邊土地價格因此翻了 10 倍還不止，直到現在，曼哈頓地區已是全世界地價最昂貴的地區之一。無疑，這是一個非常成功的土地營運策劃。洛克斐勒面對劣勢，並沒有像一般人那樣急於將燙手山芋扔出去，而是積極尋求解決之道，將劣勢轉化為優勢，利用他卓越的策劃才能，最終用一小部分「雞肋」帶來整隻香酥的烤雞。他的慷慨贈予給他帶來了不止十倍的利潤。誰說這不是一場精采巧妙的商場賽局呢！

被超載的機車王者

　　哈雷‧戴維森在美國機車歷史上扮演著重要的角色，它生產機車的歷史可以追溯到 1903 年。在市場需求剛剛興起、競爭對手相對較少的情況下，哈雷‧戴維森公司和另外一家機車生產廠商迅速壟斷了全美雙輪機車市場。那時的哈雷‧戴維森儼然是機車產業中的王者。

　　1908 年，福特 T 型車成為機車最為強勁的對手。一戰後，人們更為關注質優價廉的產品，福特相時而動，努力尋求降低成本的方法。但是，哈雷‧戴維森卻熱衷於生產成本高昂的豪華型大馬力機車，該公司的一些機車甚至超過了一些轎車的價格。在這種形勢下，哈雷‧戴維森公司的一大部分市場被英國的諾頓以及德國的寶馬等機車企業瓜分，公司面臨嚴重困境。

　　1960 年代初，日本豐田機車依靠高品質的技術含量和低廉的成本迅速贏得美國市場。此時的哈雷‧戴維森依然我行我素，生產大型豪華機車，這使得成本一直高居不下。許多原本對哈雷機車懷有深厚感情的消費者都不得不選擇了質優價廉的日本豐田，而那些願意出高價購買交通工具的人則選擇了福特等轎車。哈雷公司的發展逐漸陷入困境，昔日王者風範早已不現。

　　哈雷‧戴維森的錯誤在於疏忽大意。他沒有採取措施，沒有做出任何投資決定。他的問題不在於錯誤的投資擴展方向，而在於反應遲鈍，

缺乏生機，不願意作任何改變。因此，真正阻礙該公司發展的關鍵因素是落後的企業經營機制和缺乏創新的市場發展策略。可以說，正是該公司的自以為是和狂妄自大阻礙了自身的發展。

　　生活中的大多數賽局都是動態賽局，在瞬息萬變的商場上更是如此，頑固不化，固守老式觀念，閉門造車的做法必將危害企業的發展。哈雷為他的自以為是付出了慘痛的代價。直到後來的副總裁比爾斯組成了一個新的領導層，採取一系列措施，實施一些日本的鼓勵技術，努力開拓市場，哈雷才得以穩健前進。

伺機而動，以變應變

　　以前，有一個出海打魚的好手，他聽說最近市場上墨魚的價格最貴，就發誓這次出海只抓墨魚。然而很不幸，這次他遇到的全是螃蟹，漁夫很失望地空手而歸。當他上岸後才知道螃蟹的價格比墨魚還要貴很多。於是，第二次出海他發誓只撈螃蟹，可是他遇到的只有墨魚，漁夫又一次空手而歸。第三次出海前，他再次發誓這次不管是螃蟹還是墨魚都要，但是，他遇到的只是一些馬鮫魚，漁夫第三次失望地空手而歸，可憐的漁夫沒有等到第四次出海，就已經在飢寒交迫中離開了人世。

　　如果把陰晴不定的大海比做一個囚徒的話，那漁夫就是陷入囚徒困境的另一個囚徒。在他不知道大海會提供哪種魚作為他的捕獲對象時，漁夫的惟一選擇就是大海提供什麼，他就捕什麼，以變制變。

　　變，是事物的本質特徵。面對瞬息萬變的社會，聰明的人有三種態度：一是以不變應萬變。如果沒有實力的支撐，不是出於策略的考慮，這只是一種最消極的態度。二是以變應變。這種態度其實也只能算作無奈的選擇。比如說人家拿出了新產品，你跟在後面來個「東施效顰」；人家降價了，你也來個大拍賣，變來變去始終是被動應付，在這種情況下不被拖垮就已經是不錯了，新局面是難以看到的。三是以變制變。一個「制」字，情況大不一樣，而它所反映出來的是一種主動進取的精神，是一種度勢控變的能力，其效果是變成了一種遇，在變中獲得新的發展。

在上面的故事中，如果漁夫第一次就打些螃蟹拿回來賣掉，最起碼可以保證吃飽穿暖；如果他能在第二次打些墨魚拿回來賣掉，那以後的一段時間中，可以不用為餓肚子而困擾；如果他第三次出海捕些馬鮫魚拿回來賣掉，也可以填飽肚子。如果他當時能夠以變制變，也就不會到最後被餓死。

由此可見，面對瞬息萬變的社會，一個人要想在生活中過得順心，就必須具有靈活應變的能力。在生活中是這樣，在商戰中亦是這樣。市場競爭，風雲多變，只有靈活應變、全面兼顧，才能掌握主動權，這是一種經營之道，更是一種賽局之道。

世上的事，常常是風雲突變，叫人難以掌控，因此我們很難知道未來是什麼樣子，很難知道明天我們將面臨什麼困難，也就經常陷入進退兩難的囚徒困境。為了在困境中作出明智的決策，我們就要懂得應變的學問。要根據實際情況合理安排。只有做到了「因利而制權」，伺機而動，以變應變，才能讓自己有更大的發展。

用變通讓生命充滿彈性

　　兩個貧苦的樵夫靠上山撿柴糊口。有一天，他們在山裡發現兩大包棉花，兩人喜出望外，棉花價格高過柴薪數倍，將這兩包棉花賣掉，足可供家人一個月衣食無慮。當下兩人各自背了一包棉花，趕路回家。

　　走著走著，其中一名樵夫眼尖，看到山路上扔著一大捆布，走近細看，竟是上等的細麻布，足足有 10 匹之多。他欣喜之餘，和同伴商量，一同放下背負的棉花，改背麻布回家。他的同伴卻有不同的看法，認為自己背著棉花已走了一大段路，到了這裡丟下棉花，豈不枉費自己先前的辛苦，堅持不願換麻布。發現麻布的樵夫屢勸同伴不聽，只得自己竭盡所能地背起麻布，繼續前進。

　　又走了一段路後，背麻布的樵夫望見林中閃閃發光，走近一看，地上竟然散落著數罈黃金，心想這下真的發財了，趕忙邀同伴放下肩頭的棉花，改用挑柴的扁擔挑黃金。

　　他的同伴仍不願丟下棉花，還是枉費辛苦的論調，並且懷疑那些黃金是不是真的，勸他不要白費力氣，免得到頭來空歡喜一場。

　　發現黃金的樵夫只好自己挑了兩罈黃金，和背棉花的夥伴趕路回家。兩人走到山下時，無緣無故下了一場大雨，兩人在空曠處被淋了個透溼。更不幸的是，背棉花的樵夫背上的大包棉花，吸飽了雨水，重得已無法背動。那樵夫不得已，只能丟下一路辛苦捨不得放棄的棉花，空

著手和挑金子的同伴回家去了。

故事中，背棉花的樵夫堅持不肯放棄自己的棉花，最終一無所獲，除了因為他不合時宜的執著之外，最主要的原因就在於他在陷入「沉沒成本」中不知變通。

依據沉沒成本理論，你已經付出了一定的代價，但是還是看不到成功的曙光，這個時候我們應該像故事中扔掉棉花的樵夫一樣，適當變通，作出其他的選擇。正如你在某地等車，等了半個小時後，車依然沒來，此時，我們應果斷地離開，另想他法。

變通是一種做事方法，是一種賽局策略，是一種處世藝術。對於善於變通的人來說，這個世界上並不存在困難，只是暫時沒有找到合適的辦法而已。因此，善於變通的人往往更容易到達成功的彼岸。

我們處在一個充滿不確定型的環境中，只憑一套哲學生存，便欲強度人生所有的關卡是不可能的。學會變通是走向成功的重要一步。

牛頓早年是永動機的追隨者。在大量的實驗失敗之後，他很失望，於是他明智地退出了對永動機的研究，在力學研究中投入更大的精力。最終，許多永動機的研究者默默而終，而牛頓卻因擺脫了錯誤的研究而在其他領域脫穎而出。

保持自己的本色，堅持自己的初衷，固然是一種執著，但在賽局的過程中總是充滿了無數的玄機，這時我們需要的不是朝著固定方向的執著努力，而是不斷去嘗試尋求一條盡可能快捷的成功之路；我們需要的不是對規則的機械遵循，而是對規則的有所突破。我們不能否認執著對人生的推動作用，但也應看到，在一個經常變化的世界裡，靈活機變的行動比循規蹈矩的衰亡好得多。在當今這個瞬息萬變的社會裡，變通顯得尤為重要。而不懂變通、僵化固執的人，最終將會被時代淘汰。

空手道，實現多贏賽局

在美國一個農村，住著一個老頭，他有 3 個兒子。大兒子、二兒子都在城裡工作，小兒子和他在一起，父子相依為命。

突然有一天，一個人找到老頭，對他說：「親愛的老人家，我想把你的小兒子帶到城裡去工作。」老頭氣憤地說：「不行，絕對不行，你滾出去吧！」這個人說：「如果我在城裡替你的兒子找個老婆，可以嗎？」

老頭搖搖頭：「不行，快滾出去吧！」這個人又說：「如果我替你兒子找的老婆，也就是你未來的媳婦是洛克斐勒的女兒呢？」老頭想了又想，終於被兒子當上洛克斐勒的女婿這件事打動了。

過了幾天，這個人找到了美國首富石油大王洛克斐勒，對他說：「親愛的洛克斐勒先生，我想為你的女兒找個對象。」洛克斐勒說：「快滾出去吧！」這個人又說：「如果我為你女兒找的對象，也就是你未來的女婿是世界銀行的副總裁，可以嗎？」洛克斐勒於是同意了。

又過了幾天，這個人找到了世界銀行總裁，對他說：「尊敬的總裁先生，你應該馬上任命一個副總裁！」總裁先生頭說：「不可能，這裡有這麼多副總裁，我為什麼還要任命一個副總裁呢，而且必須馬上？」這個人說：「如果你任命的這個副總裁是洛克斐勒的女婿，可以嗎？」總裁先生當然同意了。

於是，老頭的兒子沒有花任何代價就成了世界銀行的副總裁，並娶

了洛克斐勒的女兒為妻。

上面的故事雖然是個笑話，但其所折射出來的賽局智慧 —— 透過空手道來實現多贏賽局，卻值得每個人學習。

許多人在通往成功的路上，往往抱怨沒有資金，沒有人力，沒有可助自己成功的資源。其實，這話按常規理解沒有錯。但是，在現代市場經濟中，又確實有不少智者在自身缺乏資金的情況下，不僅為自己帶來了利益，還為別人帶來了利益，實現了一種多贏賽局。他們靠的就是「空手道」的賽局智慧。

那麼什麼是空手道？

用科學的語言來描述，就是透過獨特的創意、精心的策劃、完美的操作、具體的實施，在法律和道德規範的範圍之內，巧借別人的人力、物力、財力，來獲取成功的運作模式。

今天的經濟社會，是急需空手道的時代，是產生空手道大師的時代，這些大師級的成功人士在通往成功的道路上發明了許多高層次的空手道絕招。

1、草船借箭法

孔明發明的草船借箭法被後人紛紛效仿，也被用於生活的各個領域。

有一個年輕人，最大的嗜好就是餵養鴿子。然而隨著鴿群隊伍的逐漸壯大，他的經濟狀況越來越拮据。面對財政上出現的赤字，他除了焦急，也無可奈何。直到有一天，他被離家不遠的街心花園裡的幾隻小鳥觸動了靈感。那是幾隻在此安家落戶的野鳥，適應了人來人往的都市氛圍，有時一些遊客順手丟些零食，牠們會乖巧地接著。見此情景，年輕

人聯想到了自己的一群鴿子。

於是，在一個假日，年輕人將自己的鴿子帶到了街心花園裡。果然不出所料，前來遊玩的人們紛紛將玉米花拋向鴿子，又逗又玩，有人還趁機照相。一天下來，鴿子吃飽了，省下了年輕人一天的飼料錢。這個年輕人沒有就此滿足，他想到了一個更加絕妙的主意，就是在花園裡出售袋裝飼料，既可以贏利，又可以餵養鴿子。

年輕人辭去了原來的工作，專門在公園內出售鴿子飼料，收入居然超過了原來的薪水，又省卻了餵養鴿子的大筆開銷，同時可以終日逗弄自己心愛的鴿子，真所謂「一舉數得」，街心花園也因此成了一個新的景點。

用遊客的錢餵自己的鴿子，同時還可贏利，年輕人這一招巧妙的暗借，真是將孔明先生的妙計繼承並發揮得淋漓盡致。

2、穿針引線法

穿針引線法也是深諳賽局智慧的成功人士經常使用的空手道招數，使用這個招數，需要操作得像裁縫一樣，用成本極小的針和線將沒有關聯的幾塊「布」巧妙地縫合起來，使之成為一件價值極高的成品。

下例中的主角便是運用此法獲取成功的。

某市一家無線電廠，早些年一窩蜂地購置了一條彩色電視生產線。由於有貨無市，企業轉型生產，生產線便成了廢物，成為該廠一大心病，丟棄可惜，放著又浪費資金。這則消息被曲某知道後，他一拍胸膛，財大氣粗地說：「我全要了。」

但曲某是有條件的：按原價 100 萬元收購，但先貨後款，同時加價利息款 20 萬元，共 120 萬元，一年後一次付清。

無線電廠為終於甩掉包袱而欣慰萬分，殊不知曲某此時正在玩「空手道」呢。

其實，俄羅斯正急需添購彩色電視生產線，但苦於沒有資金，然而他們有價廉物美的遊艇，舉世聞名。首先，曲某打算用 100 萬元的彩電生產線換回價值 120 多萬元的豪華遊艇，或許更多。之後，利用遊艇在海上開辦旅遊觀光娛樂項目。因為該市是有名的旅遊勝地，人口流量特別多，而且，這裡還有一個風景宜人的小島，在此經營旅遊娛樂業，保證有賺頭。其次，曲某有了投資就可以註冊辦公司，用遊艇作為抵押，向銀行貸款，用貸來的款項在當地買地建房，或者開辦綜合性旅遊服務專案。

果然，一年之後，曲某淨賺了 500 萬元，還了無線電廠的 120 萬元，淨餘 380 萬元利潤。

3、巧用心理法

空手道還有一個廣為人用的招數叫巧用心理法。

什麼叫巧用心理法？《伊索寓言》裡的一個小故事給了我們一個形象的解釋：一個暴風雨的日子，有一個乞丐到一戶人家討飯。

「滾開！」僕人說，「不要來打擾我們。」

乞丐說：「只要讓我進去，在你們的火爐上烤乾衣服就行了。」僕人以為這不需要花費什麼，就讓他進去了。乞丐又請廚娘給他一個小鍋，以便他「煮點石頭湯喝」。

「石頭湯？」廚娘說，「我想看看你怎樣能用石頭做成湯。」於是她就答應了。乞丐到路上揀了塊石頭洗淨後放在鍋裡煮。

「可是，夫人，能不能請您給我加些許的鹽花？只要一點點就行。」可憐人說道。

他的要求是這麼的微不足道，於是廚娘答應了。

接下來，可憐人又要求加一點點的蔥花、一點點的香菜，甚至，還加了一點點的肉末。

當然，你也許能猜到，這個可憐人後來把石頭撈出來扔回路上，高高興興的喝了一鍋肉湯。

這個乞丐運用的就是心理戰術，一級一級地提出自己的要求，在對方無知無覺的狀態下實現了自己的「空手道」。如果這個乞丐對僕人說：「行行好吧！請給我一鍋肉湯。」那會得到什麼結果呢？

當然，空手道的招數還遠不止這些，只要我們擁有知識、擁有智慧，自然能靈活運用各種空手道的智慧去實現多贏賽局。

巧借媒體炒作於平淡中生奇

　　1992 年奧利斯公司的新建總部大廈竣工了。公司正在籌畫喬遷公關活動和大廈落成典禮。突然有一天，一大群鴿子飛進頂層的一間屋子裡，並將這個房間當做牠們的棲息之處。本來，這是一件「閒事」，與該公司似乎也沒有什麼關係。不過，奧利斯公司當時的策劃部經理李先生聞知此事後卻喜上眉梢，他立即下令緊閉門窗，迅速保護、餵養鴿群，因為正在為公司喬遷公關活動而勞神費心策劃的他敏銳地意識到，這是擴大公司影響的絕好機會。

　　李先生將鴿群飛人大樓這件事上報動物保護協會，與時下正火熱的動物保護結合起來，然後有意將此事渲染後，又巧妙地透露給各主要新聞機構。新聞界被這件既有趣、又有意義、更有新聞價值的消息驚動了，於是，很快地，電視臺、報社等各新聞傳播媒介紛紛派出記者，趕到這座新落成的總部大廈，進行現場採訪和報導。

　　動物保護協會基於李先生的申請，派專人去處理保護鴿子的「大事」，保證鴿群在不受傷害的情況下回歸大自然。活動整整持續了 3 天。在這 3 天中，各新聞媒介對捕捉、保護鴿群的行動爭相進行了連續報導，從而使得社會公眾對此新聞事件產生了濃厚的興趣，用極大熱情關注著活動的全過程，而且消息、特寫、專訪、評論等報導方式將這件「閒事」炒成整個社會關注的熱點和焦點，把大眾的注意力全吸引到奧

利斯公司和它剛竣工的總部大廈上。此時，作為公司的主管，當然也不會放過這一免費宣傳公司形象的機會，他們充分利用專訪頻頻在電視、報紙、廣播中「亮相」的機會，向公眾介紹公司的宗旨和經營方針，更加深了公眾對公司的了解，從而大大提高了公司的知名度，結果可想而知，活動大獲全勝。

這個時代是一個炒作的時代，炒名人、炒影視、炒書籍、炒樓、炒股票、炒古董、炒汽車、炒棒球……它給人的感覺是天下萬物就像炒花生、炒瓜子那樣，沒有不能炒的。

這是一個依靠傳媒發財的年代，媒體及網路社群能夠利用雞毛蒜皮的瑣事製造出成千上萬個明星，自然也能製造出無以數計的明星企業和企業家。所以，如果我們要想迅速走向成功，就必須具有借助媒體進行炒作的智豬賽局智慧，緊跟時代的步伐，製造一些熱點事件、熱點人物，創造新奇概念，挖掘提煉新聞，繼而引起媒體的注意，進行炒作，吸引人們的注意力，從而借助媒體的力量於淡中生奇。

打破慣性思維，不做經驗的奴隸

一次，一艘遠洋海輪不幸觸礁，沉沒在汪洋大海裡。其中有 9 名船員拚死登上一座孤島，才得以倖存下來。

但接下來的情形更加糟糕，因為島上除了石頭，還是石頭，沒有任何可以用來充飢的東西。

更要命的是，在烈日的曝晒下，每個人都渴得喉嚨直冒煙，水成了最急需的東西。

儘管四周都是海水，但海水又苦又澀又鹹，根本不能用來解渴。現在 9 個人的生存希望是老天爺下雨或別的過往船隻發現他們。

9 個人在煎熬中開始了漫長的等待，然而老天沒有任何下雨的跡象，周圍還是一望無邊的海水，也沒有任何船隻經過這個死一般寂靜的島。漸漸地，他們支撐不下去了。

8 個船員相繼渴死，當最後一位船員快要渴死的時候，他便撲進海水裡，「咕嘟咕嘟」地喝了一肚子海水。船員喝完海水，一點也感覺不出海水的苦澀味，反而覺得這海水非常甘甜、非常解渴。他想：也許這是自己的幻覺吧。便靜靜地躺在島上，等著死神的降臨。

然而，船員一覺醒來發現自己還活著。奇怪之餘，他依然每天靠喝這島邊的海水度日，終於等來了救援的船隻。

後來人們化驗這裡的海水發現，由於有地下泉水的不斷湧出，所

以，這裡的海水實際上是可口的泉水。

通常我們都知道，海水是不能飲用的，對此我們已經形成了慣性思維，也就是路徑依賴。在路徑依賴的影響下，故事中渴死的船員根本沒有做任何嘗試就認定那裡的海水是不能喝的。可是他們到死都不知道那海水其實是清甜可口的泉水。

類似的路徑依賴充斥著我們的生活，經驗成了我們判斷事物的唯一標準，存在的當然變成了合理的。隨著知識的累積、經驗的豐富，我們變得越來越循規蹈矩，路徑依賴已經成為人類同自己的內心進行賽局時的一大障礙。

思維定式是一種人人皆有的思維狀態，當它支配我們的常態生活時，似乎有某種「習慣成自然」的便利。但是用僵化和固定的觀點認識外界的事物，對我們是有害而無益的。

《圍爐夜話》中指出：「為人循矩度，而不是精神，則登場之傀儡也；做事守章程，而不知權變，則依樣之葫蘆也。」在人生賽局中，為了做一個心靈自由的人，我們必須打破慣性思維，不要做經驗的奴隸。

第十三章

談判賽局 —— 討價還價的藝術

價格談判的賽局

有個專業人士曾說過：如果合作型與競爭型談判，通常情況下，合作型都會處於劣勢。」

因為談判時，如果你在和一個競爭型的人談判，一定要小心，你必須表現得比他更加具有競爭意識，要比他更加強硬。競爭性談判一般是一個零和遊戲。這樣的談判可能會產生擠牙膏式的壓力，使對方永遠存在壓價或抬價的幻想。

在談判中，雙贏是最理想的結果，而合作性的談判是一個雙贏的遊戲。但是，所謂的雙贏，也是一個非常危險的詞彙。即便是一個雙贏的買賣，你的談判空間仍然很大，天平依然會偏向另一方。

多年前，在美國匹茲堡的一家美式足球俱樂部裡，發生了一場很有意思的球員薪水談判。

球員法蘭克的經紀人要求法蘭克當年的年薪要達到 52.5 萬美金，老闆同意了。接著經紀人要求這筆年薪必須被保證，老闆也同意了。然後，經紀人要求第二年法蘭克的年薪要達到 62.5 萬美金，老闆思考後同意了。然後，經紀人又要求這筆年薪也必須被保證，老闆這下不同意了，並且否定了之前談妥的所有條件談判徹底崩潰，法蘭克最後到西雅圖的一個球隊，年薪只有 8.5 萬美金。

而真正的關鍵在於，「談判是一個策略性溝通的過程」。你必須很好

地控制談判過程。在任何一個談判中，你都不能只關注所談的內容，而忽略了談判到達了什麼地方。

談判可以說是像跳舞一樣的一種藝術。這種藝術的成功並不是消滅衝突，而是如何有效解決衝突。因為每個人都生活在一個充滿衝突的世界裡，這就需要賽局的運用，如果你能運用賽局，那麼你就會在這場談判中成為一個真正的成功者。

在商業談判中，價格、交貨期、付款方式及保證條件是談判中的主要內容，談判中的焦點是價格因素，而報價是其中不可或缺的環節。但究竟是哪一方先報價？先報價好還是後報價好？有沒有其他一些好的報價方法？這都是談判中應該考慮到的問題。

一般情況下，談判中應該由發起談判者先報價，投標者與招標者之間應由投標者先報，賣方與買方之間應由賣方先報。先行影響、制約對方是先報價的好處，先報價能把談判限定在一定的框架內。在此基礎上最終達成協議。

比如說你先報價，報價為：10,000 元，那麼，競爭對手很難奢望還價至 1,000 元。有一些地區的服裝商販，他們報出的價格，一般是顧客擬付價格的一倍甚至幾倍。比如說 1 件襯衫只賣到 60 元的價格，商販就心滿意足了，而他們卻報價 160 元。他們考慮到大部分人不好意思還價到 60 元，所以，一天中只需要有一個人願意在 160 元的基礎上討價還價，商販就能贏利賺錢。當然，賣方先報價也應該有個「分寸」，不能漫天要價，使對方不屑於談判——假如你到市場上問攤販鴨蛋 1 斤多少錢，小販回答道 1 斤 300 元，你決不會浪費口舌與他討價還價了，而這就是一個賽局的過程。很明顯，先報價有一定的好處，但它洩露了一些情報，使對方可以把心中隱而不報的價格與之比較，然後進行調整：合

適就拍板成交，不合適就用各種手段進行殺價。

一般情況下，如果你準備充分了，而且還知己知彼，就一定要爭取先報價；如果你不是談判高手，而對方是，那麼你就要沉住氣，不要先報價，要從對方的報價中獲取資訊，及時修正自己的想法。但是如果你的談判對手是個外行，那麼，不管你是「內行」還是「外行」，你都要爭取先報價，力爭牽制、誘導對方。自由市場上的老練商販，大都深諳此道。當顧客是一個精明的家庭主婦時，他們就採取先報價的戰術，準備著對方來殺價。當顧客是個小屁孩時他們大部分都是先問對方「多少錢」，因為對方有可能會報出一個比商販的期望值還要高的價格，如果先報價的話，就會失去這個機會。

一個優秀的推銷員當他見到顧客時很少直接逼問：「你想出什麼價？」他只是會不動聲色地說：「我知道您是個行家，經驗豐富，根本不會出20元的價錢，但您也不可能以15元的價錢買到。」這些話似乎是順口說來，但實際上是在報價，隻字片語就把價格限制在15至20元的範圍之內。這種報價方法，既報高限，又報低限，「抓兩頭，議中間」，傳達出這樣的資訊：討價還價是允許的，但必須在某個範圍之內。比如說上面這個例子，在無形之中就把討價還價的範圍規定在15元至20元之間了。

討價還價的邊緣策略

　　一位富商來到一個賣古玩字畫的店裡，看中了一套三件精美細緻的古硯，售價 800 兩銀子。富商認為價格太高，於是推說只看中了其中兩件，要店主降價。店主看了看他，要價仍是 800 兩。富商不願掏錢。這時店主慢悠悠地說：「這樣看來，你是沒有看中我這套東西了。既然這樣，我怎麼好意思再賣給別人呢？」說著，他隨手拿起一件丟在了地上，精緻的古硯馬上摔得粉碎。富商見自己喜愛的古硯被摔碎了，再也沒法矜持下去，急忙阻攔，問剩下的兩件賣多少錢。店主伸手比了一下：800 兩！富商覺得太離譜了，又要求降價。店主並不答話，把另一件古硯也摔在地上。富商真的著急了，但他覺得只剩下這最後一件了，總該降價了吧！誰知店主面色不改，仍要 800 兩。富商有些生氣地說：「難道一件和兩件的價錢一樣嗎？」店主想了想，微然一笑說道：「是不應該一個價錢，這一件我賣 1,000 兩。」富商還在猶豫，店主又把最後一件古硯也拿在手裡。富商再也沉不住氣了，請求店主不要再摔了，他願意出 1,000 兩銀子把這套殘缺不全的古硯買走。

　　交易完成以後，看得目瞪口呆兼佩服得五體投地的店員問店主：「為什麼摔掉了兩件，反而賣了 1,000 兩銀子？」店主回答說：「物以稀為貴。富商喜歡收藏古硯，只要他喜歡上的東西，是絕不會輕易放棄的。我摔掉兩件，剩下的一件當然價錢就更高了。」

在討價還價當中，拒不妥協的店主最終實現了自己利益的最大化。由此，我們可以得到下面的啟示：一旦你下定決心堅守某個立場，對方只有兩個選擇：要麼接受，要麼放棄。當然，這樣的做法對雙方都是一種無形的巨大壓力。

其實，這種邊緣策略在生活中有很多的應用。例如我們在買東西時，就經常有意無意地運用著邊緣策略。邊緣策略也是人們在談判時經常用的策略。策略家如果能夠恰當地運用這個策略，在某些特殊場合如談判中，就能夠取得較理想的收益。

討價還價是人們在市場上買賣東西時經常發生的事情。賣物品的人希望盡可能地賣出高的價錢，而買東西的人希望以盡量低的價錢買到他想要的物品。賣東西的人在開價時考慮的是兩個方面：出一個高的價錢，如果這個價錢是買者所預料並且在可接受的範圍之內的話，對方的殺價是有限的，這樣，賣者有很大的獲利空間。但是，如果給出的價格太高，超出了買者的預期範圍，對方會認為價格太離譜，賣者存在著欺詐行為，討價還價即刻終止。

討價還價開始於賣者給出的一個價格之後。假定這個價格為 A，並假定這個價格在買者「預期的」範圍之內。這時，討價還價便開始了。買者往往給出一個低價。假定這個價格為 B，那麼實際的成交價格（用字母 C 表示）將處於這兩個價格之間，即 $B \leqq C \leqq A$。成交價格在談判中形成。在討價還價的過程中，究竟以何價格成交，影響因素很多，如買者對該物品實際價格的判斷，賣者對利潤的預期，每個人談判的耐心等等。

在談判過程中，買者所接受的價格和賣者所出的價格，逐漸在靠攏。這個過程是一個「痛苦的」、耗費精力的過程。過程中有時會陷入僵局，雙方均不讓價。此時，雙方均會使出自己的殺手鐧，即雙方使用

「威脅」手段，即威脅要退出談判。比如，買者會說：「這是我接受的最高價格，否則我將走人。」即發出終止的威脅。賣者也會說：「價格不能再低，否則我要虧本。」買者和賣者均在使用邊緣策略：你要接受這個價格，如果買賣不成，責任在你。

在討價還價中人們會不自覺地使用邊緣策略，然而，這些不一定都是有效的邊緣策略。當買方不想接受對方的價格，為了能夠以合理的價格買到物品，他採取的「邊緣策略」是：「我身上只有這麼多錢，你賣還是不賣？」買者甚至掏出錢包裡的錢，以示自己的話是真的。此時，賣者被逼到危險的邊緣，他的選擇是：要麼以買者的價格賣出該物品，要麼不賣。這是一個有效的邊緣策略。

使用「邊緣策略」是逼迫對手採取自己希望的行動以終止談判的有效方法。但是，如果對對手沒有足夠的了解，很有可能的是，對方無法接受你的策略而發生兩敗俱傷的結果。比如，當買者顯示自己只有那麼多錢而逼迫對手接受某個價格的時候，賣者無法接受這樣的價格。此時，買賣以不能成交而終止，雙方以前的談判過程歸於無效，雙方均有損失。

另外的可能是，策略使用者並沒有真正地將對手逼到牆角，對手仍有迴旋的餘地，對手後退一步，反過來使用「邊緣策略」。比如，當買者與賣者討價還價到一定的價格區域仍沒有達成協議時，買者對賣者說：「如果你的價格不再降低，那麼我就走人了。」買者想透過終止談判來威脅逼迫對方讓步。但此時，賣者讓了一步說：「好，我給你一個最低價。但這是我能夠接受的最低價格，你如果再不接受，你到其他地方去買吧！」賣者讓了一步，但反過來使用邊緣策略，逼迫買者接受他所給出的所謂最低價格。這就取決於買者所能承受的最低限度了。

價格戰的困境與均衡

產品降價似乎成了商家促銷商品的一種時尚，這在使老百姓得到實惠的同時，企業也能在競爭中獲得發展與壯大，但產品的價格戰應該有一個限度。價格不是開拓市場的唯一手段，關鍵在於品質和售後服務。價格戰中的賽局是商戰中必須要處理好的一環。

一些企業在價格戰中確實擴大了自身市場占有率，但市場消費總量卻並沒有因此而擴大，產品的低價傾銷不但未能有效地刺激購買力的增加，相反卻極大地壓縮了企業的獲利空間，進而嚴重影響到企業的再生能力。

1859 年哈特福在紐約成立了後來命名為「大洋」的公司。在最初的幾十年裡，大洋公司發展順利。1930 年食品零售業爆發了一次革命後，大洋公司把幾百家不盈利的小型分店關閉，開始向超級市場轉變。但從 1972 年開始，為了增強競爭力，便大幅度地消減商品價格，而這導致了商店的經營每況愈下，這家創辦了 120 年之久的公司終於在 1979 年被德國的一家公司收購。

自 1960 年代開始，大洋公司的銷售額沒有再實現成長，因此市場占有率也在慢慢變小，此前銷售額遠遠低於自己的塞夫威公司在 1971 年的銷售額和大洋公司旗鼓相當。為了應對僅次於大洋公司的塞夫威公司的強而有力的挑戰，1972 年大洋開始把所有的商店改為超級廉價商店，接

近 90%的商品實行降價銷售。採取降價銷售雖然使上半年的銷售額增加了 8 億美元，但公司也遭受了 5,000 多萬美元的損失，這在之前是從來沒有過的。為了應對出現的這種狀況，大洋以提高效率為名，把 400 家超級廉價商店改為 80 家更大型的超市，但由於大幅度消減價格導致了 5,000 多萬美元的損失，大洋從此一蹶不振，但塞夫威公司一躍成為美國最大的食品零售商。

大洋公司在與競爭對手的賽局中，認為打價格戰是戰勝對手的重要方式，因此一而再、再而三地降價，沒有節制的降價也正是大洋失敗的主要原因。

在市場競爭中，一般情況下，最早採用降價策略的企業將會獲得相對優勢，但是，降價策略只是短期措施，不可能解決根本問題。

企業的生存與發展，需要合理的市場利潤空間，消費市場的持續繁榮，需要一個穩定而理智的產品價格供給系統。只有當企業充滿生機與活力時，它才有能力去培育相應的市場資源。

企業產品定價過低會導致利潤過低而影響企業的生存與發展，企業產品定價過高會削弱產品的競爭力。那麼，企業如何制定自己產品的價格，從而達到既保證利潤又保持競爭的「平衡點」呢？為了保持這種均衡，商品生產者或是銷售者，要學會依靠聲望和靈活統一的定價方式。

依靠聲望定價是借助於企業或產品在消費者中的良好聲譽和名望來制定既能實現產品最大利潤又能被顧客欣然接受的價格。在激烈的市場競爭下，合理地運用這一定價策略，將給企業帶來良好的經濟效益。

在消費者心目中印象較好的廠商或信譽較高的商店，可以為自己生產或經營的商品制定稍高於競爭對手的價格。這樣，顧客即使多付出一些貨幣，也願意購買自己心儀的產品，並獲得良好的服務。尤其是在假

冒商品較多的情況下，顧客更注重對廠商或經銷商的選擇。同時，高定價還可以維護顧客對該產品的信心。值得注意的是，你必須明確其適用條件，而不能照抄照搬。

商場如戰場，要克敵制勝，必須靈活機動，根據不同的情況採取不同的銷售手段。比如，可以用較高的商品價格來保護其商品信譽，有時又可以用較低的價格為誘餌來改變顧客對其他名牌產品的偏愛。企業對其經營的同類商品實行薄利多銷，透過整齊劃一的價格來吸引顧客，達到擴大銷售的目的。

企業在未來的市場競爭中，只有保持價格的均衡，率先發現並創造出新的市場消費資源才能在與別的企業或是公司的賽局戰中取得勝利。

保全面子，不傷感情

　　談判的時候，人們往往因為固守己見而在談判桌上發生摩擦，也有的是因為感情上過不去而導致的。其實有時候不是因為談判條件不能讓人接受，而是雙方的感情在作祟。即使有人迫於無奈而做出讓步，也會對此事繼續耿耿於懷。在談判的過程中，我們要學會運用智慧，既保全自己的面子，又可以不傷感情。這也是每個人在重複賽局中應該做到的。

　　人們有時候難以控制自己的感情，談判桌上那種爭鋒相對的情況下，讓自己理智地控制感情，有時候確實很難。在談判要破裂或者在對方占得優勢的時候，人們會更難以控制自己的情緒，使自己彷彿變成了刺蝟一樣，對對方充滿敵意。當然，談判中要緊緊咬住對方的弱點，讓對方沒有還手餘地是談判中的一個法則。但是，如果能夠好好處理談判中的感情問題，保護自己的面子也不傷害彼此的感情，相信可以得到更長久的合作，這也是每個人賽局智慧的表現。

　　趙明是某公司的業務經理，剛剛走入這一行的他是個年少衝動的青年。那時候人們都叫他「小趙」，因為沒有人覺得他在業務這一領域中能有什麼出息。原因很簡單，趙明是個很衝動的人，對方的幾句話就可以讓他拍案而起，更不要說是談業務、簽合約了。趙明也逐漸明白，在這個領域中，自己的衝動會讓自己永遠無出頭之日，甚至人際往來方面也

日漸淡薄。

在做了強烈的思想改造後，趙明決定要讓自己改變。怎麼改變成為了趙明的首要難題。於是趙明經常跟著前輩們去談業務，當時的他只是聽著人家談，自己不插嘴。慢慢他明白了前輩是如何談業務的。曾有一位做了十年業務的業務經理告訴趙明，談判桌上我們要懂得與對方賽局，而這賽局首要的是不傷感情，所謂「買賣不成仁義在」，只要這個世界還有人，就不怕沒有業務可談，而這次談不成，還有下次。這次我們吃虧了，那麼下次找到對方的弱點讓對方也吃虧。如果只因為幾句話或者個人情緒上的問題，就在談判桌上傷和氣，那不要說生意沒得做，朋友也沒得交了，到時候不要說面子，連裡子都沒了，還要什麼面子？

從那時候起，趙明明白了一個道理：談判桌上不僅要靠口才、靠知己知彼，也要靠自己對於情緒的控制；也許這次自己吃了虧，但不代表自己永遠會吃虧，能夠大度地表現風範，才可以永久地與其合作。即保全面子，又不傷感情，可以說是一個人在談判桌上應該熟知，而且經常運用的賽局術。

在前輩的教導和自己的努力下，趙明最終成為了業績輝煌的業務經理，成為了自己一直嚮往的成功人士。趙明的成功，讓我們明白了在談判桌上保持冷靜，控制情緒的重要性。羅源也是一位常常出現在談判桌上的人，他同樣在一家公司做業務經理，他擁有牢固的人際網與談判手段，可以說這和他本人在談判桌上能成功運用賽局術分不開。

一次他與一個外國客戶談業務。這個外國客戶說起話來也是百無禁忌的，一直在說自己的國家是如何強大，自己的公司又是如何富有。這本來沒有什麼，炫耀是每個人都喜歡做的事情，但是對方的語氣中總是帶著一種自以為是的優越感，大有看不起人的意思，導致幾次談判冷

場。而很多人都因為這個外國客戶的出言不遜而氣憤，但礙於雙方當時在談一個重大的業務，沒有人說話。羅源這時候和路人甲一樣拿著一杯酒來到了外國客戶面前，先是客氣地向外國客戶敬了一杯酒，然後慢慢地開口說：「既然貴公司這麼富有，相信對於此次合約上的報價一定是沒有意見的。既然這樣，我們就把合約簽一下吧。」當時在場的所有人都愣住了，沒有人想到羅源竟然利用對方的炫耀和自以為是讓對方不得不簽合約，最重要的是，這樣的做法等於是保全了雙方的面子，也沒有傷到感情。

這件簡單的商業合作案在羅源賽局術的運用下圓滿地結束。而無論是趙明在前輩那裡所學到的，還是羅源在談判桌上所運用的，都是賽局術的運用。所以說，在談判桌上巧妙地運用賽局術，可以幫人們實現理想的談判目標。

所羅門故事與制度設計

　　所羅門王是古代以色列國的一位智慧、英明的君主。有一次，兩個少婦為爭奪一個嬰兒爭吵到所羅門王那裡，她們都說自己是嬰兒的母親，請所羅門王做主。

　　所羅門王稍加思考後作出決定：將嬰兒一刀劈為兩段，兩位婦人各得一半。這時，其中一位婦人立即要求所羅門王將嬰兒判給對方，並說嬰兒不是自己的，應完整歸還給另一位婦人，千萬別將嬰兒劈成兩半。聽罷這位婦人的求訴，所羅門王立即作出最終裁決：嬰兒是這位請求不殺嬰兒的婦人的，應歸於她。

　　這個故事講的道理是，儘管所羅門王不知道兩位婦人中誰是嬰兒的母親，但他知道嬰兒真正的母親是寧願失去孩子也不會讓孩子被劈成兩半的。

　　所羅門王正是了解到這一點，才能很快辨識出誰是嬰兒真正的母親。所羅門王的這種方法在賽局論中被稱為「機制設計」。

　　機制設計，就是設計一套賽局規則，令不同類型的人作出不同的選擇，儘管每個人的類型可能是隱藏的，別人觀察不到，但他們所作出的不同選擇卻是可以觀察到的。觀察者可以透過觀察不同人的選擇而反過來推演出他們的真實類型。更專業一點地說，就是委託人透過制定一套策略，根據代理人的不同選擇，將代理人區分為不同的類別，這就是

「資訊甄別」。

人們都知道壟斷企業可以獲得壟斷的超額利潤，然而許多壟斷廠商並未如人們所料想的那樣高價格銷售商品，而是以低價長期銷售某種產品。譬如，私營鐵路、航空、海運碼頭等的價格都長期遠低於按照其壟斷定價方法定出的價格。其實，這個問題的解決方法就是資訊甄別，比如在飛機、郵輪裡設置頭等艙、經濟艙的差別定價方法。

無論是買票搭飛機、火車還是郵輪，不同的人所願意支付的價格實際上是不一樣的。有的人收入高一些，或對花錢看得比較輕鬆一些，就可以支付較高的價格。相反，收入低的人或對花錢看得比較重一些的人，就只願支付較低的價格。但是，如果你問他們願意支付什麼樣的價格，他們都必定說願支付較低的價格，因為即使是有錢人，也會認為在同樣服務下以低價購買更划算。

飛機或郵輪公司為了將這些具有不同支付意願的人區分開來，讓能支付較高價格的人支付較高價格，就設計了一種資訊甄別機制。這是減少逆向選擇的又一種途徑。透過這種機制在飛機、郵輪公司就是設立頭等艙、二等艙、三等艙……

當飛機或郵輪的艙位條件和價格完全一樣時，不同支付意願的人都會以最低價格買票，不會有人願支付比別人更多的錢去買相同的艙位的票。於是，航空公司或郵輪公司將艙位分成頭等艙、商務艙等，價格稍有不同，當然服務也不同，就將不同支付意願的顧客區分開了。

頭等艙比其他較低等級艙位的價格高許多，這並不表明相應的服務一定比其他艙位好很多。真正的原因在於：選擇頭等艙旅客的支付能力要遠高於其他人。說白了，就是坐頭等艙的人比坐其他艙位的人更有錢或更能花錢而已。

旅客支付能力無法觀察，但買什麼艙位的票卻能夠觀察。這樣，航空公司可以辨識出不同的顧客，來賺取更多利潤。

譬如，有兩位旅客 A 和 B 乘飛機。A 的最高支付能力為 5,000 元，B 的最高支付能力為 7,500 元。經濟艙的服務成本為 4,000 元，頭等艙的服務成本為 6,000 元。

經濟艙帶給 A 和 B 的消費滿足感為 5,000 元，頭等艙帶給 A 和 B 的效用為 9,000 元。如果沒有頭等艙，航空公司最多把票價定到 5,000 元，利潤為 $2 \times (5000 - 4000) = 2000$（元）。因為票價一旦高於 5,000 元，A 和 B 就不會買票了。但當設立頭等艙後，航空公司將經濟艙票價定為 5,000 元，將頭等艙票價定為 7,500 元。此時，A 以 5,000 元買經濟艙。

B 如果買經濟艙，則其淨效用（也就是獲得的消費滿足感減去付出的代價的淨值）為 $5000 - 5000 = 0$，但當 B 買頭等艙票時的消費者剩餘或淨效用為 $9000 - 7500 = 1500$（元），所以 B 會買頭等艙。A 的支付能力只有 5,000 元，所以甲只有買經濟艙。這時，航空公司的利潤增大為 $(5000 - 4000) + (7500 - 6000) = 2500 > 2000$（元）。

這樣，航空公司透過機制設計提高了公司利潤。

大家都知道，很多消費者在購買商品時，會非常謹慎，他們為了某些自身利益會隱藏私人資訊。這種情況下，消費者資訊在買賣雙方間便會產生不對稱。航空公司的這種定價方法就是解決資訊不對稱的工具之一，可以應用於各行各業。

就拿推出一本新書來說，透過提供精裝本和平裝本兩種版本，出版商可以將讀者分為兩大類：一類對書的評價較高，另一類對書的評價較低。這種情況下，對該書評價較高的讀者會購買精裝本，對該書評價較低的讀者則購買平裝本。出版社商的利潤因此而大大提高。

　　電信提供服務時，服務商可以對手機使用者提供兩種收費標準：一種是單位時間通話費用較低，但需交納一定的月租費；另一種是單位時間通話費用較高，但不需交納月租費。根據使用者使用手機頻率的高低，服務商可以將使用者區分為高頻率使用者和低頻率使用者兩類。這種情況下，電信服務商賺得的利潤最高。

　　對於一個公司來說，客戶的需求資訊，在公司與客戶之間是不對稱的。客戶知道自己的需求，公司則不完全知道。高需求客戶為了以更低的價格成交，往往會隱藏「自己急迫想要購買這種商品」的心理。在這種情況下，差別定價方式可以甄別出不同需求程度的客戶。這樣，公司對於高需求客戶要價可以提高，對於低需求客戶要價則可以降低，結果自然是得到更多的利潤。

　　對於前面提到的保險困境的問題，也可以採用差別保險合約的方式解決。如果有高風險和低風險兩種類型的潛在投保人，保險公司卻無法辨別。為了獲取投保人的資訊，保險公司可以提供給投保人兩種可供選擇的合約，一種是「高保費高賠付」，一種是「低保費低賠付」。

　　顯然，高風險投保人更願意選擇前一種合約，而低風險投保人則願意接受後一種合約。這樣一來，保險公司就可以從投保人的挑選中獲得潛在投保人的類型資訊，將兩類投保人區分開來，從而降低了逆向選擇的。

華爾街大老與總統的談判

　　1880 年代，摩根與倫敦的幾家大的投資公司聯合買進大量國庫券然後再賣給外國投資者，最終摩根公司成為了美國實力最為雄厚的投資銀行，控制了美國政府的債券市場。

　　1884 年，世界上興起了搶購黃金的浪潮。同時紛紛傳言美國政府不得不放棄以黃金支付貨幣的做法。格羅弗·克里夫蘭總統擔保這不是事實，但是用拋售美國證券換回黃金的做法仍然在進行，致使國庫告急，落到了幾乎無力償清債務的地步。

　　美國政府必須籌集一筆巨額資金方能挽救這場金庫危機。資金數目最少需要一億。摩根看準機會，與另外一家大的金融企業商量由他們兩家銀行組成一個辛迪加，承辦黃金公債，這樣，他們既可解救財政部的危機，又可獲得高額的利潤。但是，他們的提議遭到了美國政府強烈的反對，美國國會認為摩根這樣做無異於趁火打劫。總統也難以接受。後來，財政部長卡利史爾使出計策，企圖繞開摩根，以超出面額的 117 點開募集資 5,000 萬美元公債。這一招打破了投資金融界的慣例，也欺騙了投資銀行，並重創和惹怒了摩根。在摩根的操控下，紐約的銀行家集體拒絕幫助財政部長。這是因為他沒有接受摩根提出的要麼認購公債，要麼完全拒絕認購沒有任何商量餘地的談判條件。

　　出於無奈，摩根再次被總統召入白宮，互相攤牌。當摩根深知國庫

存金只剩下 900 萬美元時，更是各執己見，並進而胸有成竹地說：「除了我和羅斯柴爾德組成辛迪加，使倫敦的黃金重新流入國內外，似乎沒有第二種辦法來解救陷於破產狀況的國庫了。現在，我手頭就有 1,200 萬美元的支票沒有兌現，若是今天將這張支票兌現了，一切都完了，要不要我在這裡拍電報，現在立即匯到倫敦去呢？」

在這種威脅下，克里夫蘭總統不得不去以去洗手間為名，每隔 5 分鐘就去與正在另外一室等候的財政部長卡利史爾商量對策。

摩根很清楚，若不使出硬的一手來，白宮不會輕易就範。因此，在與總統面談時，也就是「大行不顧細謹，大禮不拘小節」，「單刀直入」，步步緊逼，並吸起了總統討厭的雪茄，悠悠地等待著不能不做出的明智選擇。

結果陷於危機之際的美國政府不得不向摩根舉手投降，答應了摩根的一系列條件。當夜摩根便取出大量美元交給財政部，幫助財政部度過了難關。摩根在向政府承包的公債價格與市場差價中淨賺了 1,200 萬美元，並且還安排了一項國際協定，在公債發行結束前，不用美元兌換英鎊，也不購買美國的黃金，這大大衝擊了《反托拉斯法》。

華爾街大老賺得盆缽滿溢，白宮在華爾街大老面前低下了頭。

談判的特徵之一就是對抗。一旦坐到了談判桌前，就說明你們的地位是平等的，基本上說談判桌上無大小。假如是政商談判，尤其是商人占上風的時候，這種對抗就越加明顯。

談判雙方都希望贏得勝利，千方百計爭奪利益。談判者要想達到預期的目的，必須真正了解對手的情況，否則打的就是糊塗仗。摩根與總統的談判，深知國庫存款甚少，陷入危機，便乘隙而入，逼得總統不得不答應他的苛刻條件，最終在談判取得成功。

談判 —— 最賺錢的商業策略

　　羅傑‧道森是美國前總統柯林頓首席談判顧問、白宮高級參謀、世界第一談判大師、美國談判協會首席談判專家，在 1996 美國總統大選、以巴和談、巴爾幹半島衝突、柯林頓彈劾案等重大國際事件中扮演重要角色。他的理念是：「全世界最快的賺錢速度就是談判，談判省下的錢都是實實在在的純利潤。」

　　商業活動需要與人打交道，商務談判是應用最為廣泛的一項管理技能。談判的水準高超，就能獲得超常的回報和成功。雖然客觀條件發揮著重要的制約作用，談判者的創造性也有著不可忽視的作用，談判高手在普通人認為不可能達成協議的局勢下精心策劃，運用正確的策略取得突破，從而實現超額的回報。國外專家透過調查分析得出：有經驗的談判者可以比新手為公司提高（或節省）約 10%～20% 的賣價（或買價）。在市場競爭日趨激烈的今天，這一水準的收益率是相當可觀的，非常值得企業管理者們去努力爭取。正因為如此，商界的成功人士通常都是談判和溝通的高手，傑出的商界領袖們更是擁有許多駕馭談判的非凡本領，創造了許多傳奇故事。

　　企業商務合作涉及各個領域，凡是企業與企業、企業與其他組織、企業與個人、個人與個人之間發生的所有商業往來，都可能涉及談判事項。在社會和經濟全球化浪潮的推動下，資訊的獲取越來越容易，社會

分工讓人們已不再需要事事親力親為，商務合作愈來愈普遍；科技和知識的傳播、社會商業基礎的發達，跨區域、跨行業調配資源的便利程度也在提高，獨占資源的可能性正在降低。因此，要在事業上獲得長久性的成功，企業管理者們要靠智商、靠運氣，更重要地是具有整合與有效利用社會資源的能力。

我們每個企業、每個人擁有的資源總是有限的，要想在事業上獲得巨大的成功，就得運用掌握在其他人手中的社會資源，他人是不會無緣無故地信任你而將資源託付給你，你只有憑藉良好的信譽、口碑和談判技能才能贏得社會資源。商場上無論是同盟者還是競爭者，為了協調各自的利益就有談判的需求。因此，在市場競爭日趨激烈的環境裡，談判能力成為優秀的企業家和管理人員的必備素養，談判策略和技能在很大程度上決定了企業的成功和發展。

談判是化解對抗、達成諒解、連接理想和現實的橋梁。在當今既分工又合作、既合作又對抗的現實社會中，人們不能單憑自己的意願行事，要實現自己心中的願望通常需要與其他人的意願協調一致，單方意願要爭取到或者要換取別人的同意就需要進行談判。談判的魅力在於它是一種創造性的謀略和精緻的社交活動，談判者需要豐富的想像力和創新能力，當在眾人看起來似乎並不存在機會的地方，具有開拓創新精神和敏銳觀察力的企業管理者們，往往能夠策劃和參與談判，從中發現商機，並創造市場獲得成功。

一家從事家電業的跨國公司，1970 年代末時，是一家瀕於倒閉的家族企業，之所以迅速成長為世界級的大企業，其訣竅就在於它採取了巧妙的談判策略，從而實現其偉大的抱負。當年企業高層接管時定下的遠景為：迅速建立起一家由世界一流要素組合而成的企業。然而，一家經

營不善、中等規模的企業，要在短期內實現這一宏偉目標似乎非常不切實際，管理層卻堅定地拿著「做全球最好的家電企業」的商業計畫書開始了談判之旅，他們先與當時世界上最好的義大利產品設計公司洽談，提出以換股的方式實現兩家企業的合併，在與兩家公司的談判失敗後，第三家公司終於被說服了，合資成功。隨後的談判就順利了許多，新公司接下來與世界最好的英國銷售公司合併，再與世界最好的法國外觀設計公司成功合併，與世界最好的德國機械加工企業合資……每一次兼併都只保留被收購公司最強的核心業務，剔出重複和週邊的業務，以後的發展變得勢不可擋，對於這家擁有世界一流水準的家用電器公司提出的兼併要求，很少有企業能夠拒絕，只能接受股份或者被擊敗。

智者運用談判的槓桿可以成就偉大的事業，談判是讓恢宏的構想得以實現的利器。商務談判，不是沒硝煙的戰爭，談判桌更不是戰場，有人在商務談判之中始終希望攻城掠池，將對方打得一敗塗地。但是，談判的最終目的並不是要打敗對方，而是要透過談判達成合作的一致意見，使雙方都能夠從談判中獲益。因此，如果將戰勝對方作為談判的策略目標是不可取得，談判的結果也往往不會令人滿意。在現實中的談判確實是企業實力、談判技巧的綜合展現，以雙贏為目的在談判中充分運用策略戰術是非常必要的。

現在整個市場都以買方為主，在談判過程中很自然就形成了買方的相對優勢，買方在談判中有時不考慮合作成功的可能性，而是一味地憑藉自身所處的優勢位置向供應方施加壓力，至於談判的成功與否基本上是供應方應該考慮的問題，企業在經營的過程中經常扮演都是「買」和「供」兩重角色，因此，因談判所產生的效益可以說是企業的純利潤，談判是企業管理者必備基本的能力之一。

　　案例：美國通用汽車是世界最大的汽車公司之一，早期通用汽車曾經啟用了一個叫羅培之的採購部經理，他上任半年，就幫通用省下了不20億美金，他是如何做到的呢？汽車是由許許多多的零件組成，大部分是外購件，羅培之上任的半年時間裡只做一件事，就是把所有的供應配件的廠商請來談判，他說，我們公司信用這樣好，用量這樣大，所以我們認為，現在要重新進行評估價格，如果你們不能給出更好的價格的話，我們打算更換供應商，這樣的談判下來之後，半年的時間就為通用省下了20億美金。

　　談判實際上只是一個溝通的過程，談判不是戰爭，但其過程就像一場戰爭，不管是殲滅戰、包圍戰或者陣地戰，它幾乎運用了所有能夠在戰爭中運用的策略，同時，談判與戰爭有根本區別，戰爭是毀滅性的，談判是創造性的。談判的勝利不代表任何一方會有損失，而是共同獲利；雙方透過談判得以互相了解，相互約定交易的條件，因此在談判中注重溝通的效果也是非常重要的，不僅要把自己的資訊傳遞給對方，更需要獲取對方的資訊，只不過資訊的傳遞和接收是有選擇的，對企業來說同樣具有策略性的意義。

　　談判的歷史與人類的文明史一樣長遠，談判是雙方智慧的較量，可用打「太極拳」可來比喻談判的過程，太極柔中帶剛，變化無形，靜若處子，動若脫兔，若能將談判對手完全控制在自己的勢力範圍之內，當遇到對手強大的壓力時，或借力打力、化解無形，使對手的強勢變為弱勢，老練的談判者總是將這些談判的技巧運用自如。

　　談判是最賺錢的一種商業策略，為企業管理者，協商、談判是必備的基本管理能力之一，同時組成談判團隊更是企業管理中相當重要的一管理環節。俗話說「財富來回滾，全憑舌上功」，在現代商業活動中，談

判已是交易的前奏曲，談判是銷售的主旋律。我們人生在世，你無法逃避談判；從事商業經營活動，除了談判你也別無選擇。談判天天在發生，時時都在進行，但要使談判的結果盡如人意，卻不是一件容易的事。學習、掌握談判這門科學和藝術，培訓和組建好企業的商務談判團隊，才能做到在商務談判中揮灑自如、遊刃有餘，既實現企業的經營目標，又能與對方攜手共慶。

讓對手別無選擇的懸崖策略

　　懸崖策略指的是用威脅的手段來達到預期希望的方法。賽局一方採取語言或是其他途徑告訴對方自己的立場，如果條件過高則可能終止互動交流，這樣雙方的交涉都歸於無效；如果條件過低則得不到最大利益，在某種程度上可以說是遭受了損失。因此，賽局一方需要充分了解對方可以接受的範圍，並根據這一資訊調整自己的規劃，作出合理的決策。當然決策者可以先降低條件，再使用懸崖策略。例如當買賣雙方為一件商品討價還價的時候，賣方可以做出讓步，告訴買方一個較低的價格，並強調是最低價格，以實現成功交易的目的。適當運用懸崖策略能夠使自己的利益獲得最大化，在同對手的賽局談判中占得有利位置。

　　懸崖勒馬是商業兵法「三十六計」之外的第「三十七計」，它是指談判的一方把另一方推到一個上不能上、下不能下的境地而任由自己擺布的情形。這就如同把一匹馬吊在懸崖峭壁上，若對方產生抗拒行為，你繩子一鬆他就得墜下懸崖，粉身碎骨；若對方讓步，便拉他上來，這樣也就順利達到目的。這一招聽起來很損，玩起來卻需要高超的技巧，弄不好就會搬起石頭砸了自己的腳。

　　在現實生活中，商家不可能將一個市場的所有占有率都劃歸到自己身上，因此，在競爭的基礎上實現合作，共同創造「雙贏」的局面，對於很多商家來說，就成了贏得利益的另一條路徑。在這樣的合作談判過

程中，就必然涉及到懸崖策略的使用。

　　當然，懸崖策略的使用並不僅僅局限於商場，在政治領域的國與國之間的交涉，也往往會用懸崖策略來完成雙方在外交上的合作。但是，懸崖策略是有風險的，使用不當會引起談判方的反感，造成談判的破裂和雙方關係的惡化。

　　由此可見，無論是商業談判還是政治會晤，在堅持自身立場的情況下，善於利用自身的優勢，給對方造成壓迫式的效果，是保證自我利益最大化的重要手段。

從對抗到合作的談判潛規則

　　人與人的溝通是了解對方的一個重要環節，無論是生活還是工作，或者外交事務，都離不開溝通和談判。在賽局中，有一個經典的「囚徒困境」案例，說的是兩個歹徒為了脫離困境而選擇出賣對方。我們這裡要說的並不是他們如何出賣了對方，而是他們與警察之間的談判。

　　當時兩個歹徒都接受了一樣的談判內容，警察先是希望犯人主動交代錯誤，但是所有歹徒都是一樣的，他們不會這麼簡單就承認錯誤。然後警察告訴歹徒，如果你不說，就讓你的夥伴說，如果他說了，你就會加倍坐牢，而他就可以走出監獄。這樣的話顯然讓歹徒有點害怕，在達到了讓歹徒心裡產生害怕的目的後，警察又告訴這個歹徒：當然，如果你先說，那麼我剛剛所說的下場就正好相反了，出去的會是你，留下的會是他。

　　就是這樣的談判方式，讓歹徒最後交代了犯罪事實。可見，在談判中有軟有硬才是最好的談判方式。談判其實是一門藝術，只要你懂得在什麼場合說什麼話，而遇到什麼樣的事件採取什麼樣的態度，那麼一定可以找到談判的竅門。

　　「態度不強硬，怎麼可能賺到錢？」這句話是一個叫張斌的人說的。他是一個私人企業的老闆，他的企業在市場上說不算大，但是在方圓百里卻很有名聲。作為老闆的他，在商場上與對手談判前，也擁有著大將

風範。在一次談一筆合約的時候，張斌先是與對方了解了彼此的意願。在談判中，對方一直希望張斌用低於市價的百分之五將手中的原料賣給他，而無論作為張斌本人還是他的企業來說，那樣的價格根本是不可能成交的。但是對方一直在挑剔，甚至最後告訴張斌，大不了不簽合約，原料這東西到處都有，也不是就你張斌一家有。張斌也不客氣，直接就告訴對方，方圓百里的原料加工廠都與他們有來往，不要說那些公司不可能將價錢壓低，就算是有加工廠想賣，只要他們公司出面，誰也不要想在這方圓百里買到原料。

張斌這話不是開玩笑，當時他確實有能力做到這一點，對方顯然也明白這一點。張斌能夠讓對方在方圓百里買不到原料，但是過了方圓百里總能買到，對方就不信不能夠嚇住張斌。張斌聽到這話，反倒是笑著說，你們的公司如果能換地方，我沒意見，而能夠等到百里外的原料再交貨，我更沒意見。畢竟做買賣都想賺錢，你大可不必從我這裡買原料。但是雙方都清楚，當時的情況，對方公司根本沒有時間再從遠處運原料。張斌是個懂得時機的人，於是開口說，如果你們真的有心做生意，我就給你們減少一成，否則你們就去自己想辦法。對方一聽，只能簽了合約。

張斌就是利用了談判中的技巧，才做成了這筆生意。在談判中，要做到軟硬兼施，才能夠達到我們想達到的目的，而張斌顯然是做到了這一點，在人與人的賽局中，每一句話和每一次的交流都應該心中有數。

這個方法不僅是生意人談判的法寶，也是家長們管束自己孩子的方法。張晴有一個孩子，今年 10 歲了，聰明活潑，可愛機靈。但是孩子有個不好的毛病，那就是挑食。張晴一直想找個辦法來糾正孩子的挑食習慣。於是有一天，母子兩人來了一場「談判」。張晴先是和兒子很溫和

地談了挑食的問題，但是任性的小傢伙並沒有聽媽媽的話。張晴這時拿出廚房裡兒子最討厭吃的紅蘿蔔說，以後我們家有個規定，有錯不改的人就罰吃紅蘿蔔，如果不吃紅蘿蔔就不給零用錢。但如果有錯能改的人可以獎勵遊樂園一日遊。於是，在紅蘿蔔、零用錢和遊樂園的三重攻擊下，張晴的孩子慢慢改變了挑食的毛病，甚至最後連自己最討厭吃的紅蘿蔔也開始吃了。

也許張晴與兒子之間的「談判」沒有什麼過重的利益關係，但是在賽局上來講，張晴聰明地利用了兒子的弱點，進行威脅與安撫：如果能夠改掉挑食的毛病就可以得到獎勵；而如果不改掉這個毛病，不僅要扣零用錢，還不能繼續吃自己喜歡的零食，所以小傢伙就只能乖乖地改掉壞毛病了。

對於賽局而言，張晴的這個方法達到了她想要的目的，讓她的小對手不能說不，只能乖乖簽訂「條約」了。

超簡單賽局論，賭雞排背後的博弈：
蛋糕共享 × 以弱制強 × 定錨效應 × 鷹鴿競爭，搞懂「賭徒」心態，輕鬆控場交易談判！

作　　者：崔英勝，才永發

發 行 人：黃振庭

出 版 者：沐燁文化事業有限公司

發 行 者：沐燁文化事業有限公司

E-mail：sonbookservice@gmail.com

粉 絲 頁：https://www.facebook.com/sonbookss/

網　　址：https://sonbook.net/

地　　址：台北市中正區重慶南路一段六十一號八樓 815
室

Rm. 815, 8F., No.61, Sec. 1, Chongqing S. Rd., Zhongzheng
Dist., Taipei City 100, Taiwan

電　　話：(02)2370-3310

傳　　真：(02)2388-1990

印　　刷：京峯數位服務有限公司

律師顧問：廣華律師事務所 張珮琦律師

-版權聲明

定　　價：480 元

發行日期： 2024 年 04 月第一版

◎本書以 POD 印製

國家圖書館出版品預行編目資料

超簡單賽局論，賭雞排背後的博
弈：蛋糕共享 × 以弱制強 × 定
錨效應 × 鷹鴿競爭，搞懂「賭
徒」心態，輕鬆控場交易談判！ /
崔英勝，才永發 著 . -- 第一版 . --
臺北市：沐燁文化事業有限公司，
2024.04
面；　公分
POD 版
ISBN 978-626-7372-32-6(平裝)
1.CST: 企業經營 2.CST: 談判策略
3.CST: 博奕論
494　　　113003884

電子書購買

臉書

爽讀 APP